"十一五"国家重点图书出版规划项目

大豆深加工技术

（修订版）

李荣和　姜浩奎　等著

中国轻工业出版社

图书在版编目（CIP）数据

大豆深加工技术／李荣和等著．--修订版．--北
京：中国轻工业出版社，2024.1
ISBN 978-7-5184-4479-3

Ⅰ．①大… Ⅱ．①李… Ⅲ．①大豆—食品加工 Ⅳ.
①TS214.2

中国国家版本馆 CIP 数据核字（2023）第 139686 号

责任编辑：王　韧
文字编辑：王庆霖　　　　责任终审：许春英　　整体设计：锋尚设计
策划编辑：李亦兵　王庆霖　责任校对：朱燕春　　责任监印：张　可

出版发行：中国轻工业出版社（北京鲁谷东街 5 号，邮编：100040）
印　　刷：三河市万龙印装有限公司
经　　销：各地新华书店
版　　次：2024 年 1 月第 2 版第 1 次印刷
开　　本：787×1092　1/16　印张：23
字　　数：500 千字
书　　号：ISBN 978-7-5184-4479-3　定价：98.00 元
邮购电话：010-85119873
发行电话：010-85119832　传真：010-85119912
网　　址：http://www.chlip.com.cn
Email：club@ chlip.com.cn
如发现图书残缺请与我社邮购联系调换
230549K1X101ZBW

李荣和简介

李荣和，1937 年生，辽宁海城人，1956 年毕业于辽宁海城高中，1960 年毕业于吉林农业大学，现任长春大学教授（二级），兼任国家大豆深加工技术研究推广中心主任与中国食品工业协会大豆及植物蛋白专业委员会常务秘书长。

李荣和教授作为第一发明人曾经获得 12 项发明专利授权，获得国家科技进步三等奖 2 项，吉林省科技进步一等奖 2 项、二等奖 3 项，省政府专利奖 1 项。作为专题负责人主持九五计划国家重点科技攻关项目北方三省（豫、吉、黑）"农产品精深加工产业化研发"；主持研制的"大豆深加工（大豆功能因子提取）技术"被列为《国家级科技成果重点推广计划》。

李荣和教授由于在大豆深加工领域取得了显著的社会效益与经济效益，被评为中央直接联系高级专家、全国先进工作者、国家级突出贡献专家、国务院政府特殊津贴获得者、全国"五一劳动奖章"获得者、吉林省特等劳动模范、吉林省省管优秀专家，2022 年被批准为"国家级表彰奖励获得者"、同年享受国家级表彰奖励待遇。李荣和教授获得中共中央、国务院、中央军委、全国总工会、中共吉林省委、省政府颁发的荣誉奖章、纪念章共 8 枚。

本书著作委员会

主要著作者　李荣和　姜浩奎

参加著作者（按姓氏笔画为序）

王俊国　刘 辉　刘 雷　刘仁洪

刘欣杰　李 丹　李中和　李玉馨

李继富　李晓东　吴淑清　何 平

邹险峰　张雁南　周书华　宛淑芳

孟广明　侯聚敏　郭文武　高长城

茹佳怡　徐国庆　梁洪祥　董良杰

谢修鸿　雷海容

序

2010 年编写"十一·五国家重点图书出版规划项目"《大豆深加工技术》，至今已十余年。近十年来，伴随我国的新时代发展，大豆加工产业也发生了日新月异的变化。

近年来，在"新冠疫情的后时代"，人们对"防疫、防病、健康、长寿"的认识理念发生巨大改变，对具有提高人体免疫功能、无毒副作用、可日常长期食用的食品需求远远超过药品，中国传统医药文化主张的"治未病""防病于未然"的实质目标均为提高人体自身免疫功能，"治未病"的积极措施是"食疗"，而不是"药疗"。

在中国历史长河中，"大豆养育了中华民族"。近年来，作者在 2010 年编著的《大豆深加工技术》基础上，又获得多项发明专利授权与科技奖励，作者以"大豆养育中华民族"、有助于人体"防疫、防病、健康、长寿"的功效成分有效提取的新原理发现与新技术发明为题材，主编完成修订版《大豆深加工技术》。

关于"大豆养育中华民族"的特殊食疗保健功效，《黄帝内经》就有"治病必求其本""人以五谷为本"的记载。其中"药食同源"为其重要的组成部分。研究"食、药两用物质"应以食物为先。

大豆是五谷"稻、黍、稷、麦、菽（大豆）"中的主要物种之一，现代美国、欧洲等国称大豆为"soy"（或"soybean"），俄罗斯称大豆为"соя"，实质均为我国大豆"菽"的音译。由于大豆具有有益于人体"健康、长寿"的多种食疗保健功效，俄罗斯贝加尔湖以南地区的土著俄语称大豆除学名"соя"之外，还谐音中国"宝贝"的含意，将大豆音译为"бобовые"（宝贝）。上述事实证明我国是当之无愧的"世界大豆的故乡"，大豆是中华民族对全球的无私馈赠。

二十世纪五十年代，作者就读于吉林农业大学，在北大荒五大连池生产实习时，随处可见豆田如海、黑土无际的景象。作者曾写诗描述当年北大荒："……纵横漠北三千里，粮豆黑土万顷田……"。每当秋收季节，遍地可见"俯拾即是"的散落大豆，这是现代人难以想象的秋收情景。

二十世纪初期，全世界大豆年总产量约 1200 万 t，几乎全部产于中国。到了二十一世纪，世界大豆年总产量已超过 3 亿 t，而我国大豆年总产量却只有 1500 万~2000 万 t。面对我国大豆产业相对发展缓慢的严峻局面，作者作为"国家科技成果重点推广计划大豆深加工技术研究推广中心"主任与"中国食品工业协会大豆及植物蛋白专业委员会"

常务秘书长，深感责任重大，为将一生研究发现的大豆功效成分提取原理与创造发明的工业化生产专利技术奉献给大豆产业的振兴，实现我国"世界大豆故乡"优势地位伟大复兴的梦想，这便是作者修订本书的初衷。

大豆产业的兴衰直接关系到我国的国计民生，大豆不仅是人类最主要的优质蛋白、脂肪等营养素及有益于人体"生长、发育""防疫、防病、健康、长寿"的功效成分的主要来源，而且是唯一一种能从大气中摄取氮素营养、改良耕地土壤团粒结构的农作物（详见第一章）。党中央再三强调指示我国耕地18亿亩的底线不能突破，"18亿亩"不仅是一个量化概念，更重要的是"18亿亩"耕地的土壤质量优劣才是关乎农业生产安全的关键因素。据调查，我国耕地退化面积已占耕地总面积的40%以上，2021年我国大豆种植面积约为1.26亿亩，仅占全国耕地总面积的7%，大豆种植面积急骤减少，使我国失去科学轮茬的耕作基础，我国年进口大豆量2021年高达9651万t，相当于平均每个中国人进口大豆超过50kg，廉价进口大豆虽然可以满足国人对食用大豆的传统特殊需求，降低大豆制品生产成本，但却不能改善与提高我国国土耕地质量。东北黑土层已由五十年前的100cm，退化至30cm以下，在东北再也见不到"满山遍野大豆高粱"的景象，造成如此农业现实的主要因素之一是放弃种植大豆。为给子孙后代留下一片肥沃的、耕层结构良好的国土资源，发展大豆种植业是任何历史时期绝不可忽视的重要国策。

2021年习近平总书记作出"保护好、利用好黑土地"的伟大号召，在二十大报告中，明确指出"尊重自然、顺应自然、保护自然是全面建设社会主义现代化国家的内在要求"。为了实现"中华民族伟大复兴"的梦想、保护好国土资源，"利用好黑土地"持续改善土壤质量是实现"伟大复兴"的重要组成内容之一。发展大豆种植业、实施科学轮茬耕作制度是保护好、利用好我国黑土资源的重要农艺措施。为响应习近平总书记与党中央的号召，我国大豆种植面积于2022年迅速增至1.54亿亩，2022年大豆总产量达到2028万t，创造大豆产量的历史新高。

2021年巴西大豆年产量为13000万t、美国年产大豆12000万t、阿根廷年产大豆4700万t、中国年产大豆1640万t、巴拉圭年产大豆1050万t、俄罗斯年产大豆480万t、乌克兰年产大豆370万t。2021年世界大豆年总产量已达33000万t，2021年我国大豆年总产量不足世界大豆总产量的6%。据统计2020年我国进口大豆总量达10033万t，位居全球第一。

2022年我国大豆种植业发生日新月异的变化，总产量达到2028万t，创历史新高。世界其他大豆生产国产量分别为巴西14900万t、美国11915万t、阿根廷5100万t、中国2028万t、印度1150万t、巴拉圭1000万t、加拿大640万t、俄罗斯550万t、乌克兰350万t、玻利维亚310万t。2022年我国大豆进口量为9108万t，同比减少5.6%。

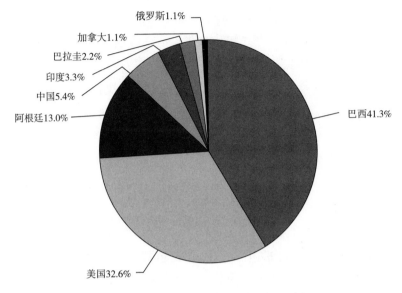

2022 年各国大豆产量占全球大豆总产量比例

作者在大豆加工工业工程化实践过程，部分有价值的、大豆功效成分提取的原理发现与专利技术发明内容尚未充分转化为现实生产力。

例如，作者首次提出的大豆加工生物学特性中的"大豆蛋白高频降解原理"（详见第三章）证明：大豆籽粒在总蛋白含量不变的前提下，大豆蛋白经高频电场适宜剂量处理、大豆蛋白分子可由高分子向低分子转化、NSI 由非水溶性向水溶性转化。目前国内外大豆蛋白改性技术只能使大豆蛋白由低分子向高分子转化、水溶性向非水溶性转化，尚未见在大豆总蛋白含量不变的前提条件下能使水溶性蛋白含量提高的技术，而大豆加工制品，如豆腐、豆浆、分离蛋白、大豆肽等产品的主要成因原料物质均为水溶性大豆蛋白，高频降解可提高大豆中水溶性蛋白含量（详见第三章）的原理的发现，相当于在不增加农业投入、不增加大豆种植面积的前提下，使大豆加工制品得率提高、产品品质改善。

再如，大豆产业组成的最主要行业是大豆种植业，种植业兴衰的决定因素是农民，农民有无种植大豆积极性的关键在于收益高低。作者发明的"大豆功能因子连续提取"专利技术实施投产后（详见第十章），生产的"大豆肽"，大连出口离港价为 380 美元/kg，而"大豆肽"生产综合成本≤150 元（人民币）/kg，出口售价与成本价之比≥15：1。如从加工业的高附加值中提取部分利润，以"工业反哺农业"的方式让利于豆农，使种豆农田成为大豆加工业的"第一生产车间"，豆农为加工企业提供优质原料大豆，同时获得高额"反哺"，种豆收益如能高于种植玉米、水稻等农作物，在高效益刺激下，农民自然乐于种植大豆，大豆种植业的得复兴将指日可待（详见第十章）。

作者在大豆深加工领域曾获得国内、国外发明专利授权 12 项，获得国家与省级政府科技奖励 12 次，在评价这些专利实施转化的代表工程与奖励的过程的不同意见属于学术争鸣的范畴，本书出版可作为"知我非我，惟其春秋"的一份具有实验数据与工程实践的、科学评价的技术文献。

采用作者发明专利技术生产的高纯度大豆低聚肽、高染料木苷（Genistin）含量大豆异黄酮、大豆皂苷、大豆低聚糖、大豆复合功能因子等功效成分深加工已形成的新产品，在试验与工业工程化过程中已显示出安全可靠的食疗保健与有益于人类的"防疫、防病、健康、长寿"功效，但根据我国的相关法规要求，目前上述新产品在未获得保健食品或药品批准文号前，只能作为中间原料销售，大部分高额附加值被国内外中间商与从事大豆终端产品深加工开发的加工者获取。

作者为研究提取大豆中有益健康的功效成分，耗尽毕生精力，如何将发明的专利技术提取的功效成分研发成医疗保健终端产品，使本书的原理发现与技术发明能科学地重现于人体保健、为"健康中国"战略作出贡献，这是作者梦寐以求的目标与本书修订出版价值所在。人的一生在大自然的历史长河中只不过是短暂的一瞬，任何人都不可能在有限的一生中，实现所有的梦想。今后以作者研发提取的"大豆功效成分"为中间原料，究竟能开发出多少新药与保健食品已非作者所能预测，作者虽然作为"终身科技成就奖获得者"，仍受聘于长春大学教学科研第一线，但在有生之年恐难以实现上述全部梦想与追求。

《大豆深加工技术》一书再版修订，对于大豆深加工发明专利推广、产业工程化技术转让实施，将起到积极的推动作用。读者以本书介绍的发明专利技术生产的"大豆功效成分"作为"攀登"的过渡阶梯，进一步研发大豆"防疫、防病、健康、长寿"医药、保健终端产品，进行创新创业实践，必将缩短研发周期、取得事半功倍的收效。

本书介绍的大豆深加工专利技术内容研发耗尽作者毕生精力，现将全部技术无私地奉献于众，供读者参考；本书公开的专利技术内容将在大豆深加工技术领域起到一种完善发明人专利技术知识产权的"保全作用"。"保护知识产权就是保护创新"已深入人心，当前在我国创新知识产权日益受到尊重。《大豆深加工技术》修订版大部分内容为作者几十年从事大豆深加工产业化实践过程获得的，包括国内外授权的发明专利新技术与新发现的加工原理，少部分内容是为了体现本书内容的系统性、完整性与可重复操作性而引用的部分国内外有关的技术文献，特向被引用的有关文献作者致以诚挚的谢意。利用本书修订再版为契机，与相关专家、学者学习交流，在具有试验数据与工程实践基础上的研讨中不断完善大豆功效成分提取新技术与工业工程化设计思维，为我国大豆产业的振兴发展做出贡献。

李荣和自序于长春大学
2023 年 7 月

目录

01

第一章

大豆加工
生物学特性

大豆——植物界豆目（Fabales）豆科（Fabaceae）大豆属（*Glycine*）大豆种（*Glycine max*）种群的统称。据种质资源网报道：原产于我国的大豆野生原种与经过四千余年人工选育、形成的，可作为生产资料栽培的，中国各地保存的地方品种约 17000 份，野生大豆和半野生大豆 5000 余份，设在中国台湾省的"亚洲蔬菜研究中心"保存的大豆种质资源约 10000 份……不可胜数的大豆品种虽然具有相同的种性，但在大豆加工领域，根据人类不同的加工目标要求，为提高大豆加工产品得率，改善大豆加工产品品质，获取高附加值的经济效益，不同国家、不同地域的大豆加工人员选用与加工目标要求相适应的、具有特定加工生物学特性的原料大豆品种是一项具有重要意义的工艺措施。

本书涉及的大豆不是植物分类的种群概念，大豆加工不是对大豆全植株（包括根、茎、叶、花、种子等）进行综合加工的技术，本书涉及的加工内容仅限于对大豆种子进行加工，无论加工层次如何延伸，初始原料均为大豆种子。所谓大豆深加工技术，系根据大豆加工生物学特性，采取人为措施，将大豆种子中有益于人体与"防疫、防病、健康、长寿"的成分有效提取或将大豆种子中的有机组分加工成人类生命活动"生长、发育"所需的制品。

大豆加工学的种子系指大豆花器中的精子与卵细胞交配受精后，在子房内发育而成的、作为生产资料用于加工原料的籽粒。

作者根据科研与生产的实践经历，首次提出大豆加工生物学特性概念。例如，大豆生物固氮功能与加工的关系，不同大豆品种的营养素含量、品种遗传特性与加工目标的关系，大豆种子中有机成分合成不可能无限同步提高的负相关规律，大豆子叶细胞形态、大豆功能因子理化特性、大豆蛋白 NSI 与大豆加工品的品质与得率的关系……农田大豆种子生产是大豆加工的"第一车间"，根据生产不同终端产品的需求，可采用不同遗传特性的大豆品种作为原料。例如，生产大豆分离蛋白或大豆低聚肽，可在"第一车间"采用高蛋白大豆品种作为原料，所得产品中的蛋白或肽的得率则可相应提高，在不增加农业原料生产用地与加工企业生产投资的前提下，起到事半功倍的效果。

大豆加工生物学特性是加工技术的原理依据，只有掌握大豆种子加工生物学特性，才能形成正确的大豆深加工技术思维与自主创新的产业工程设计，不断发明大豆加工新技术，创造大豆加工新产品。

大豆在自然界氮循环、碳循环过程的重要作用

一、光合作用过程的碳循环

光合作用是形成大豆产量最基本的生物学特性，与其他植物一样，光合作用的初始产物碳水化合物的组成成分中约 72% 来源于空气中的 CO_2、约 28% 来源于土壤中的水；其他次级有机化合物如脂肪、蛋白质、维生素、纤维素等有机成分，主要都是由光合作用初始产物碳水化合物——葡萄糖，与摄入其他元素经过复杂的生化反应转化而成，每形成 1g 脂肪需要转化 3g 葡萄糖，每形成 1g 蛋白质需要转化 2.5g 葡萄糖（图 1-1）。可见如欲育成蛋白与油脂"双高"的大豆加工品种，只有提高大豆光合利用效率，使光合作用合成的初始有机物——葡萄糖合成效率提高，以葡萄糖为主要基础原料的蛋白质、脂肪等次级产物才能相应提高。

由于自然界的 CO_2、氮、水等物质总量在生物循环过程中遵循物质守恒原理，永远保持一种动态平衡状态，光合作用的碳循环与次级氮循环合成的有机物总量只有最佳理想上限，而不可能无限提高，通过提高施肥、灌水等人为农艺措施，虽然可提高大豆的产量，但这种人为提高大豆产量的外因农艺措施从属于大豆内因中对光合作用、肥料与水分利用能力有限性的遗传生物学特性。组成大豆有机物总量的各种化学元素组分相互间在外因物质守恒与本身光合作用、氮素合成有限性的内因遗传生物学特性控制下，只能保持一种相对平衡状态，大豆总产量或单一营养素无限提高、"人有多大胆、地有多高产"是永远不可能实现的空想。近年来，大豆生产人员普遍认识到大豆蛋白与脂肪的含量不可能同时无限提高，在不降低大豆脂肪含量的前提下，提高蛋白质含量，已成为选育大豆加工品种实现"双高"的理想育种目标。

世界经历蒸汽机与内燃机发明的两次工业革命，使全球煤炭、石油日益消耗，大气中 CO_2 浓度却不断增加，2021 年地球大气 CO_2 浓度为 415.7ppb[①]，是工业革命前的

---

① ppb 为气体浓度单位，大气中的污染物浓度，常用"体积浓度"表示其在大气中的含量。体积浓度系指每立方米大气含污染物的立方厘米数。1ppb $= 10^{-9}$，1ppb 浓度为十亿分之一；大气浓度单位除 ppb 外，还有 ppm（百万分之一，10^{-6}），ppt（万亿分之一，10^{-12}），本书为了与实际使用习惯一致，依旧使用此单位。

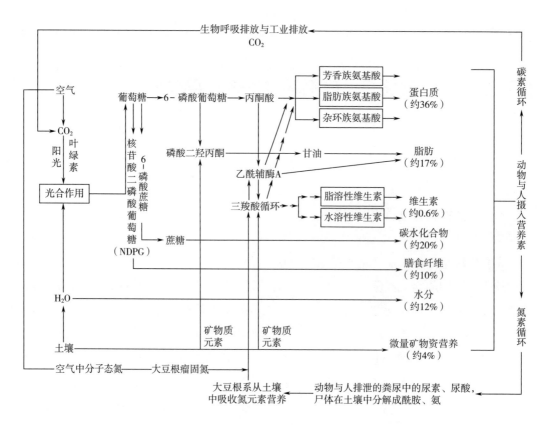

图 1-1 大豆体内与体外碳循环与氮循环示意图

149%。大豆与其他绿色植物一样，在光合作用过程中代谢平衡发生变化，碳水化合物合成量增加，导致作物体内的蛋白质、脂肪、矿物质、维生素等营养素相应被稀释，营养素比率失衡，由于蛋白质、微量元素、挥发性物质等"呈风味成分"与碳水化合物合成量相比，相对量值减少，导致当前农作物口感风味远不如几十年前同种作物的口感、风味。例如，几十年前东北农村，每到开饭时刻，一家高粱米干饭起锅时，全村皆能闻到米香的局面，很难再度重现。人类食用高碳水化合物的食物，长期作用结果，潜移默化地使肥胖人群数量提高，间接地影响到糖尿病、高血压、心脏病疾患等非传染性疾病患者的比例增加。

二十一世纪，全世界为应对 CO_2 破坏臭氧层，引发气候异常变暖的温室效应、极地冰山溶化、海平面逐年升高、部分物种消失等不利形势，提出减排 CO_2 的全球号召。2021 年以来，碳达峰与碳中和已成为流行词汇，绿色减排已成为人类面临的一项刻不容缓的全球任务。

在实现碳达峰与碳中和目标过程，人类很少注意农业增产与减排之间的理想平衡点的建立，因为 CO_2 不仅是有害环境的因素，CO_2 还是绿色植物在光合作用过程，不可取代的、供给人类生命活动必需的氧气与形成粮食中碳水化合物的重要来源组分。

$$6CO_2 + 6H_2O \xrightarrow{\text{阳光、叶绿素}} C_6H_{12}O_6 + 6O_2$$

近年来，国外有人提出去碳化的减排的口号，如果 CO_2 在空气中浓度低于理想平衡点，则将导致粮食、果蔬、油料等人类必须摄入的食物减产，使全球粮食危机加剧，因此在减排 CO_2 工作过程，应建立 CO_2 浓度在大气中理想平衡点的绿色减排理念，我国提出人与自然和谐共生、经济发展与环保共进，近十年我国发明的太阳能光伏发电、海上风力发电、电动汽车、特高压输电线路等，已使我国单位生产总值 CO_2 排放下降34.4%，为全球实现碳达峰、碳中和的科学、理想的绿色减排目标作出了积极的贡献。在广大城乡充分利用尚未被建筑物占据的空地，以及利用"不毛之地"的荒山、沙地广植绿色植物，号召居民在庭院、室内栽花、种果、建设闹市中的田野花园，形成一支利用绿色植物吸收 CO_2 的全民大军，通过光合作用吸收转化 CO_2，树立 CO_2 浓度在大气中理想平衡点、人与自然和谐共生的新理念，实施对农作物 CO_2 施肥[①]的新农艺，是主动积极的、绿色减排措施，为至2030年我国 CO_2 排放达到峰值、2060年实现碳中和的目标作出贡献。

二、大豆在自然界氮循环过程中的特殊作用

光合作用已为大豆加工领域的技术人员熟知，但是对于大豆根瘤固氮作用原理，可能多数大豆加工技术人员感到陌生。

氮元素在自然界空气中以氮气形式存量最多，总量高达 3.9×10^{15} t，各种生物体虽然主要由蛋白质构成，但有机体含氮的总量仅为 $1.1 \times 10^{10} \sim 1.4 \times 10^{10}$ t，是空气含氮量的约三十万分之一；土壤中有机氮的总量约为 3.0×10^{11} t，是空气含氮量的约万分之一；海洋中的有机氮含量约为 5.0×10^{11} t，是空气含氮量的约八千分之一。可见如何有效利用含氮量最高的空气中的氮是保证物质循环的重要环节。

自然界大多数植物均不具有直接利用空气中氮气的功能，唯独大豆却具有"生物固氮"的特殊功能。大豆及其他豆科植物的种子播入土壤、发芽生根后，根瘤菌从根毛入侵到根中，形成具有固氮功能的根瘤（图1-2），在固氮酶的参与下，根瘤菌能将大气中含量丰富的分子态氮转化为大豆可吸收利用的氨（NH_3）态氮，每个根瘤相当于一座"微型氮肥厂"，源源不断地将大气中的氮元素供给大豆植株利用。

---

① "CO_2 施肥"在中国的《农耕史》早已被证明，农民熟知在村庄周围附近的"烟火地"种植庄稼，远比远离村庄的农田增产，这种现象的产生，其中重要的原因之一就是因为"烟火地"周边大气中的 CO_2 浓度较高，有利于绿色庄稼吸收 CO_2，形成有机物的增产现象；近代在"保护地栽培"的温室、大棚中，农民常在棚内燃烧秸秆，形成高 CO_2 浓度的温室环境，促进果菜增产。上述现象实质均为"CO_2 施肥"的古今例证。

$$N_2+3H_2 \xrightarrow{\text{根瘤菌、固氮酶催化}} 2NH_3$$

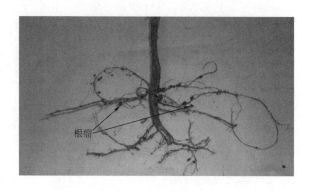

图1-2 大豆根瘤形态

在自然界物质循环构成的环节中，大豆在碳素循环过程只是绿色植物中具有光合作用的普通物种之一，而在"氮循环"过程中大豆却是植物界不可取代的、具有根瘤固氮生物学特性的特殊成员，根瘤从空气中固定的氮元素是根系从土壤中吸收的氮元素量的二倍，每株大豆一生中固氮0.73~2.06g，种植一亩大豆，耕田可由大豆固氮、从空气中获得天然氮元素营养3.0~10.5kg，根瘤通过固氮作用从空气中获得的氮素90%以上用于植株生长发育与种子形成，根瘤中留存量<10%，全球每年施用化学合成氮肥中的氮元素含量约为$8×10^7$t，而自然界每年通过生物固氮获得氮元素高达$4×10^8$t，是化肥施用量的5倍。

农田施用化肥是以污染环境、破坏土壤结构为代价所取得的增产效应，目前农田施用的各种化肥，例如：$(NH_4)_2SO_4$（硫铵）、NH_4NO_3（硝铵）、NH_4HCO_3（碳酸氢铵）、$NH_3 \cdot H_2O$（氨水）、$CO(NH_2)_2$（尿素）、$NH_4H_2PO_4$（磷酸二氢铵）、$(NH_4)_2PO_4$（磷酸二铵），栽培作物只将NH_3态氮吸收，而将酸根留在土壤，使土壤不断酸化。例如：

$$(NH_4)_2SO_4 \longrightarrow 2NH_3（参与生物有机合成）+H_2SO_4（留存于土壤）$$

施用化肥不良后果，主要包括以下几方面：①栽培作物将氨态氮吸收后，留在土壤中的酸根，不断富集，使土壤酸化，耕层破坏。②人工施用的化学合成氮肥流失率大于50%，造成资源浪费、环境污染。

为克服化学合成氮肥的上述缺陷，实现既能增加粮食产量又不损坏土壤耕层结构的目的，建立完善的生物固氮体系已成为解决人类面临的"人口、食粮、能源、环境"等四大危机的重要农艺措施，历史上，在我国东北地区的轮茬耕作制度中，大豆是最重要的轮茬作物，一般采取大豆→玉米→高粱或大豆→玉米→高粱→谷子轮作方式，轮茬作物中的玉米、高粱、谷子种类均可更改，唯独大豆不能更换，大豆种植面积以占旱田耕地总面积的25%为宜，目前世界大豆种植面积已占全球耕地面积的20%，在一些人少地多的国家，如俄罗斯的耕作制度中甚至将豆科植物种植后不予收获，直接作为绿肥翻耕于耕地中，以增加耕地的氮肥含量。我国大豆种植总面积从2004年前的1.4亿亩减少至2015年的1.02亿亩，大豆种植总面积仅占我国耕地红线18亿亩的5.6%。为了保护国土资源，我国不断增加大豆种植面积，至2022年我国大豆种植面积达到1.54亿亩，比2021年增加2743万亩，产量达到2028万t，创历史新高。

人类在现代生活和生产活动中，常将一些违背自然规律的做法，误认为是现代文明的、人定胜天的措施。

城市室内厕所的粪便排放，本应成为优质理想的有机肥料源，但与工业化学废水排放管道混合，却成为环境的污染源，这种现象愈演愈烈，包括新建的农村建筑群的室内厕所，全部建有抽水马桶，优质人粪、尿肥料需经无害化环保处理后才能达标排放。上述建筑设计，看似现代文明、人类对现代生活一种新享受，实质却是将优质人粪、尿"变宝为废"的一种违背自然规律的、既增加大量环保处理成本、又破坏人与自然和谐共生、妨碍氮元素循环的一项有害措施。

又如，当前的火葬措施，在人、畜死后将尸体火化，不仅破坏了氮素循环生物链，而且成为雾霾PM2.5[①]的来源之一。

面对我国过度开发良田用于基建、大豆种植面积日益减少以及人为造成的环境污染等严峻现实，加强保护发展大豆种植业已成为维持自然界氮素循环的重要内容。我国提出："到2025年，我国大豆总产量要达到2300万t"。按垧产大豆2t计，相当于大豆种植面积为1150万垧，折合种植亩数为1.725亿亩，接近我国耕地红线的9.6%。大豆根瘤固氮不仅为大豆体内循环提供优质氮肥，还具有培肥地力、改良耕地土壤结构、肥地养地的功能。为给子孙后代留下一片肥沃的、耕层结构良好的国土资源，大豆种植是任何国家、任何历史时期绝不可忽视的重要产业。

针对上述问题建议：①当前国际市场农产品价格低廉，我国不可能单独提高大豆售价。因此，必须研发高附加值大豆加工技术，以"工业反哺农业"的措施，提高大豆种植业效益，以订单农业方式，逐步形成大豆"产、加、销"一体化，增加种豆农户收益，刺激农民种豆积极性（详见第十章），恢复科学轮茬制度，大豆种植面积应不少于当地旱田耕地总面积的25%。②城市或农村小区排污管网应将粪便排放管道单设，与

---

① PM2.5是指空气中直径小于2.5μm的气溶胶粒子，气溶胶为悬浮于空气中的固体或液体的粒子的总称。PM2.5可来源于被风吹起的灰尘、海水蒸发形成的盐粒、现代工业与各种有机物燃烧排放的烟尘（包括火葬排放的烟尘）等。这些悬浮于空气中的气溶胶微粒，可成为水滴和冰晶的凝结核、太阳辐射的吸收体和散射体，并能参与各种化学循环，影响大气循环和人类呼吸质量。

工业化学废水、居民洗涤用水排放管路分设。粪便排至集粪池，经发酵腐败后，专供农田施用，粪尿归田①措施既可使农田获得天然有机肥料，又可防止粪尿对江河湖海的污染。③改革丧葬制度，还尸归田，埋葬深度可在耕层之下，人与动物尸体腐败后，产生的水溶性优质氮肥可随毛细现象，逐年缓释供给作物吸收。中国古训入土为安，用现代科学解释，实际也包含人体参与生物氮循环的重要意义。

第二节

大豆有机组分形成的负相关规律

大豆种子中的各种化学组分构成比例均遵循负相关的自然规律，各种营养成分含量呈现此消彼长的现象。例如，在美国加利福尼亚大学收录的大豆品系中，异黄酮含量从 $300 \sim 3000 \mu g/g$，目前对调节大豆异黄酮的合成基因研究甚少。最近研究证明，大豆异黄酮含量同大豆蛋白质含量呈负相关（图1-3）。因此通过基因工程技术，调节异黄酮与蛋白质的合成水平，已成为选育高异黄酮含量大豆品种的预定目标之一。例如选育大豆高异黄酮含量品种，蛋白质含量将相对减少，高蛋白含量的大豆品种，异黄酮含量的不可能高。此项原理对于选育理想的、高异黄酮含量大豆品种具有重要意义。

又如，大豆是天然维生素E（生育酚）的主要原料来源，大豆脂肪中的维生素E，按抗氧化能力由弱到强排序分别为 α-生育酚、γ-生育酚，而 α-生育酚在维持生物正常繁殖生理机能方面活性最强。

试验结果证明，大豆油脂中十八碳三烯酸含量高的品系，γ-生育酚含量高，α-生育酚含量低；大豆油脂中十八碳三烯酸含量低的品系，γ-生育酚含量低，α-生育酚含量高（图1-4）。所以在大豆加工过程中为获得高抗氧化能力的 γ-生育酚原料品系，应

---

① 人体排泄的粪尿是构成自然生物循环的重要环节，人粪尿中含有农作物生长发育所需的综合营养成分。我国人均每日排泄粪尿量为2.16kg，人均每年排泄人粪尿量为0.79t，其中含氮量为4.35kg，P_2O_5 为1.25kg、K_2O 为1.66kg，如按每亩农田年需补充氮肥量为4kg计，一个人年均排放粪尿量恰好可满足1亩农田所需氮肥量。我国农田面积最低保底量为18亿亩，我国人口的粪尿排泄总量，再加上饲养业的畜禽厩肥以及其他秸秆有机物堆肥等，总量完全可满足18亿亩农田所需的优质有机肥量。

为了科学合理利用自然生物循环重要环节的人类尿（图1-1），改造居民原住宅区的室内厕所排放管道，对新住宅区室内厕所排放管道单独设计施工，不再向江河湖海排放、污染环境，将人粪尿收集于集粪池内，发酵后再施用于农田。此举对于我国生态农业建设，同步提高农作物产量与质量、环保治理、提供有益于人体健康的农产品、减少化肥对人体与农田的危害等方面均具有积极作用。

通过遗传育种手段选育十八碳三烯酸含量高的大豆品系，如为增加油脂的抗病、抗衰老、提高女性生育机能等生理活性功能，应选用十八碳三烯酸含量低、α-生育酚含量高的大豆品系作为加工原料。

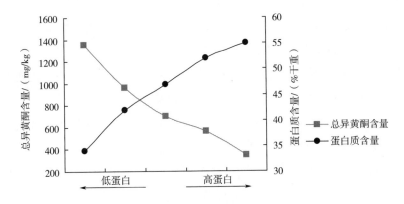

图 1-3　不同品种大豆总异黄酮含量与蛋白含量相关曲线

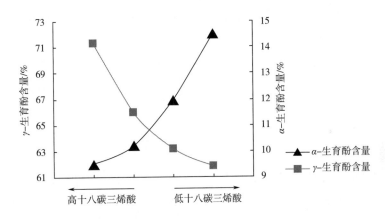

图 1-4　十八碳三烯酸含量与 γ-生育酚、α-生育酚含量的相关曲线

第三节

大豆加工原料品种的遗传生物学特性

人类对大豆加工的目的主要是为了获得蛋白质与脂肪，其他营养素如碳水化合物、维生素、膳食纤维、微量元素等成分虽然在大豆中含量也很丰富，但并不是人类需求的

主要来源。例如，人体所需的碳水化合物主要来源于主食米、面，人体所需的维生素主要来源于水果、蔬菜等。由此可见，在人类所需的七种营养素中，大豆是供给人类蛋白质、脂肪的最重要的营养源。

原料种子生产是大豆加工的第一车间，大豆原料种子中的蛋白质和脂肪含量、品质，直接影响大豆加工品的产量和品质，采用蛋白质、脂肪含量高的大豆优良品种作为原料加工生产的蛋白或油脂，可收到事半功倍的加工效果。

我国目前大豆加工行业除大型油脂加工行业与蛋白质加工行业外，其他大豆加工行业对大豆原料品种选择这一重要工序并未给予足够重视。

2021年我国进口大豆9651万t，国产大豆仅为1840万t，我国大豆油脂加工年消耗大豆原料（包括民用食用油、出口食用油、工业用油原料）高达7500万t以上，大豆蛋白加工年消耗大豆约400万t，豆制品加工用大豆约1000万t，即大豆油脂、大豆蛋白与豆制品加工每年所需大豆原料近9000万t，相当于我国大豆年产总量1840万t的5倍，国产大豆作为加工原料供应量不足的部分主要由进口大豆补充。

进口大豆虽然可满足加工与食用对大豆的需求，却无法弥补大豆生物固氮对土壤改良与培肥的作用。

我国年消耗大豆如定位于9000万t，预测其中6000万t自产、进口3000万t为适宜比例，6000万t相当于4.8亿亩耕地的大豆产量，我国耕地红线定为18亿亩，按$\frac{1}{4}$~$\frac{1}{3}$农田种植轮作大豆，恰好适于种植大豆（生育期按大约120d计）3~4年轮作一次，所以从栽培大豆角度分析，18亿亩耕地红线的界定是科学、理性的预测。

近年来，我国已选育成功高油、高蛋白、高异黄酮、高维生素E、低脂肪氧化酶型、胰蛋白酶抑制素低含量型等多种加工专用型大豆加工品种。

大豆属于自花授粉作物，大豆种子与玉米、水稻不同，同一品种的大豆种代间基本无显著变异，只要某种加工品质性状（如高营养素含量或保健功能成分含量高）选育成功，后代的遗传性状则相对稳定，无需年年杂交制种，即可使作为加工第一车间的原料加工工艺明显简化。

为提高大豆加工的产品纯度和得率，应从大豆加工原料品种选择做起，将遗传性状稳定一致的品种定点生产，每年收获前按大豆加工企业需求的典型生物学性状（如高蛋白含量或高脂肪含量等）、选择强壮丰产优良单株、混合脱粒，作为翌年大豆加工生产田用种。由于大豆属于自花授粉植物，具有种代间遗传相对无变异的稳定生物学特性，每年按加工需求，进行上述株选留种，即可为加工生产质量标准一致、产量稳定、不同用途的各种大豆加工制品，提供有利的原料品种基础。

一、具有蛋白质、脂肪"相对双高"遗传生物学特性的大豆加工品种

伴随世界大豆栽培育种业与大豆加工业的发展，大豆加工专家在努力寻求具有高蛋白质、高脂肪的"双高"特征大豆品种，甚至追求具有高蛋白质、高脂肪、保健功能成分含量高的"多高"大豆加工品种，经过一个多世纪的努力，这一理想并未圆满实现。因为大豆与所有绿色植物一样，在有机成分合成过程，均具有适应光合作用规律的高度一致性，即有机物合成总量为常数，不同有机成分呈变量负相关关系，在遗传基因的制约下，大豆蛋白质与油脂含量的遗传性状即使同时有所提高，这种"提高"是与低技术、低生产力水平下采用的普通传统栽培大豆品种比较的结果，与高蛋白质或高脂肪大豆"单高"品种相比，单项指标（蛋白质或脂肪）均不可能比"单高"品种指标更高，因此所谓高蛋白质、高脂肪的"双高大豆"应称为"相对双高品种"更为科学合理。

大豆属于自花授粉植物，在当前生产种植领域应用大豆杂交制种尚有相当困难，近期内大豆不可能像杂交玉米、杂交水稻作为生产资料广泛用于生产的形势下，大豆加工企业不必一味追求将高蛋白质、高脂肪品质兼具的"双高"品种应用于实际生产，不同的大豆加工企业，只要根据不同的产品结构、不同的加工目的，选择合适的加工原料大豆品种，就可实现高得率、高纯度的加工目标。例如，大豆蛋白加工企业选用高蛋白质大豆品种，即可获得高蛋白质含量的大豆制品；大豆油脂加工企业可选用高脂肪含量的大豆品种作为加工原料，即可达到提高油脂得率的需求。

大豆中的蛋白质与脂肪含量间存在负相关的遗传生物学特性，大豆蛋白与脂肪的含量不可能同时无限提高，在不降低大豆脂肪含量的前提下，提高蛋白质含量，已成为选育大豆加工品种，实现"双高"的理想目标。

现代大豆油脂工业，为延伸产业链、提高综合加工效益，常在浸油后，对豆粕进一步深加工生产分离蛋白、浓缩蛋白、大豆蛋白粉、大豆肽等产品，这类企业以选用蛋白质与脂肪相对"双高"的大豆加工品种为宜。例如，由河南省农科院李海潮等选育成功的"郑03-4"双高大豆新品种，2011年通过国家农作物品种审定委员会审定，籽粒蛋白质含量44.66%、脂肪含量20.26%；目前已在大豆加工领域推广的沧豆7号，蛋白质含量≥43.37%、脂肪含量≥19.94%；湖北省近年推广的"中豆30""中豆32"两个"双高大豆品种"，蛋白质+脂肪合计值分别达到63.87%与63.27%，超过国家关于"双高大豆品种"蛋白质+脂肪合计值>63%的标准要求；黑农26号也是推广多年的相对"双高"品种。

大豆加工主要是利用大豆中的蛋白质与脂肪，而蛋白质与脂肪含量"双高"是育

种工作难以实现的目标，所以"高蛋白大豆品种"与"高脂肪大豆品种"对于加工企业更具有实际的生产意义。

二、具有高蛋白遗传生物学特性的大豆加工品种

蛋白质是由不同氨基酸按不同排列顺序相互结合而构成的高分子化合物，氨基酸少于 10 个称为寡肽，超过 10 个称为多肽，氨基酸数量超过 60 个称为蛋白质。根据 GB/T 22492—2008 规定大豆肽的相对分子质量应小于 5000。即大豆蛋白系指大豆营养素中相

对分子质量①>5×10³、由肽键（ $\overset{\overset{\displaystyle O}{\parallel}}{\underset{\overset{\displaystyle |}{H}}{C-N-}}$ ）连接>60 个氨基酸残基②构成的有机高分子化

合物的统称。按此定义含有约 60 个氨基酸残基的有机物，相对分子质量肯定大于 5×10³，与 GB/T 22492—2008 仍有矛盾。对于上述问题，将于大豆蛋白质（详见第三章）和大豆肽（详见第七章）专门论述。

品种不同的大豆，蛋白质含量为 32%~45%，远高于目前已有的任何一种人工栽培作物，由于大豆蛋白质含量丰富、人体所需的必需氨基酸③种类齐全，大豆蛋白已受到全球广泛重视，大豆产业得到突飞猛进的发展。20 世纪 30 年代前后，世界大豆总产量约 1000 万 t，几乎全部产自中国，2021 年全世界大豆总产量已超过 3 亿 t，短短 90 年，全球大豆总产量增长约 30 倍，我国大豆总产量却在 1800 万 t 左右徘徊，总产量仅占世界大豆总产量的 6%。

---

① 相对分子质量：我国长期以来，关于"原子量"和"分子量"的量和单位的使用，一直较为混乱，至 1993 年，中华人民共和国国家质量监督检验检疫总局颁布《量和单位》（GB/T 10031—1993），明确指出："本标准中的相对原子质量和相对分子质量，以前分别称为原子量和分子量"，即分子量的国家标准称谓应为"相对分子质量"，分子量和原子量是 1993 年以前的称谓，现代已不采用。

2006 年清华大学刘增利主编的《全国高中统一化学教材知识》指出："相对分子质量，其国际单位制（S1）单位为 1，符号为 1，单位 1 一般不明确标出"。

2008 年我国最新颁布的《大豆肽粉》（GB/T 22492—2008）明确采用"相对分子质量"概念。

根据国家标准统一规定，本书凡涉及分子量概念一律采用"相对分子质量"规范称谓。

② 氨基酸残基：大豆蛋白质系由肽键联结氨基酸形成的、相对分子质量>5×10³ 的高分子有机化合物，组成蛋白质的各个氨基酸单位称为氨基酸残基。

③ 必需氨基酸：人体蛋白质由 18 种氨基酸组合而成，氨基酸按来源可分为三类：一类是人体本身可以制造形成的，称为"非必需氨基酸"；第二类是人体内不能制造形成，必须依靠摄取外界食物供给，称为"必需氨基酸"。

必需氨基酸包括赖氨酸、缬氨酸、苏氨酸、亮氨酸、异亮氨酸、甲硫氨酸、色氨酸、苯丙氨酸 8 种；非必需氨基酸包括丙氨酸、酪氨酸、天冬氨酸、谷氨酸、甘氨酸、半胱氨酸、脯氨酸、丝氨酸 8 种。

组氨酸与精氨酸属于婴幼儿时期生长发育的必需氨基酸，但不是成年人的必需氨基酸，所以又称为半必需氨基酸。

大豆蛋白质含量是大豆加工品种主要遗传特性之一，受多种基因控制。生产实践证明，野生大豆蛋白质含量比现有栽培品种大豆高 4%~6%，以野生大豆与栽培大豆为亲本杂交、优良品种有性杂交优株选择或者突变系选育，我国已经选育出蛋白质含量≥45%的新品种。例如，我国育成的黑农 41、蒙豆 9803、郑豆 4066、辽豆 20、抚豆 24、吉豆 26、东农 36、通农 9、铁丰 28、辽豆 16、京黄 1 号、豫豆 25、南农 242、豫豆 22、豫豆 19、黑农 35、东农 42、通农 10、科新 3 号、冀豆 12、浙春 12、中黄 22、东农 33、长农 1 号、苏豆 1 号等高蛋白品种，蛋白质含量分别达到 43%~45%，黑龙江农业科学院最近育成的绥农 76 蛋白质含量高达 47.96%，比普通栽培大豆蛋白质含量高 5%~10%。

蛋白质是人体所需的第一营养素，大豆是人体蛋白营养素的主要供给源，蛋白质组成的基本单位为氨基酸，但是大豆中甲硫氨酸（$C_5H_{11}NO_2S$）含量极低，甲硫氨酸是人体内不能自行合成的、需要从外源摄入的必需氨基酸，任何一种必需氨基酸缺乏都会妨碍其他氨基酸的吸收与机体合成蛋白，使人体生长发育受阻，健康状况恶化，甚至发生各种病变。甲硫氨酸缺乏能引起脂肪在肝中积聚，妨碍胰岛素的合成，引发糖尿病，形成脂肪肝，甚至肝硬化等病变，所以甲硫氨酸对人体健康十分重要。

联合国粮农组织（FAO）建议人体在不同发育时期每日应摄入的甲硫氨酸量如表 1-1 所示。

表 1-1　人体不同发育时期甲硫氨酸建议摄入量（FAO）

发育时期	婴儿时期	少年时期	成年妇女	成年男子
甲硫氨酸每日建议摄入量/mg	45	800	350	200~1000

大豆中甲硫氨酸含量极低，仅占大豆蛋白总量的 0.35%~1.7%，成年男子每日摄入 50g 大豆蛋白或 125~150g 大豆，仅相当于摄入甲硫氨酸 175~850mg。

选用大豆品种时，种子中甲硫氨酸含量即使提高 1%，对大豆加工业都具有改善产品营养价值的特殊重要意义。为进一步大幅度提高大豆加工制品的营养价值，今后大豆加工育种，已将高甲硫氨酸含量作出特别规定，作为高蛋白大豆品种重要的选育目标。

我国加工用大豆高蛋白育种创新目标为：蛋白质含量为 54%~55%，其中甲硫氨酸等含硫氨基酸含量为 4.0%~4.2%；2009 年度我国已确定“高蛋白大豆”国家收购标准为蛋白含量应分别达到 44%、42%、40% 三个级别；2009 年 9 月 1 日实施的大豆国家标准，明确规定高蛋白大豆蛋白质含量≥40%。

三、具有高脂肪遗传生物学特性的大豆加工品种

大豆油脂加工是我国大豆加工的最大行业，也是面临严重威胁的行业，2014 年前后，我国大豆油脂加工行业，停产倒闭企业数量达到 90% 左右。我国 2014 年实际油脂加工用大豆原料量为 6000 万 t，是国产大豆年产总量的 5.5 倍。

我国大型油脂加工企业 80% 以上被跨国公司控制，这些公司由于规模大、成本低，而且全部建在沿海城市，利用进口廉价原料大豆，每生产 1t 豆油，利润在 240 元左右；我国内地日加工大豆在 200t 左右的中小油脂企业由于规模小、成本高，每加工 1t 大豆要亏损 200~600 元。二十一世纪初，内地 95% 以上的浸油厂已停产倒闭，东北地区过去每县都有浸油厂的局面已不复存在。

由于豆油是国计民生食用油与工业用油的重要来源，大豆浸油业无论面临何种严重局面必须维持生产，采用高油大豆品种进行加工已成为挽救民族浸油工业的重要措施之一。

大豆油脂是构成人体所需脂肪营养素的重要组分，脂肪占人体构成物质总量的 10%~20%，每克脂肪完全氧化，产生热量为 9kcal（37.62kJ），约合相同质量的糖或蛋白质产热量的 2 倍，可见脂肪是产生人体所需热量最高值的营养素。

大豆种子中含脂肪 14%~20%，是人体生长发育所需脂肪营养素最主要的来源之一，生产与流通领域通常习惯地将脂肪称为"油脂"（通常将常温下呈液态的脂肪称为油，呈固态的脂肪称为脂），大豆油脂主要成分为甘油三酯：

$$\begin{array}{c} H \\ | \\ H-C-COOR_1 \\ | \\ H-C-COOR_2 \\ | \\ H-C-COOR_3 \\ | \\ H \end{array}$$

R 为脂肪酸，天然大豆油脂中，R_1、R_2、R_3 为不同的脂肪酸，属于混合脂肪酸甘油三酯。

大豆原油中还含有少量的、种类繁多的、脂溶性的类脂物，如磷脂、甾醇、天然维生素 E、脂肪酸等。大豆浸油得率一般为 14%~20%，油脂加工副产物——油脚约占油脂的 1.0%~3.5%，皂脚占油脂量约 0.5%，脱臭馏出物占油脂量约 0.1%。

油脚中含磷脂 40%~50%，以油脚为原料，提取浓缩磷脂，收得率可达 85%；以浓缩磷脂为原料，生产粉末磷脂，收得率≥80%；油脚中含甾醇为 0.5%~1.0%；精炼过程产生的脱臭馏出物中含天然维生素 E 为 3%~15%；皂脚是提取脂肪酸的重要原料，

脂肪酸占皂脚的 40%~50%。

表 1-2　大豆油脂加工副产物成分含量

原料大豆						
油脂（占原料大豆的 14%~20%）						
皂脚 （约占油脂的 0.5%）		油脚 （占油脂的 1%~3.5%）			脱臭馏出物 （约占油脂的 0.1%）	
脂肪酸 （占皂脚的 40%~50%）	磷脂 （占油脚的 40%~50%）	维生素 E （占油脚的 0.1%~ 0.5%）	甾醇 （占油脚的 0.5%~1%）	脂肪酸甲酯 （占油脚的 50%~60%）	维生素 E （占脱臭馏 出物的 3%~15%）	甾醇 （占脱臭馏 出物的 5%~13%）

由于大豆油脂中所含油脚、皂脚、脱臭馏出物含量很低，中小型大豆油脂加工厂利用加工副产物难以形成规模生产，少量副产物只能作为肥料或饲料出售，造成资源浪费。为改善大豆油脂加工环保条件，提高副产物综合加工附加值，大豆油脂加工企业可采取"分散收购、集中加工"的方式，对油脚、皂脚、脱臭馏出物等油脂加工副产物进一步深加工，提取高附加值的磷脂、甾醇、天然维生素 E、脂肪酸等脂溶性功能因子。

表 1-3　大豆油脂的化学成分

化学成分名称	不饱和脂肪酸甘油酯			饱和脂肪酸甘油酯	
	亚油酸 甘油酯	亚麻酸 甘油酯	油酸 甘油酯	软脂酸 甘油酯	硬脂酸 甘油酯
不同化学成分的含量/%	56	23	7	7	5.5

亚油酸、亚麻酸、油酸分子式分别为：$C_{17}H_{31}COOH$，$C_{17}H_{29}COOH$，$C_{17}H_{33}COOH$，软脂酸、硬脂酸分子式分别为：$C_{15}H_{31}COOH$，$C_{17}H_{35}COOH$。

大豆油 85%以上成分属于不饱和脂肪酸甘油酯，熔点为 10~18℃，所以商品大豆油在常温下均呈液态。不饱和脂肪酸的结构因为氢原子的方位不同，又分为顺式脂肪酸和反式脂肪酸，大豆油在精炼、脱臭工艺过程，易产生反式脂肪酸。我国民间早餐普遍习惯吃油条豆浆，反复炸制油条的大豆油与浸油工业精炼脱臭大豆油在高温作用下，均可使大豆油部分转化为反式脂肪酸，对人体造成危害①，见图1-5。

（1）顺式脂肪酸　　　　（2）反式脂肪酸

图1-5　顺式及反式脂肪酸结构式

在上述结构式中顺式脂肪酸碳原子之间以双键连结，氢原子与碳原子连结在碳原子双键的同侧，C、H连线后呈⌒型，反式脂肪酸的氢原子是在碳原子双键的两侧，C、H连线后呈～线型；顺式脂肪酸在常温条件下呈液态，反式脂肪酸在常温条件下呈固态。

《中国居民膳食指南（2022）》建议："每人每日食用油不超过25~30g，总脂肪摄入量要低于每天总能量摄入的30%"，反式脂肪酸人均日摄入量不应超过2.2g。2007年12月我国卫生部颁布的《食品营养标签管理规范》规定："食品中反式脂肪酸含量≤0.3g/100g（固体）或100mL（液体），可标示为0"。所以，消费者在购买食品时应注意，食品标签上标注的"0反式脂肪酸"不一定含量为0。

目前保健品市场过热宣传ω-3与ω-6对人体医疗保健的作用，实际亚麻籽油中亚麻酸甘油酯即为ω-3系列，大豆油中亚油酸甘油酯为ω-6系列，ω-3与ω-6推荐摄入量为脂肪摄入总量的50%~60%。ω-6与ω-3的比例应为4∶1~6∶1，按以上推荐摄入量，每人每日平均摄入ω-3量应如下所示。

$$25g/（人·d）×50%÷（4+1）≈2.5g/（人·d）$$

亚油酸甘油酯（ω-6）与亚麻酸甘油酯（ω-3）合计占大豆油总量的80%左右，推荐摄入量为脂肪摄入总量的50%~60%，按照我国当前居民的生活水平，人均每日摄入大豆油量一般为16~20g，已经完全可以满足人体对ω-3与ω-6的需求。ω-3不饱和脂

---

① 近年，在加工食品包装说明书上常见有反式脂肪酸含量或0反式脂肪酸的注明。食品中含有反式脂肪酸主要来源于氢化植物油，氢化是20世纪初德国化学家威廉·诺曼发明，于1902年获得专利授权的专利技术，植物油在镍（Ni）、钯（Pd）、铂（Pt）、钴（Co）等金属触媒催化下，经高温、高压将氢加入植物油，生成氢化植物油，1911年后，该法逐渐在全世界各国食品工业中推广使用。由于氢化植物油反式脂肪酸可防油脂变质、变味，用于食品加工可使食品货架保持期延长，外形更美观、口感松软酥嫩，价格低廉，所以很快在全球食品加工业中普及，20世纪早期，氢化植物油曾被认为是食品工业一项突破性的发现，但在广泛应用过程中，营养学家发现反式脂肪酸对人体健康可形成严重危害。例如，导致血栓形成，使血管壁脆弱，提早罹患冠心病，妨碍婴幼儿大脑与神经系统生长发育，降低男性激素分泌，降低记忆力，诱发老年痴呆，反式脂肪酸在腹部堆积、加速肥胖等。

人造反式脂肪酸已对人类健康、生命构成严重威胁，日常生活中常见的、氢化植物油与含反式脂肪酸的食物：人造奶油、汉堡包、芝士蛋糕、珍珠奶茶、回锅油、精炼脱臭植物油、反复炸制油条的大豆油、炸薯条、炸薯片、面包、饼干、沙拉酱、蛋黄派、巧克力、爆米花、冰淇淋、威化饼干、夹心饼干、炸鸡等。

肪酸摄入不足可影响记忆力和思维力，妨碍婴儿智力发育、加速老年痴呆、诱发大肠癌与心力衰竭，适度摄入不饱和脂肪可延长人的寿命，但 ω-6 与 ω-3 摄入过量也能干扰人体生长与细胞质的合成，甚至诱发肿瘤。

ω-3 与 ω-6 为人体生命活动不可或缺的、人体又不能自发合成或自发生成量远不能满足人体生命活动需求的必需脂肪酸，只能通过外源的食物、保健食品或药品摄入补充。

二十世纪中期以来，我国保健食品市场关于 ω-3 系列不饱和脂肪酸出现若干宣传过热内容和费解的新概念，表 1-4 所示为 ω-3 与 ω-6 系列不饱和脂肪酸对比。

表 1-4 ω-3 与 ω-6 系列不饱和脂肪酸对比

分类	相同的功效	市售植物油主要成分的归属，是否需要外源补充	建议摄入量	人体摄入亚油酸与 α-亚麻酸的合理比率	亚油酸与亚麻酸过量摄入的副作用
ω-6 不饱和脂肪酸系列	①人体不能自发合成；②人体细胞组成成分；③合成前列腺素的原料；④与视力、脑发育及行为相关	大豆油、花生油、菜籽油均含有 ω-6 亚油酸，来源充足，不需外源补充	由于我国煎、炒、烹、炸的饮食习惯，人均日摄入植物油中的 ω-6 超过 20g，已超过需求量，不需再增加		亚油酸代谢产物过多能引起人体炎症与过敏现象发生
ω-3 不饱和脂肪酸系列		亚麻籽油中富含 α-亚麻酸（ω-3 不饱和脂肪酸），在人体代谢中可产生二十二碳六烯酸（DHA）与二十碳五烯酸（EPA）；鱼油中也含有 DHA 和 EPA 在日常食物构成中，人很少摄入亚麻籽油与鱼油，需外源补充	α-亚麻酸成人每日摄入量应为 3.2~7.2g，目前我国平均人日摄入量仅为推荐量的 1/4~1/2	人体每摄入 1 份 α-亚麻酸，应摄入 4~5 份亚油酸	适量摄入 ω-3 不饱和脂肪酸有助于婴幼儿大脑发育，过量摄入能加速老年痴呆、诱发肠癌与心力衰竭

我国人口根据地理环境、饮食习惯不同，约有二分之一人群食用大豆油，包括老人与儿童，按平均每人每日摄入大豆油20g计，每年全国食用大豆油量：

$$20g/（人 \cdot d）×14亿人×1/2×365d/a÷1000000g/t≈511万t/a$$

原料大豆加工大豆油得率按16%计，全国每年仅用于加工食用大豆油所需的大豆原料量：

$$511万t/a÷16\%=3194万t/a$$

大豆油除用于食用油外，还广泛用于制造肥皂、脂肪酸、甘油、油漆、油墨、乳化剂、润滑剂等工业产品的原料，工业用大豆油每年加工需用原料大豆约为1000万t，食用大豆油与工业用大豆油两项合计，年加工原料大豆约为4000万t（3194万t+1000万t）。

无论是生产工业用大豆油还是居民食用大豆油，所用原料大豆均应以高油大豆品种为宜，含油率与大豆油浸出率成正相关，原料大豆中的油脂去除在浸油后的豆粕①中残留约1.5%外，其余全部进入成品，所以原料大豆含油率越高，大豆油的加工收得率越高。在工艺设备不变的条件下，仅由于更换大豆品种，而使大豆油得率提高，对于大豆油脂加工业是一项实现降低成本、提高效益、事半功倍的可行措施。

普通大豆含脂肪在16%~18%，我国育成的高油大豆品种。例如：吉林35、黑农41、嫩丰2、嫩丰4、黑农4、晋遗19、冀黄13、湘春豆14、东农46、黑河27、吉育89、晋豆19、冀NF58、邯豆4号、中黄20、齐黄30、铁丰18、黑农26、绥农14、黑农16、黑农21等，脂肪含量高达22.6%~23%，比我国通用的传统大豆栽培品种脂肪含量高出6%~7%；东北平原春大豆种植区，近年推广的高油大豆品种脂肪含量在21%以上的品种有黑农37、合丰40、合丰41、垦农4号等；脂肪含量在22.5%以上的品种有垦农18、红丰9号、垦鉴豆3号、垦农5号等；2011年通过吉林省品种审定委员会审定并命名的吉育203，生育期仅118d，脂肪含量却高达24.94%。油脂加工企业采用高油大豆作原料，在相同工艺设备条件下，与普通大豆原料相比，可提高油脂加工得率5%以上。

未来我国用于油脂加工的大豆育种创新目标：油脂含量≥24%，其中油酸甘油酯与亚油酸甘油酯含量应占90%~92%，亚麻酸甘油酯含量应占1%~2%。

大豆是人类所需植物性脂肪营养素最主要的供应源，但大豆脂肪中含有的少量亚麻

---

① 豆粕：大豆料坯经有机溶剂（轻汽油或工业己烷）将脂肪浸出后，剩余的含有有机溶剂的料坯称为湿粕。湿粕中有机溶剂残留量25%~30%，残留大豆油脂量为1.5%~2.0%，脱除溶剂分为高温脱溶与低温脱溶两种方法，高温脱溶虽然脱除溶剂温度低，但脱溶时间长（≥40min），湿粕自身温度达到100℃，导致蛋白变性率高、NSI≤30%，所以生成的豆粕称为高温豆粕。低温脱溶脱溶温度高达150~160℃，但作用时间短（≤3~4min），湿粕自身温度不超过80℃，蛋白变性率低、NSI≥80%，生成的豆粕称为低温豆粕。

酸甘油酯，在贮存过程中与空气接触极易氧化变质，发生豆油臭味、油色变成青绿色，使豆油食用品质劣化，而亚麻酸甘油酯又是 $\omega-3$ 的主要来源，构成生物细胞膜的重要组成物质，对于维持细胞膜的稳定性与适应性具有重要作用。因此，既要处理好亚麻酸甘油酯在大豆油中的理想含量，又要防止它极易氧化破坏豆油食用品质的不良作用，将是未来一项有意义的研发课题。

表 1-5　高温脱溶豆粕与低温脱溶豆粕的区别

豆粕类型	NSI	大豆中生物活性因子去除程度	主要用途	前处理是否脱皮	溶剂脱除温度与处理时间	蛋白质含量
高温脱溶豆粕	≤30%	脲酶反应阴性，脲酶定量≤0.1	饲料	除少数用于食品级加工原料特殊要求脱皮，大部分不脱皮	80~100℃ 热蒸汽脱除溶剂，脱溶时间 ≥40min，由于高温作用时间长、湿粕温度高至 100℃，所以变性率高，NSI<30%	≥42%
低温脱溶豆粕	≥80%	脲酶反应阳性	用于加工分离蛋白、浓缩蛋白、大豆功能因子等	脱皮	以 150~160℃ 的过热溶剂蒸气作用于湿粕，脱溶时间≤3~4min，由于脱溶高温作用时间短，湿粕自身温度不超过 80℃，所以豆粕中蛋白质基本未发生变性	≥50%

四、富含保健功能因子及具备加工生物学特性的大豆加工品种

大豆一直被认为是供给人类蛋白与脂肪的营养源，近年发现大豆还含有多种有益于人体健康的成分，如异黄酮、皂苷、核酸、低聚糖、叶酸等，其中异黄酮的保健作用最为显著。二十世纪末至二十一世纪初，大豆保健功能成分提取加工成为大豆加工的热点，尤其是大豆异黄酮在美国、日本等发达国家已成为防癌、抗癌的新兴保健食品与药品的原料，每年增长速度为 20% 左右。

大豆异黄酮加工企业，不断寻求高异黄酮含量的大豆品种作为加工原料，而育种部门，在高异黄酮大豆新品种选育方面则取得了可喜的成果。例如，近年来我国选育成功的 H_{102}、H_{122}、吉林 3 号、淮豆 1 号、张家口黑豆等品种，异黄酮含量均在 6.0~7.8mg/g，比异黄酮含量为 0.5mg/g 左右的普通大豆，异黄酮含量高出 10~15 倍。沈阳农学院朱洪德与黑龙江八一农垦大学费志宏等育成的"高油、高异黄酮新品种垦农 21"脂肪含量高达 23.21%，异黄酮含量高达 0.4748%；东北农业大学宁海龙等育成的东农 53 脂肪含量 21.60%，异黄酮含量 0.4280%。大豆异黄酮生产企业采用高异黄酮含量大豆专用型品种进行加工，所获产品将在质量和产量方面，取得技术创新与改革难以实现的、更为显著的经济效益。

最近河南省农业科学院选育成功的郑 92116，蛋白质含量 48.41%、异黄酮含量 4.66mg/g，是蛋白质与异黄酮含量相对"双高"的新品种，用于生产大豆蛋白、大豆异黄酮将取得显著的技术优势与经济效益。

国外发达国家为提高大豆加工效益和保证加工产品质量，对各种加工用大豆品种均有明确要求。例如，加工豆奶所用大豆品种，要求黄色种皮，亮黄色种脐，百粒重 18~22g，蛋白质含量≥45%，脂肪含量≥20%；生产分离蛋白所用的原料大豆，应具有水溶性蛋白质含量高的特点，水溶性蛋白质含量不低于总蛋白质含量的 80%。

我国传统豆腐加工主要利用的成分是大豆中的水溶性球蛋白，我国育成的黑农 35、东农 42、丰收 12、南农大黄豆、南农 99-10、湘春豆 16 号等，由于水溶性球蛋白含量提高，用于加工豆腐可比一般品种提高收得率 10%~20%。其他如东农 34、黑农 32 适用于加工豆酱；红丰小粒豆 1 号、鲁 7605 适用于加工纳豆；湘 B68、黑农 35 等品种适用于加工豆豉。

大豆中含有有利于大豆自身生存发展，但对于人类与动物却属于有害的成分——"大豆生理活性有害因子"，大豆加工所需的原料种子，应具备"生理活性有害的因子"含量低、经加工后对人畜无害的生理特性。例如，大豆种子中含有抑制动物胰蛋白酶分泌的胰蛋白酶抑制素，经人体摄入后与人体胰蛋白酶结合生成复合物，使胰蛋白酶失去分解蛋白质的功能而无效排出体外，人体胰脏为维护自体平衡，则发生过量分泌反应，导致胰脏肿大、功能减退。

大豆加工所需的原料大豆，应尽量减少原料大豆中胰蛋白酶抑制素的含量，以避免在大豆加工过程中采用高温破坏胰蛋白酶抑制素的能量消耗，增加加工成本。利用朝鲜的金豆与白太两份不含胰蛋白酶抑制素的育种材料，美国培育出胰蛋白酶抑制素活性仅为普通大豆 50% 的加工新品种。

大豆还含有凝血素，美国已从 559 份野生大豆材料中，选出大约 1/2 的野生大豆，不含凝血素成分，从而为培育不含凝血素的大豆加工品种提供了可靠的亲本材料。

大豆的保健作用虽然已被世界公认，但豆腥味却制约了大豆加工业的发展。近代发现造成豆腥味的化学成分有 80 多种，其中主要呈味物质为脂肪氧化酶，美国伊利诺伊大学和日本岩手大学已分别发现不含脂肪氧化酶的大豆，并在选育无豆腥味的大豆新品种工作中得到实际应用。我国育成的中黄 18、五星 1 号均为脂肪氧化酶缺失型、低腥味的新型加工用大豆品种。

在考虑大豆加工原料品种遗传生物特性时，还应注意即使是同一品种，由于栽培地理环境不同，营养素含量也会相应改变。在我国大豆产区由北向南，栽培同一品种大豆，蛋白质含量逐渐增高、含油量依次降低，河南最近推广的豫豆 12 在河南省栽培地理环境条件下，蛋白质含量高达 50.18%，远高于美国进口大豆平均含蛋白质 39.5% 的指标。所以大豆蛋白加工企业应综合考虑原料售价、营养素含量、产品得率等生产因素后，再进行效益分析，不宜一味追求廉价进口原料，忽视企业综合生产效益。

参考文献

[1] 盖钧镒，赵晋铭.大豆品质育种及加工产业的发展 [C]．北京：2008.

[2] Kesun Liu. Soybeans as functional foods and ingredients. AOCS press. 2004.

[3] Shaw Watanabe. Is Isoflavone Metabolism the Key to Understanding the Health Effect of Soy? 7th International Soy Symposium：Role of Soy in Health and Disease Prevention. Bangkok，Thailand. March 7 - 9，2007.

[4] 许忠仁，张贤泽.大豆生理育种 [M].哈尔滨：黑龙江科学技术出版社，1989.

[5] 杜平，王新风，马巍等.早熟高油大豆新品种吉育 203 的选育与栽培要点 [J].贵州农业科学，2013，41 (12)：43-45+49.

[6] 刘玉兰.植物油脂生产与综合利用 [M].北京：中国轻工业出版社，1999.

02

第二章

大豆种子形态结构
及其加工关系

第一节

大豆种子形态结构

大豆种子由子叶、胚、种皮三部分构成，其形态结构见图2-1。

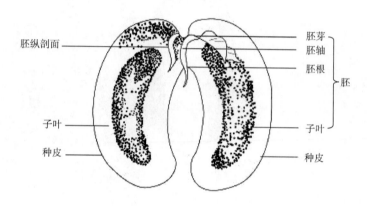

图2-1 大豆种子形态结构

大豆加工主要任务是将大豆种子中有益于人体生长发育的成分有效提取或将大豆种子中的有益组分加工成人类生命活动所需的制品，所以掌握大豆种子不同形态结构，实行按不同形态部位分别加工，对于提高大豆加工效率，降低生产成本具有重要意义。大豆种子不同部位主要成分及含量见表2-1。

表2-1 大豆种子不同部位的主要成分及含量 　　　　　　单位:%

大豆种子的不同部位	水分	蛋白质	碳水化合物（含纤维素）	脂肪	灰分
整粒	11.0	38.8	27.3	18.5	4.3
子叶	11.4	40.5	23.0	20.2	4.4
种皮	12.5	8.4	74.3	0.9	3.7
胚	12.0	39.3	35.2	10.0	3.4

一、大豆子叶

大豆子叶（豆瓣）是大豆储存营养的部位，大豆加工主要利用的部位就是种子的子叶，子叶占种子总质量的88%左右。大豆籽粒形态与玉米、高粱、小麦、水稻等作物不同，大豆种子在成熟过程，积累的营养素与其他有机化学成分主要储存于子叶中，属于无胚乳种子类型。

子叶中含有蛋白质、脂肪、碳水化合物、维生素、矿物质、水分、膳食纤维等营养素以及具有保健作用的功能成分。

二、大豆胚

大豆胚是种子传种接代、植株发育最重要的组分，大豆种苗即由胚发育而成。胚的形态可区分为胚芽、胚根、胚轴（胚茎）三部分，子叶着生在胚轴上。大豆加工领域又习惯地将胚芽、胚根、胚轴统称为"胚芽"（和生物学分类不同），大豆胚芽约占种子总质量的2%。

大豆胚与子叶是大豆加工所用的主要原料成分，大豆胚芽中含有比子叶更高的功能成分。例如，大豆子叶中含异黄酮总量为 0.5~0.8mg/g，而胚芽中含异黄酮总量为 1~7mg/g，是子叶含量的 2~8 倍；另外，胚芽的苦、涩味对食品加工具有不良影响。所以在现代大豆加工生产领域，建议将大豆子叶与胚芽分别剥离，作为不同原料，对于提高大豆加工价值、改善终端产品食用品质都将发挥积极的作用。

三、大豆种皮

大豆种皮是由多层细胞组织构成，表皮栅栏细胞全部角质化，干燥的种皮坚硬，对胚有保护作用。种皮占种子总质量的 8%~10%，种皮中含有的膳食纤维素占种皮总质量的70%以上。现代大豆科学研究发现，大豆膳食纤维被人体摄入后，不被消化系统吸收，但具有促进胃肠蠕动、携带有毒代谢产物排出体外、改善人体内菌群平衡的功能。大豆种皮由于含有丰富的纤维素、半纤维素、果胶、木质素等，可作为加工膳食纤维的优质原料。

第二节

大豆子叶细胞解剖形态及其加工关系

一、大豆子叶细胞的解剖形态

大豆加工利用的主要部位是大豆子叶，子叶细胞是大豆储存营养的主要部位，大豆子叶细胞短径约 30μm、长径约 70μm，剖面面积约 2000μm²，见图 2-2。

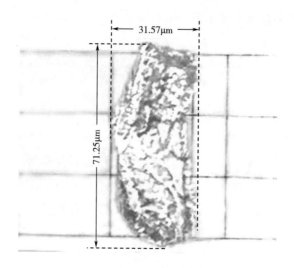

图 2-2　显微分光光度仪视野中大豆子叶细胞剖面照片（×600）

大豆子叶细胞结构在加工过程中，对于加工品质与有效成分提取率等内容均具有重要作用，大部分工艺均需将子叶粉碎，子叶细胞如在粉碎过程保持完整（图 2-3），在食用时，人的味觉易产生粗糙难以下咽的感觉，粉碎粒度如能达到 φ≤（30~50）μm，细胞被粉碎，可降低食用粗糙感，显著提高食用品质。

在大豆加工过程中通常采取工艺措施破坏细胞壁，以利于细胞中的蛋白质与脂肪等营养素的释放，提高大豆加工生产得率。例如：超声破壁技术用于大豆加工的前处理（图 2-4），可以提高大豆加工的产品得率。

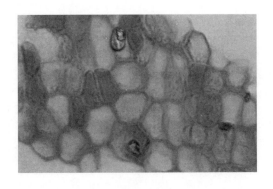

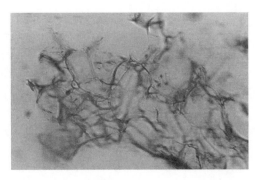

图 2-3 未经处理的大豆子叶横切面，
可见完整的细胞（×400）

图 2-4 豆粕经超声处理 5min 后，已无完整细胞，
只能见到破碎断裂的细胞壁的破碎片断（×200）

压榨法提油常进行"闷""蒸"处理原料种子，所谓"以水引油"，实际是将子叶细胞中的脂肪引入细胞间隙，以利于在压榨时（图 2-5）提高油脂加工效率与得率。

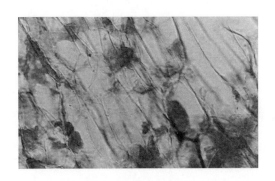

图 2-5 豆粕经压片后，细胞变长，细胞壁仍部分保持完整（×200）

在生产豆奶与豆奶粉时，常采用细胞粉碎措施，也是为了提高水溶性蛋白质从子叶细胞中的溶出率。

大豆加工全利用技术，常将大豆子叶粉碎细度达到 220~300 目[①]，相当于粒度 $\phi63~\phi53\mu m$，即大豆种子细胞 90% 以上被粉碎，即使不去除豆渣，食用时也可显著降低难以下咽的粗糙感。

鉴于"目"的概念在食品加工领域经常出现，现将世界各国"目"与孔径长度对照见表 2-2。

———————————

① 目：系指粉状物料或液体中固形物的粗细度。常用的工业用语的目数系指筛网上 1in（25.4mm）线段内的均匀孔洞数目。例如 100 目的筛网，即表示在每英寸宽的筛网上有大小均匀一致的筛孔 100 个。为方便查询不同国家规定的目数与尺寸的换算，可通过有关数学用表查阅。例如，英国标准筛号 240 目，相当于美国标准筛 230 目，美国、英国虽然筛号标准不同但英国的 240 目与美国的 230 目代表的孔径均为 63μm。

表2-2　世界各国测定粒度所用筛网孔径标准规格对照

国际标准规格（ISO）	美国标准规格（ASTM）		日本标准规格（JIS）	德国标准规格（DIN）	英国标准规格（BSI）		美国筛网协会规格（TYLER）	
孔径/μm	筛号（№）	孔径/μm	孔径/μm	孔径/mm	筛号（№）	孔径/mm	筛号（mesh）	孔径/mm
32			32	0.032				
				0.036				
38	400	38	38		400	0.038	400	0.038
				0.04				
45	325	45	45	0.045	350	0.045	325	0.043
				0.05				
53	270	53	53		300	0.053	270	0.053
				0.056				
63	230	63	63	0.063	240	0.063	250	0.061
				0.071				
75	200	75	75		200	0.075	200	0.074
				0.08				
90	170	90	90	0.09	170	0.090	170	0.088
			100	0.1				
106	140	106	106		150	0.106	150	0.104
				0.112				
125	120	125	125	0.125	120	0.125	115	0.124
				0.14				
150	100	150	150		100	0.150	100	0.147
			160	0.16				
180	80	180	180	0.18	85	0.180	80	0.175
				0.2				
212	70	212	212		72	0.212	65	0.208
				0.224				
250	60	250	250	0.25	60	0.250	60	0.246
				0.26				
300	50	300	300		52	0.300	48	0.295
				0.315				

续表

国际标准规格（ISO）		美国标准规格（ASTM）	日本标准规格（JIS）	德国标准规格（DIN）	英国标准规格（BSI）		美国筛网协会规格（TYLER）	
孔径/μm	筛号（No）	孔径/μm	孔径/μm	孔径/mm	筛号（No）	孔径/mm	筛号（mesh）	孔径/mm
355	45	355	355	0.335	44	0.355	42	0.351
				0.4				
425	40	425	425		36	0.425	35	0.417
				0.45				
500	35	500	500	0.5	30	0.500	32	0.495
				0.56				
600	30	600	600		25	0.600	28	0.589
				0.63				

二、细胞粉碎与粉粒重组的原理

本书介绍的大豆深加工发明专利技术生产的成品，如大豆分离蛋白、大豆浓缩蛋白、高纯度大豆低聚肽、高染料木苷含量大豆异黄酮、大豆皂苷、大豆低聚糖、大豆复合功能因子等均属于将大豆种子中有益于人类生命活动的功能成分有效提取，只有豆奶与豆奶粉属于将大豆种子中的有益成分直接加工成为工业化成品。大豆种子细胞粉碎与粉粒重组技术的重要作用，在生产豆奶粉工艺过程中表现最为明显。二十世纪中期以后，豆奶与豆奶粉在我国已形成一种新兴行业，加水溶解后的豆奶粉并不是"溶质分子均匀分布于溶剂之中"的化学"溶解"概念，豆奶粉加水后呈现的"速溶"状态，实质是"溶液"与复杂的悬浊液①与乳浊液②相互兼容的混合体系。在水介质中，豆粉粒度越细，饮用时，溶液感越强，商品价值越高，但过细的粉粒在干粉状态下，由于单粒面积减小，总表面积增大，使粉粒之间空隙大幅度降低，水介质难以进入微细粉粒之间，加水后，相互紧密挤压粘连的粉粒可形成明显的结团，严重影响豆奶粉的食用品质

---

① 悬浊液：悬浊液属于分散系，其分散粒子直径 $\phi \geqslant 100nm$，静置后，在重力作用下，产生沉降现象，速溶豆粉中，除油脂与水溶性有机成分外的非水溶性物质小颗粒，加水后形成的不透明、不均一的水分散系，即为悬浊液。

② 乳浊液：乳浊液与悬浊液不同之处在于分散质成分属于油脂成分，加水后形成的分散体系，呈不透明、不均一、不稳定的乳化状态，静置后乳浊液呈现上下分层现象。

与商品形象。

如何在加工过程中使微细的豆粉复聚成大颗粒，在加水时又可使水作为连续相进入分散相——粉、糖微粒之间，在连续相体与分散相体相互作用下，使非水溶性固形物均匀分散、形成表观溶解状态，则成为商品"速溶"概念的工艺技术的重要组成部分。

豆奶粉作为一项新兴的大豆加工行业主要为去渣生产工艺（详见第三章），去除渣滓后，豆奶的干物质中也并非全部是水溶性物质，所以除渣豆奶粉的溶解度[①]指标只定为 90%~97%。

大豆子叶细胞直径 $\phi \approx 30 \sim 70 \mu m$（图 2-2），细胞剖面积约 $2000 \mu m^2$。生产实践证明，大豆种子经超微磨浆、细胞粉碎、高压均质、高压喷雾干燥等工艺处理后，粒度直径 $\phi \approx 15 \sim 60 \mu m$［平均 $\phi \approx 50 \mu m$，见图 2-6（1）］，如向这些超细粉粒直接加水，由于粒度过细、粉粒间无空隙，水介质难以进入超细粉粒之间，超细粉粒无法分散，所以在水介质中常呈严重结团现象。

为了解决上述问题，作者在生产速溶豆粉时，在高压喷雾工艺环节，向待喷物料加入黏附剂（如玉米淀粉糖），采用高度为 22m 左右的压力式喷雾干燥塔处理浆料，喷雾产生的雾滴在无外力作用的条件下，按自由落体从塔顶端至塔底时间（t），应符合以下公式。

$$h = \frac{1}{2}gt^2 = \frac{1}{2} \times 980 \text{cm/s}^2 \times t^2$$

式中　　h——塔高 22m

　　　　g——重力加速度，980cm/s^2

　　　　t——落地时间，s

$$t = \sqrt{\frac{h \times 2}{g}} = \sqrt{\frac{22\text{m} \times 100\text{cm/m} \times 2}{980 \text{cm/s}^2}} \approx \sqrt{4.49\text{s}^2} \approx 2.12\text{s}$$

在无外力作用条件下，豆粉雾滴从塔顶至塔底按自由落体正常落地时间仅为 2.12s，不可能将含水率约为 60% 的浆料干燥成含水率 ≤7% 的豆粉，但采取玉米淀粉糖凝聚重组大豆粉粒技术（详见第三章），在人工旋风吹拂作用下，延长雾滴在塔中悬浮时间，所谓喷雾干燥不仅使雾滴水分蒸发，而且将经细胞粉碎的超微粉粒复聚重组，使超微细粉相互黏结成为复聚体大颗粒（详见第三章），生产实践证明，生产速溶豆奶粉工艺过

---

① 溶解度：工业生产的速溶豆粉溶解度泛指在某种水温条件下，在 100g 水中形成饱和溶液时，加入速溶豆粉的质量（g）。速溶豆粉中，外源蔗糖约占 50%，总蛋白质中的水溶性蛋白约占 80%，还有其他水溶性碳水化合物及维生素等，所以速溶豆粉工业产品中一般要求溶解度应 ≥85%。溶解度的单位应为 $S = ng/100gH_2O = n\%$，分子 g 与分母 g 消除，H_2O 可不标注，所以速溶豆粉溶解度也可用百分符号（%）表示。

程的胶体精磨、细胞粉碎、高压均质等环节，均是为将干物质物料粉碎越细越好，因为人的味觉在大豆子叶细胞（图2-2）被粉碎后，粉碎后的细胞$\phi<50\mu m$时可使粗糙感减轻，但$\phi<50\mu m$的微细颗粒干燥成粉后，这些微小颗粒之间孔隙空间减小，加水冲饮时，水介质很难进入微细粉粒之间，于是在宏观状态下便产生加水结团的现象，在生产工艺过程中，采用高压喷雾、玉米糖凝聚重组大豆粉粒、流化床复聚（详见第三章）等工艺措施均是为了将豆粉小颗粒复聚成大颗粒，增加豆粒之间孔隙空间，为水介质进入创造条件。加工实践证明，复聚后的大豆粉粒以$\phi\approx150\mu m$［图2-6（2）］为适宜。

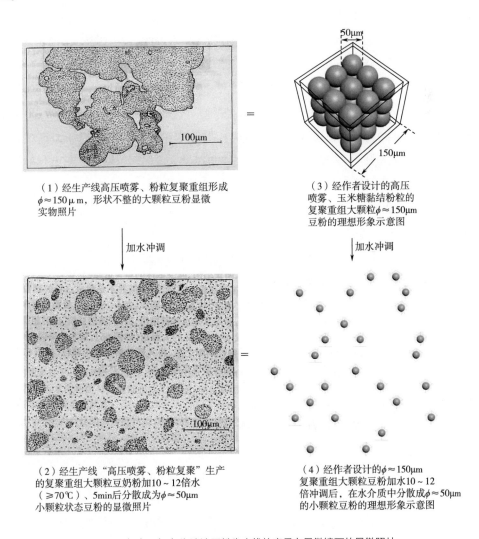

（1）经生产线高压喷雾、粉粒复聚重组形成$\phi\approx150\mu m$，形状不整的大颗粒豆粉显微实物照片

（3）经作者设计的高压喷雾、玉米糖黏结粉粒的复聚重组大颗粒$\phi\approx150\mu m$豆粉的理想形象示意图

加水冲调　　　　　　　　加水冲调

（2）经生产线"高压喷雾、粉粒复聚"生产的复聚重组大颗粒豆奶粉加10~12倍水（≥70℃）、5min后分散成为$\phi\approx50\mu m$小颗粒状态豆粉的显微照片

（4）经作者设计的$\phi\approx150\mu m$复聚重组大颗粒豆粉加水10~12倍冲调后，在水介质中分散成$\phi\approx50\mu m$的小颗粒豆粉的理想形象示意图

图2-6　（1）、（2）为速溶豆粉生产线的产品在显微镜下的显微照片，

（3）、（4）为作者设计的理想形象示意图

（1）与（3）相对应，（2）与（4）相对应

目前，速溶豆粉已成为我国大豆加工业一项重要商品，但在生产与消费领域仍有人误认为豆粉颗粒越细越易产生速溶效果。为使在此项研究开发时少走弯路，对于速溶豆粉的商品速溶状态与豆粉颗粒大小相关原理能产生形象、直观的认识，现设定原料大豆经超微磨浆、细胞粉碎、高压均质后（详见第三章），进入高压喷雾塔前，浆料中的每个豆粉微粒（按理想圆球体计）直径 $\phi \approx 50\mu m$；经粉粒重组、微粒复聚成大颗粒后，$\phi \approx 150\mu m$［图2-6（1）］。有关豆粉微粒复聚前后的具体参数计算以及豆粉商品速溶与豆粉颗粒大小、总表面积、颗粒空间间隙的相关性原理的量化参数，具体计算程序如下。

（1）每个 $\phi = 50\mu m$ 的豆粉微粒圆球体表面积计算。

为计算方便，本次计算，将每个豆粉颗粒设定为理想的、均匀的 $\phi = 50\mu m$ 的圆球体小颗粒，则每个 $\phi = 50\mu m$ 的小颗粒表面积计算如下。

$$S = 4\pi R^2 = 4 \times 3.14 \times (50\mu m/2)^2 = 7850\mu m^2$$

（2）每升（$1dm^3$）中含有 $\phi = 50\mu m$ 的微细粉粒（按理想圆球体计）个数计算。

根据在同体积容器内的正方体边长与直径相等的球体虽然体积不相等（正立方体体积＝长×宽×高，球体积＝ $4/3\pi R^3$），但球体个数与正立方体个数相等，每升中含边长为 $50\mu m$ 的正立方体个数计算过程如下。

$1dm = 10cm = 100mm$，$1mm = 1000\mu m$

$1dm^3 = (100mm \times 1000\mu m/mm)^3 = 10^{15}\mu m^3$

边长为 $50\mu m$ 的正立方体体积 $= 50\mu m \times 50\mu m \times 50\mu m = 125000\mu m^3$

每升中含 $\phi = 50\mu m$ 的豆粉微小颗粒数 $= 1000 \times 10^{12}\mu m^3 \div 125 \times 10^3\mu m^3 = 8 \times 10^9$ 个

（3）每升（$1dm^3$）中含 $\phi = 50\mu m$ 的微小粉粒粒数为 8×10^9 个，则 8×10^9 个小颗粒（球体）的总表面积如下。

8×10^9 个小颗粒的总表面积 $= 7850\mu m^2/$个 $\times 8 \times 10^9$ 个 $= 628 \times 10^{11}\mu m^2 = 62.8m^2$

（4）每个复聚后的豆粉微粒 $\phi = 150\mu m$，$\phi = 150\mu m$ 圆球表面积计算如下。

$$S = 4\pi R^2 = 4 \times 3.14 \times (150\mu m/2)^2 = 70650\mu m^2$$

（5）每升（$1dm^3$）中含有 $\phi = 150\mu m$ 的豆粉个数（按理想圆球体计）计算如下。

$1dm^3 = 10^{15}\mu m^3$

边长为 $150\mu m$ 的正立方体的体积 $= 150\mu m \times 150\mu m \times 150\mu m = 3375000\mu m^3$

每升中含边长为 $150\mu m$ 的正立方体个数 $= 10^{15}\mu m^3/3375000\mu m^3 \approx 2.96 \times 10^9$ 个

根据在同体积的容器内边长与直径相等的正立方体与圆球体个数相等的原理，每立升中含 $\phi = 150\mu m$ 的圆球体个数也为 2.96×10^9 个。

（6）每升中 $\phi = 150\mu m$ 的圆球体总表面积 $= 70650\mu m^2/$个 $\times 2.96 \times 10^9$ 个 $= 20.9m^2$

表2-3　不同粒度的速溶豆粉商品速溶性状对比

粒度	每升（dm³） 粉粒总表面积/m²	每升（dm³） 粉粒总个数/个	实际加水冲调 性能表现
不造粒含糖豆粉 （$\phi\approx50\mu m$）	62.8	8×10^9	加水调浆6min后 出现分层
复聚重组含糖豆粉 （$\phi\approx150\mu m$）	20.9	2.96×10^9	加水调浆240min 无沉淀与分层现象发生

复聚重组豆粉大颗粒（$\phi\approx150\mu m$）与豆粉小颗粒（$\phi\approx50\mu m$）所占孔隙空间的量化指标对比：

（1）经玉米糖黏结粉粒重组后的复聚大颗粒，如ϕ为150μm，则该球体积应为：

$$\left(\frac{4}{3}\right)\pi R^3=\left(\frac{4}{3}\right)\times3.14\times\left(\frac{150\mu m}{2}\right)^3=\left(\frac{4}{3}\right)\times3.14\times421875\mu m^3$$

$$=4.2\times421875\mu m^3$$

$$=1771875\mu m^3$$

边长为150μm的正方体，体积为：

$$150\mu m\times150\mu m\times150\mu m=3375000\mu m^3$$

直径为150μm的球体在边长为150μm的正方体中，尚有未占的空隙空间为：

$$3375000\mu m^3-1771875\mu m^3=1603125\mu m^3$$

（2）如果不进行粉粒复聚重组，豆粉颗粒直径为$\phi50\mu m$，豆粉颗粒球体积为：

$$\left(\frac{4}{3}\right)\pi R^3=\left(\frac{4}{3}\right)\times3.14\times\left(\frac{50\mu m}{2}\right)^3=4.2\times15625\mu m^3=65625\mu m^3$$

该球体积所处的正方体边长为50μm，该正方体体积为：

$$50\mu m\times50\mu m\times50\mu m=125000\mu m^3$$

每个直径为50μm的豆粉在容积为125000μm³的正方体中尚有未占的空隙空间为：

$$125000\mu m^3-65625\mu m^3=59375\mu m^3$$

从上述计算结果分析，可得出结论如下。

（1）直径不等的球体在同容积容器内，直径越长的球体在相同容积的容器内个数越少，所留空隙空间越大，留存空隙为水介质进入创造了间隙通道空隙通道条件。

在速溶豆粉生产过程中，将细小颗粒豆粉黏结复聚成大颗粒，$\phi\approx150\mu m$的豆粉大

颗粒的空隙空间是 $\phi \approx 50\mu m$ 豆粉小颗粒的空隙空间的 27 倍（$1603125\mu m^3 \div 59375\mu m^3$），增大的孔隙空间为水介质进入提供先决条件，水介质进入后可将复聚的大颗粒物料溶散为均匀的微小颗粒［图 2-6（2）、图 2-6（4）］，因此"豆粉微粒重组复聚技术"是一项重要的提高豆粉商业"速溶"性能的工艺措施。

（2）粉粒重组形成的 $\phi \geqslant 150\mu m$ 的大颗粒产品，每升中约有 2.96×10^8 个颗粒，是重组前 $\phi \approx 50\mu m$ 小颗粒（8×10^9 个）数目的 1/27；每升重组后 $\phi \approx 150\mu m$ 的大颗粒总表面积约 $20.9m^2$，是重组前 $\phi \approx 50\mu m$ 小颗粒总表面积（$62.8m^2$）的约 1/3，即经工业化生产"粉粒复聚重组"工艺处理的大豆粉粒，单位体积内粉粒总数与总表面积均显著减少，但产品商品品质与加水冲调感官溶解状态却大幅度提高。有经验的速溶豆粉加工技术人员，常对未加水的豆粉，用手隔着包装袋捻压产品，进行预判该产品加水后溶解状态水平，此项经验就是依据重组大颗粒豆粉被捻碎、空间缩小后产生微小声音的原理判断而得出的经验结论。

（3）根据大豆种子细胞形态生物学研究，可见市售"速溶豆粉"加水冲调时，形成的所谓"速溶"状态，并不是"溶质分子均匀分布于溶剂之中"的真溶液，其中既有"溶液"，也有一部分由非水溶性物质或油脂形成的悬浊液、乳浊液，是一种混合相容的液态体系。这种混合相容的液态体系维持时间越久，其商品"速溶"价值越高。商品的"速溶"，不可完全用化学"溶解"的标准与概念衡量，所以我国豆奶与豆奶粉的行业标准，将不去渣豆奶粉溶解度指标定为 85%~88%。

2000 年前后，我国推行"大豆行动计划"，作者研制的速溶豆粉细胞粉碎与粉粒重组技术，被批准为"大豆行动计划"依托技术，并取得很好的实践应用效果。作者参与起草制订了《高蛋白速溶豆粉》（GB/T 18738—2002）（图 2-7）。

我国在实施"大豆行动计划"时，采用长春大学[①]技术生产的速溶豆粉，已形成系列产品。例如，黑龙江省佳木斯冬梅大豆食品有限公司生产的速溶豆粉（详见第三章）。

---

① 1995 年 2 月 24 日中华人民共和国国家科学技术委员会（以下简称"国家科委"）以《国科成字［1995］009 号文件》批复全国不同行业组建 30 个"国家科技成果重点推广计划研究推广中心"，其中国家大豆深加工技术研究推广中心依托组建单位为吉林省高等院校科技开发研究中心，该中心为长春大学处级单位，作者李荣和为该中心主任，营口渤海天然食品有限公司是国家大豆深加工技术推广中心工业工程化实验基地，姜浩奎博士为该公司的法人代表。本书中所述长春大学、国家大豆深加工技术研究推广中心、吉林省高等院校科研中心、营口渤海天然食品公司等单位名称与长春大学均可视为同一个单位。

ICS 67.060
X 11

GB

中华人民共和国国家标准

GB/T 18738—2002

高蛋白速溶豆粉

High protein instant soybean powder

2002-05-29 发布　　　2002-11-01 实施

中华人民共和国
国家质量监督检验检疫总局　发布

GB/T 18738—2002

前　言

本标准由吉林省质量技术监督局提出。
本标准由全国食品工业标准化技术委员会归口。
本标准由国家大豆深加工研究与推广中心负责起草。[注-5]
本标准的主要起草人：鞠长河、李荣和、何庆泽、王立光。

项目		指标
蛋白质	≥	22.0
脂肪	≥	6.0
水分	≤	4.0
总糖（以还原糖计）（%）		47.0~53.0
溶解度（重量法）（%）	≥	92.0
灰分	≤	3.0
脲酶定性		阴性

图 2-7　作者参与起草制订的《高蛋白速溶豆粉》（GB/T 18738—2002）及其主要理化指标

（1）农业产业化省级重点龙头企业证书

（2）2016中国豆制品行业50强证书

（3）高新技术企业证书

（4）黑龙江名牌产品证书

图 2-8　采用长春大学发明专利技术的
黑龙江省佳木斯冬梅大豆食品有限公司获得的荣誉证书

第三节

大豆种皮细胞解剖形态及其加工关系

一、大豆种皮细胞的解剖形态

大豆种皮占种子总质量的 8%~10%，干燥的大豆种子经浸泡复水后，种皮细胞解剖图如图 2-9 所示，纵向长度约 49μm，横向长度约 20μm，剖面积约 980μm²，细胞壁厚约 4μm。

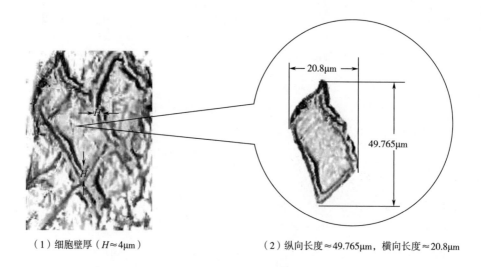

（1）细胞壁厚（$H \approx 4\mu m$）　　　　　（2）纵向长度 $\approx 49.765\mu m$，横向长度 $\approx 20.8\mu m$

图 2-9　大豆种皮细胞显微剖面图

二、大豆种皮的化学成分

近代研究发现大豆种皮是人类第七营养素——膳食纤维的重要原料来源之一。

表 2-4　大豆种皮的成分

成分	水	蛋白质	脂肪	灰分	碳水化合物	非水溶性膳食纤维（IDF）	水溶性膳食纤维（SDF）	非水溶性膳食纤维占膳食纤维比例/%	水溶性膳食纤维占膳食纤维比例/%
豆皮中含量/%	9~13.5	8.4~12	0.9~2	3.7~5	≈4	≈57	≈13	≈81	≈19

大豆种皮含膳食纤维量占 70% 左右，膳食纤维已成为人类不可或缺的重要营养素（详见第五章）。

膳食纤维是二十世纪七十年代以后出现的新名词，由于膳食纤维包括的组分复杂，目前尚未产生统一的标准检测方法，所以膳食纤维也未形成准确的概念与定义。

膳食纤维已获得共识的内容可以理解为：人体摄入的、不被人体胃肠道中消化酶消化吸收的植物性的碳水化合物聚合成分。膳食纤维虽然不被人体消化吸收，但膳食纤维却在人体内具有不可取代的、重要的生理作用，是维持人体健康必不可少的一类营养素。

据文献报道，膳食纤维的生理作用主要包括：

（1）膳食纤维的吸水溶胀性能有利于增加食糜的体积，刺激胃肠道的蠕动，并软化粪便，防止便秘，保持肠道清洁，从而减少和预防胃肠道疾病。

（2）膳食纤维具有抑制胆固醇的吸收与吸附胆酸的功能，可用于预防高脂血症和高血压病。

（3）膳食纤维能够延缓和减少重金属等有害物质的吸收，减少和预防有害化学物质对人体的毒害作用。

（4）膳食纤维可以改善肠道菌群结构，维持体内的微生态平衡。

（5）水溶性膳食纤维具有很强的吸水溶胀性能，吸水后膨胀，体积和重量增加10~15 倍，既可解决饱腹不饥饿的感觉，又可达到控制体重、达到减肥的目的。

（6）可溶性膳食纤维能够延缓葡萄糖的吸收，推迟可消化性糖类如淀粉等的消化，避免进餐后血糖急剧上升，改善血液中胰岛素的调节作用，提高人体耐糖的能力，有利于糖尿病的治疗和康复。

大豆种皮中含膳食纤维约为 70%，其中包括有粗纤维、纤维素、半纤维素（木糖、阿拉伯糖、甘露糖等多糖类）、树脂、果胶、低聚糖、木质素等。

大豆种皮膳食纤维与其他植物纤维一样均属于高分子碳水化合物，其中含量最高的成分为纤维素，纤维素与淀粉具有相同的分子式（$(C_6H_{10}O_5)_n$），但与淀粉在生理生化方面又有所区别。

表2-5 膳食纤维与淀粉理化性质的对照

种类	分子式	结构式	相对分子质量	人体内有无可消化分解的酶	能否被人体消化吸收	遇碘反应	结合葡萄糖残基数量	在植物体内的存在形式
淀粉	$(C_6H_{10}O_5)_n$	包括支链淀粉与直链淀粉两种结构	$10^5 \sim 6 \times 10^6$	有	能	变蓝	$600 \sim 6 \times 10^6$	属于植物体内的储存营养
膳食纤维	$(C_6H_{10}O_5)_n$	只有直链葡聚糖一种结构	$8 \times 10^3 \sim 2 \times 10^6$	无	否	无变色反应	$50 \sim 12 \times 10^3$	构成植物细胞膜、种皮或木质部

大豆种皮是膳食纤维营养素的重要来源，膳食纤维属于高分子碳水化合物，但在分类研究方面尚有值得商榷之处，目前将纤维素、果胶、半纤维素、水溶性树脂（阿拉伯胶、瓜尔豆胶）、木质素等均列为膳食纤维。

膳食纤维顾名思义是应纳入人类食物范畴而又不被胃肠吸收的植物性、高分子碳水化合物。木质素主要是指构成植物木质部或新、老周皮的木质化成分，这部分木质或新、老周皮从来未进入食物范畴；木质素与其他膳食纤维也有所不同，木质素是由四种醇单体形成的一种复杂的酚类聚合物，木质素与其他膳食纤维组成成分不同，具有特定的显色反应，当木质素加间苯三酚溶液后，再加盐酸，木质素可呈红色显色反应。

据文献报道，近年大豆种皮中含有少量木质素，这部分木质素具有吸附胆酸排出体外的功能，所以大豆种皮中的木质素还是应该划入膳食纤维范畴。膳食纤维中的粗纤维、纤维素、木质素，在概念分类上既有区别、又易混淆。粗纤维、纤维素、木质素在酸、碱、酶作用下，均不被水解；粗纤维包括有纤维素，纤维素与粗纤维虽然均是由葡萄糖链联结而成的线性化合物，但纤维素相对分子质量小于粗纤维，即纤维素与木质素是粗纤维的组成部分，粗纤维（包括纤维素与木质素）又是膳食纤维的组成部分。

目前，国外以大豆种皮为原料，开发的大豆种皮膳食纤维产品规格如表2-6所示。

表2-6　国外大豆种皮纤维产品规格参考值

项目	膳食纤维含量/%	脂肪含量/%	蛋白质含量/%	灰分/%	热量≤	吸水能力/%	pH	水分/%
参考值	92.0	0.5	1.5	2.5	0.1kcal/g	350~400	6.57~7.5	3.5

　　参照国外大豆种皮膳食纤维产品规格要求，结合我国实际情况，大豆种皮中残留少量蛋白质、碳水化合物与脂肪，对食用者无害，不必加大成本追求纯度，膳食纤维纯度如为约70%，则可使生产成本大幅下降，2016年作者曾以膳食纤维纯度为70%的大豆膳食纤维粉30%与小麦面粉、玉米粉、大米粉、小米粉混配生产高膳食纤维休闲食品，经检测产成品膳食纤维含量≥21%（详见第六章，表6-20），可见以大豆种皮为原料生产的新型大豆膳食纤维，将成为我国廉价的、预防现代生活方式疾病的保健食品。

参考文献

[1] 东北师大生物系、大豆生理编写组．大豆生理 [M]．北京：科学出版社，1981．

[2] 江连洲主译．大豆化学加工工艺与应用 [M]．哈尔滨：黑龙江科学技术出版社，2005．

[3] 郑建仙．功能性膳食纤维 [M]．北京：化学工业出版社，2005．

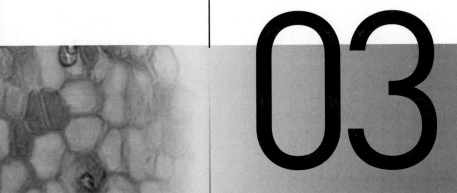

03

第三章

大豆蛋白质的加工
原理与技术

人类生长发育所需要的营养素多种多样，但蛋白质是人类生存所需的第一营养素，没有蛋白质就没有生命。

大豆蛋白加工是大豆加工的重要组成部分，大豆蛋白营养素在防治人类心脑血管疾病等非传染性现代生活方式疾病方面，已显示出安全、无毒副作用、不可取代的特殊功效。世界各国，尤其是发达国家的政府与居民，已公认有效预防现代生活方式疾病的措施，主要不在于药物治疗与医疗手段的提高，关键应改善营养素与天然医疗保健功能成分的摄入结构。

美国、日本等发达国家均以政府或行业协会的名义提出大豆蛋白建议摄入量，美国食品与药物管理局（FDA）《健康食品标示法规》规定：每份重 8oz（1oz = 3.11035 × 10^{-2}kg）的食品中，含大豆蛋白 6.25g、脂肪 ≤3g、饱和脂肪酸 ≤1g、胆固醇 ≤20mg、钠盐 ≤480mg，可在食品标签上应标注具有预防心血管疾病功能的健康食品标识。

美国心脏病协会建议：每人每日摄入大豆蛋白 50g，可有效降低心脏病对人体的危害。

日本政府推荐大众食物结构：每人每日应摄取 150g 豆腐、20g 豆粉或 60g 豆豉。

心脑血管疾病已成为危及人类生命的第一疾患，美国提出以大豆蛋白预防心脏病对人体的危害，得到全球广泛的响应。自从美国食品与药物管理局（FDA）发布大豆蛋白有助于降低心血管疾病风险的健康声明后，美国大豆产业迅速发展，2006 年美国大豆总产量为 31.9 亿蒲式耳（蒲式耳为容器定量单位，1 蒲式耳大豆重 = 27.1kg），约合 8676 万 t。2021 年，美国年产大豆约 1.2 亿 t，将近世界大豆总产量 3.3 亿 t 的 36%，2021 年巴西年产大豆 1.3 亿 t，占世界大豆总产量 3.3 亿 t 的 39%，巴西与美国由不产大豆的国家，一跃成为世界大豆产量第一、第二的大国。

我国政府关于居民大豆蛋白摄入量也有明确规定，国务院颁发的《中国食物与营养发展纲要（2014—2020 年）》要求："至 2020 年我国人均蛋白质摄入量应达到 78g，其中优质蛋白质比例应在 45% 以上"，大豆蛋白属于优质蛋白质。最新营养科学研究发现，伴随年龄增长，人体摄取植物蛋白的需求也在增加（表 3-1）。

表3-1　不同年龄阶段人体摄取植物蛋白与动物蛋白的理想比率

对比项目	儿童时期	青壮年时期	老年时期
植物蛋白与动物蛋白摄入量的理想比率	1 : 1	65 : 35	80 : 20

按照《中国食物与营养发展纲要（2014—2020 年）》要求，我国人均日摄入大豆蛋白如按蛋白质摄入总量的三分之一计，则每人每日摄入量应为 26g，大豆中蛋白质含量按 36% 计，

则我国年消耗大豆理论需求量应为 3690 万 t $\left[\dfrac{26\text{g}/(\text{人}\cdot\text{d})\times14\,\text{亿人}\times365\text{d}/\text{a}\div36\%}{1000\text{g}/\text{kg}\times1000\text{kg}/\text{t}}\right]$，而我国大豆 2021 年实际年产量仅为 1640 万 t，仅为我国人均需要摄入大豆蛋白用的大豆量的 44%，可见我国大豆蛋白产业具有广阔的开发前景。

第一节

大豆蛋白质命名与检测方法

大豆蛋白质是人类所需外源蛋白质营养素最主要的来源，中国作为大豆的故乡，在漫长的历史长河中"大豆养育了中华民族"，大豆中最主要成分是大豆蛋白。

关于大豆蛋白的理化性质与分子结构，研究论著甚多，本书不再赘述。但在科研与生产实践过程，作者发现至少以下问题，应进一步明确。

（1）根据科研、生产实践需要，近代将大豆种子中由不同氨基酸按不同排列顺序、以肽键连接、相互结合构成的高分子化合物称为大豆蛋白质。

近代，生物学界在深入研究蛋白质的过程中，发现一类虽然在结构上与蛋白质结构相同，均属于各单元氨基酸之间以肽键相互联结，但却与蛋白质理化性质不同（例如酸溶、相对分子质量小等）一类含有 N、C、H、O、S、P 的化合物，这类不属于单元氨基酸、相对分子质量 $<5\times10^3$ 的有机化合物称为大豆肽。可见蛋白质应该是由肽键（又称酰胺键）连接氨基酸而成的高分子有机化合物，但肽键连结氨基酸形成的有机化合物并不一定全是蛋白质。

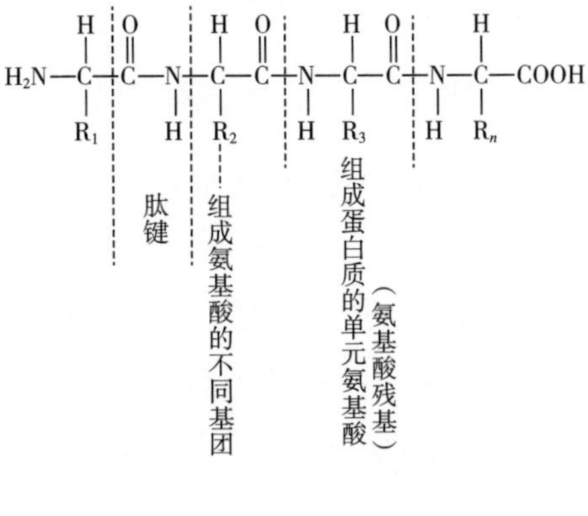

图 3-1　蛋白质的一级结构式

二十世纪九十年代以前，曾按分子质量大小将具有上述结构的有机物分为蛋白质、胨、胨、胨、氨基酸，由于这种分类方法量化指标并不十分明确，至 2008 年我国不再采用上述分类方法。《大豆肽粉》（GB/T 22492—2008）颁布后，将相对分子质量<$5×10^3$ 的大豆蛋白质界定为大豆肽（详见第七章）。

按照 GB/T 22492—2008 规定，大豆蛋白质定义为：大豆种子中含有的、由肽键联结不同氨基酸、相对分子质量≥$5×10^3$ 的高分子化合物，但是目前我国《有机化学》国家统编教材将肽键联结≤60 个单元氨基酸的化合物均定义为肽。在科研与生产实践中，作者发现：在大豆种子中含有的必需氨基酸与半必需氨基酸，平均相对分子质量为 149.30，其中相对分子质量最高的为 204.23（色氨酸），相对分子质量最小的为 117.15（缬氨酸），如按我国颁布的《大豆肽粉》（GB/T 22492—2008）规定的"肽"相对分子质量应<$5×10^3$ 的标准值，则含有 60 个单元氨基酸的化合物平均相对分子质量高达 8958，远超过大豆肽相对分子质量应<$5×10^3$ 的国家标准规定。针对我国 GB/T 22492—2008 规定与《有机化学》统编教材之间的关于大豆蛋白相对分子质量量化指标的分歧，建议今后在修订大豆蛋白国家标准时，应与《有机化学》统编教材协调，作出统一规定。

（2）大豆蛋白质与其他动、植物蛋白质组成元素基本相同，都包括有 N、C、O、H、P、S。

表3-2 大豆蛋白质组成元素

项目	N	C	H	O	S	P
占大豆蛋白质总量的比例	17.36%	50%~55%	6.8%~7.7%	19%~24%	0.3%~0.5%	0.1%~1.0%

蛋白质中 N 是特有元素，各种蛋白质中 N 平均含量为 16%，在定量分析蛋白质含量时，常以凯氏定氮法测定总氮含量，根据每百克普通蛋白质平均含氮为 16g 推导，相当于每测出某种蛋白质含 1g 氮即相当于含 6.25g 蛋白质 $\left(\dfrac{100}{16}=6.25\right)$，6.25 称为蛋白质系数，我国测定蛋白质的国家标准（GB/T 5009.5—2003）规定：将测定的氮含量乘以 6.25，即为预测物质的蛋白质含量。

上述测定大豆蛋白含量的方法已应用十年有余，但作者经历多年科研实践，认为上述规定不适用于大豆蛋白含量的测定。理由如下：

（1）根据实际检测结果证明，大豆蛋白与其他蛋白质含氮量略有差异，大豆蛋白平均含氮量约为 17.36%，而不是 16%，所以蛋白质系数①应为 5.76（100÷17.36），而不是 6.25。

（2）测定某种物质中蛋白质含量应将非蛋白氮去掉，否则将测得的 N 含量乘以蛋白质系数，所得乘积必然包含有非蛋白氮形成的虚假数值，为非法大豆加工创造造假机会。例如，在大豆制品中加入三聚氰胺（$C_3H_6N_6$）或尿素 CO（$NH_2)_2$，由于添加外源含氮物而使非蛋白氮含量提高，如在计算时，将含有非蛋白氮的总氮乘以蛋白质系数，则必将导致产生蛋白质含量虚假升高的数值。我国发生毒牛奶使儿童中毒事件，就是由于不法牛奶生产商在牛奶中添加三聚氰胺造成的后果，由于不法牛奶生产商的道德沦丧，造成乳品工业整体蒙羞。三聚氰胺事件启示监测机构，改革蛋白质检测方法，严防非蛋白质添加，已成为当务之急。

鉴于上述理由建议修订《蛋白质测定方法》（GB/T 5009.5—2003），但是修订大豆蛋白质测定方法必须国际间采取统一行动，否则必将产生即使同一品种大豆或同一批次大豆加工品，由于在不同国家、不同地区、不同单位采用不同蛋白质系数（5.76 或 6.25），而得出蛋白质含量不同的结果。

（3）《食品安全国家标准　食品中蛋白质的测定》（GB 5009.5—2016）将大豆及其粗加工制品蛋白质系数修订为 5.71。如按照新的国家标准规定的蛋白质系数测算大豆及大豆制品中的蛋白质含量，必将引起大豆分离蛋白、大豆浓缩蛋白、大豆肽、大豆及大豆粉蛋白质含量下降，此种蛋白质含量下降值不是因为产品本身引起，而是由于测定过程中采用的蛋白质系数人为调整所造成，所以国家关于蛋白质系数的调整，绝不是某一国家、某一行业、某一企业可以单独采取的行动。在国际间未采取同步调整国际标准前，我国如单独实施 GB 5009.5—2016 中关于大豆蛋白质系数的规定，必将引起我国大豆分离蛋白、大豆浓缩蛋白、大豆肽、大豆粉等商品蛋白纯度非本身质量因素的大幅下降。鉴于此，大豆蛋白质系数调整必须国内、国际采取同步行动，否则将对我国大豆产业的生产销售、产品出口造成极为不利的影响。

---

① 蛋白质中平均含 N 量为 16%，$\frac{100}{16}=6.25$，6.25 称为蛋白质系数。即某种蛋白源中，每含 1 份 N，相当于含蛋白质为 6.25 份，但大豆每百克蛋白质中含氮不是 16 克，而是 17.36 克，所以大豆的蛋白质系数应为 100 克÷17.36 克＝5.76。但国际市场，目前大豆蛋白质系数仍采用 6.25，我国如单独采用 5.76，必将引起大豆及大豆制品蛋白含量产生全面、非本身质量因素的大幅下降。所以在国际未对大豆及大豆制品蛋白质系数标准统一调整前，建议我国不宜单独使用大豆蛋白质系数 5.76 的新规定。

第二节

大豆蛋白质热致变性临界温度

一、大豆蛋白质热致变性临界温度的确定

新收获的大豆子叶中的大豆蛋白质 90% 左右可溶于水，古今中外以大豆为原料，加工豆腐、豆浆等豆制品时，利用的有效成分仅为大豆中的水溶性蛋白质，非水溶性蛋白全部残留于豆渣中，被作为残留物排放。大豆蛋白中的水溶性蛋白含量多少与大豆蛋白的功能关系极为密切，所以我国《豆制食品业用大豆》（GB/T 8612—1988）规定水溶性蛋白含量低于大豆总重 30% 的大豆不能作为豆制食品的原料。为了定量研究大豆蛋白中水溶性蛋白含量与大豆蛋白功能的相关性，国际大豆加工领域又专设一项 NSI 概念。例如我国东北大豆含蛋白总量为 33%~38%，折算成水溶性蛋白含量一般在 30%~34%。

$$NSI = \frac{试样中溶于水的氮含量}{试样中总氮含量} \times 100\%$$

为防止非蛋白氮干扰 NSI 测试结果，建议将上述 NSI 概念更改为：

$$NSI = \frac{试样中溶于水的蛋白质含量}{试样中总蛋白质含量} \times 100\%$$

NSI 作为定量指标，对于大豆加工极为重要。例如，用于加工分离蛋白的原料豆粕 NSI 应 ≥80%；大豆蛋白如作为面制食品添加剂，因为面粉中的面筋属于非水溶性蛋白，添加料大豆蛋白如 NSI 超过 60%，反而容易起到破坏面筋的作用，根据作者试验，高 NSI（≥60%）的大豆粉用作面粉添加料，易引起面包塌架、馒头不起发等不良反应，所以作为面制品添加料的大豆粉 NSI 应 ≤30%；大豆蛋白作为饲料填加料时，为保证大豆中，由水溶性蛋白形成的活性有害因子（如胰蛋白酶抑制素、脲酶等）消除率能达到最高限值，NSI 应 ≤5%。

引起大豆蛋白水溶性变化的物理、化学、生物等因素众多，最常用的措施是加热，由于加热导致大豆蛋白水溶性降低的变性现象，称为大豆蛋白热致变性。大豆蛋白热致变性是大豆加工最主要的生物学特性，是一种不可逆的生物化学反应。例如，豆腐、豆

腐脑、分离蛋白等都是利用大豆中水溶性蛋白加工制成的产品，如以煮熟或炒熟的大豆为原料都做不成豆腐、豆腐脑或分离蛋白，NSI 低的原料大豆，也会妨碍上述加工品的产品得率和产品品质。

为研究大豆蛋白热致变性的临界最低温度，作者进行了以下试验。

将市售大豆粉碎成 $\phi \leqslant 180\mu m$ 的豆粉，加 50 倍混合，在恒温水浴中，先将豆粉与水混合升温至不同的恒温条件，然后测定在不同恒温条件下，不同作用时间的水溶性蛋白溶出率（获得的水溶性蛋白干重，占原料大豆总重量的百分率），结果如下：

从表 3-3、表 3-4 和图 3-2 分析可见：

（1）以水溶性蛋白百分含量作为大豆蛋白热致变性指示参数，在温度为 40~50℃ 条件下，作用时间任意变化，水溶性蛋白百分含量 $\left[\dfrac{水溶性蛋白质（干基）}{原料大豆总重（干基）}\times100\%\right]$ 在 27.1%~31.2% 波动，无明显变化，说明 50℃ 以下，大豆蛋白无热致变性反应；在 40~50℃ 温水中浸泡，水溶性蛋白百分含量虽然略有提高，但在生产实践中，由于作用时间长，提高水溶性蛋白百分含量效用不明显，无实际生产应用意义。

（2）在 55℃ 条件下，作用 20min，水溶性蛋白百分含量最高，由 27.1% 提高至 36.5%，提高值为 9.4%；NSI 由 67.75% 提高至 91.25%，提高值为 23.5%；继续延长作用时间至 60min，水溶性蛋白百分含量显著降低，降至 22.7%，NSI 降至 56.75%；说明在 55℃ 条件下，短时间（20min）作用可提高大豆水溶性蛋白百分含量，继续延长作用时间至 60min，可明显产生热致变性现象。根据上述实验结果认定，大豆蛋白变性临界最低温度为 55℃。

表 3-3　水溶性蛋白溶出率与作用温度、时间的关系

作用时间/min	水溶性蛋白溶出率/%			
	40℃	50℃	55℃	60℃
0	27.1	27.1	27.1	27.1
10	27.1	28.0	26.1	22.4
20	29.7	31.2	36.5	20.5
30	32.2	30.1	29.2	18.7
60	28.1	27.3	22.7	14.5

表3-4 大豆 NSI 与作用温度、作用时间的关系

作用时间/min	NSI/%			
	40℃	50℃	55℃	60℃
0	67.75	67.75	67.75	67.75
10	67.75	70.00	65.25	56.00
20	74.25	78.00	91.25	51.25
30	80.50	75.25	73.00	46.75
60	70.25	68.25	56.75	36.25

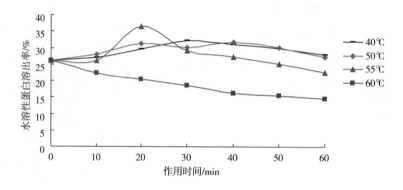

图3-2 水溶性蛋白溶出率与作用温度、时间关系

（3）在60℃条件下，不同作用时间均可产生热致变性现象，水溶性大豆蛋白百分含量由27.1%降至14.5%，最大降低值为12.6%；NSI由67.75%降低至36.25%，降低值为31.50%。

（4）上述实验结果说明，大豆蛋白变性临界温度幅度为55~60℃。

导致大豆蛋白热致变性的主要条件是温度，但作用时间、物料含水率等对大豆蛋白变性也有重要影响。大豆蛋白变性程度，通常以大豆蛋白 NSI 作为定量参数。例如，目前大豆油脱除溶剂的方式有两种：一种脱除溶剂方式称为高温脱溶，是用热蒸汽处理浸油后的湿粕，将溶剂脱出，出料口温度为105℃，蒸脱机顶部气体温度为80~85℃，处理时间≥42min，所产豆粕称为高温脱溶豆粕；另一种脱除溶剂方式称为低温脱溶，是将经加热器加热至150℃的高温正己烷过热蒸气，作用于浸油后的湿粕，将湿粕中的残留溶剂正己烷带出，正己烷过热蒸气与湿粕接触时间仅为3~4min，所产豆粕称为低温脱溶豆粕（表1-5）。

低温脱溶豆粕与脱除溶剂接触的过热正己烷蒸气，温度虽然高达150℃，但作用时间短，只有3~4min，由于作用时间短，处理后的豆粕中蛋白基本未变性、NSI 仍可保持在80%以上，所以称为低温脱溶豆粕（表1-5）。

高温脱溶豆粕脱除溶剂时，受热蒸汽作用，虽然热蒸汽温度仅 85~105℃，低于低温脱溶采用的正己烷过热蒸气的温度（150℃），但热蒸气作用时间长达 40~45min，长时间作用，使 NSI 下降至 10% 以下，豆粕中蛋白产生过度热致变性反应，所以称为高温脱溶豆粕（表 1-5）。可见大豆蛋白变性不仅取决于温度，在临界温度以上的环境条件下，作用时间长短也是引起蛋白质变性的重要因素。

二、传统大豆加工应用热致变性的原理

豆腐、豆腐脑、干豆腐在我国已有二千余年加工历史，煮浆是加工豆腐等传统大豆加工品的最重要的工艺环节，大豆磨浆后，豆浆中的大豆蛋白质在常温浆状态下，亲水极性基团（$—NH_3^+$、$—COO^-$）处于分子表面，与水分子离解后的 OH^-、H^+ 形成多重水化膜，水化膜形成的屏障，阻止了蛋白质分子间的聚合，见图 3-3。

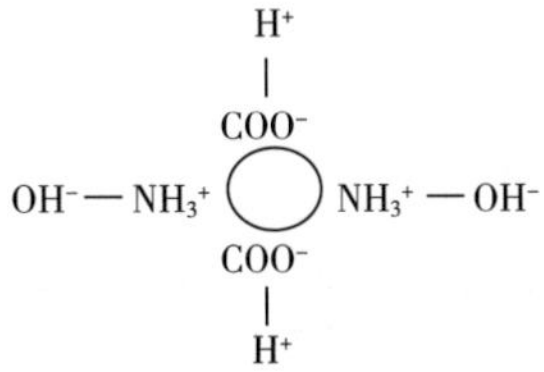

$$
\begin{array}{c}
H^+ \\
| \\
COO^- \\
| \\
OH^- — NH_3^+ \quad \bigcirc \quad NH_3^+ — OH^- \\
| \\
COO^- \\
| \\
H^+
\end{array}
$$

图 3-3　大豆蛋白分子在煮沸的热水中离解后形成双电层水合膜示意图

当加热至 80℃时，大豆球蛋白螺旋体展开、内部含硫氨基酸疏水基团（—SH）展露于分子表面，形成二硫键

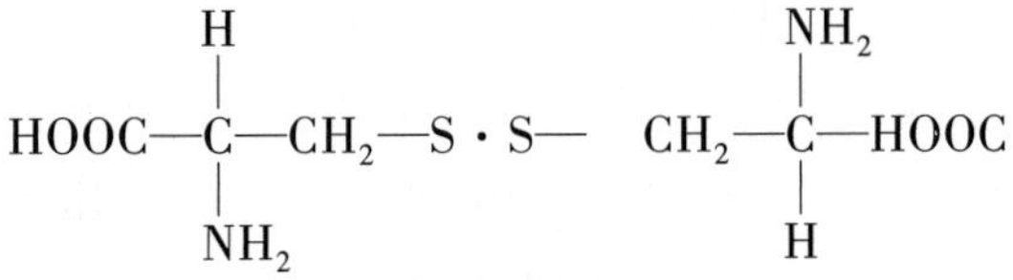

$$
\begin{array}{cc}
\quad H & \quad NH_2 \\
\quad | & \quad | \\
HOOC—C—CH_2—S \cdot S— \quad CH_2—C—HOOC \\
\quad | & \quad | \\
\quad NH_2 & \quad H
\end{array}
$$

，二硫键相互连接使豆浆黏度增高。

除上述目的外，煮浆还可提高电解质与大豆蛋白的化学反应速率（温度每升高 10℃，化学反应速率加快 2~4 倍），为点脑工序创造快速化学反应的基础条件。

当煮熟的豆浆加入熟石膏（$CaSO_4$）或卤水（$MgCl_2$）等金属盐类后，在溶液状态下，$CaSO_4$、$MgCl_2$ 离解成带正电荷的金属阳离子 Ca^{2+} 或 Mg^{2+} 和带负电荷的酸根阴离子 SO_4^{2-}、Cl^-，与大豆蛋白表层水合离子膜产生中和反应，水分子虽为极弱电解质，但当温度升高至约 100℃时，H_2O 的电离度[①]可提高 10 倍左右，电离度提高后的 OH^- 与金属

---

① 电离度系指弱电解质在溶液中的离解程度，即已电离的电解质分子数在溶液中占原来的总分子数（包括已电离和未电离的分子总数）的百分比值。

阳离子、H^+ 与酸根阴离子更容易结合，破坏蛋白质表面的水化膜、中和大豆蛋白质分子离解后的表面电荷，使蛋白质分子间的阴阳离子直接接触、相互吸引，产生凝聚现象。加热虽然使大豆蛋白溶液产生热致变性，但不能相互凝聚，加入钙盐（$CaSO_4$）或镁盐（$MgCl_2$），产生大豆蛋白凝聚的现象，称为大豆蛋白盐凝。任何技术措施都不可能使盐凝后的大豆蛋白恢复原来的性质，所以盐凝是不可逆的大豆蛋白化学反应。我国利用大豆蛋白盐凝生物化学特性，生产豆腐或豆腐脑已沿用两千余年，成为一种最具生命力的大豆制品传统加工方法。

第三节

大豆蛋白分子高频降解与改性的原理与技术

一、生产领域对大豆蛋白功能性的不同需求

大豆蛋白具有水溶性、凝胶形成性、保水性、保油性、类面筋形成性等多种加工功能特性。

直接食用的大豆加工制品，如豆腐、豆浆等，主要利用成分为大豆籽粒中具有水溶性的大豆蛋白质及大豆籽粒中的其他水溶性成分，剩下的非水溶性成分（包括非水溶性大豆蛋白）全部进入豆渣之中；按干物质计，以豆腐类加工（包括豆浆、干豆腐等）为例，收得率仅为48%～50%，其余约占大豆原料50%～52%的非水溶性成分（包括非水溶性蛋白）全部残存于豆渣之中。

肉制品添加大豆蛋白是利用大豆蛋白的凝胶形成性、保油性、保水性等功能，改善香肠、火腿、午餐肉等肉制品的食用品质。

面制品添加大豆蛋白是利用大豆蛋白的类面筋形成性、保水性、起发性等功能，使产品体积增大、韧性增强、出品率提高、货架期延长。

但是，国内外尚没有任何一种大豆蛋白的功能特性能满足所有食品加工的需求，因此需要对大豆蛋白进行改性处理，生产具有不同功能特性的大豆蛋白质，用于不同食品的添加，实现改善食品品质、提高产品得率等加工目的。目前大豆蛋白改性技术已成为世界性的热点研究课题。

大豆蛋白功能特性中最基础的特性是水溶性，每种功能特性都有一种与之相对应的水溶性蛋白含量的定量指标，这一定量指标即为 NSI[①]。

$$NSI = \frac{水溶性\ N \times 5.71}{总\ N \times 5.71} \times 100\%$$

例如，在加工豆腐、豆浆时，由于各种水溶性蛋白质均属于小分子蛋白质，小分子蛋白质组成的产品必然比大分子构成的产品口感细腻，所以原料大豆的 NSI 越高、水溶性蛋白质含量越高，所得产品收得率越高，产品口感品质越好。但大豆蛋白用于面制品添加时，如 NSI>60%，反而容易起到一种破坏面筋的作用，出现面包塌架、馒头不起发等不良反应。因为面筋是由小麦籽粒中特有的非水溶性麦谷蛋白与醇溶蛋白组成，在面制品加水揉制过程中，非水溶性蛋白分子相互交联、形成不溶于水的网络与骨架，使面包、馒头、蛋糕等具有良好的形态与口感。我国东北小麦收获季节正值七月高温多雨季节，高温、高湿导致蛋白酶活性增强，面筋蛋白在蛋白酶作用下遭致酶解破坏，面粉筋力下降，东北地产小麦的湿面筋含量一般在 23% 以下，加工面包的面粉要求湿面筋应在 28% 以上，作者曾对湿面筋含量为 22.42% 的吉林富强粉添加 3%~5% 的 NSI≤20% 的大豆浓缩蛋白，使添加后的面粉湿面筋含量达到 28.4%，制作面包不仅品质改善，货架期延长，而且提高出品率 5%~8%（详见第五章）。

如何人为调节大豆蛋白的 NSI，并形成工业化生产手段，作者曾进行过化学、物理、生物等多种试验，试验结果证明如欲使大豆蛋白 NSI 降低，加醇、加热、微波处理等措施均可达到降低 NSI 的目的。但上述措施，用于处理原料大豆，在 NSI 本底值基础上，即使提高一个百分点都很难实现，最后经多因素对比试验，发现人为控制高频电场处理剂量是当前唯一一种既能提高原料大豆 NSI 又能降低原料大豆 NSI 的方式，具有双向调节功能，实现工业化可行的生产措施。

二、大豆蛋白分子高频降解改性设备设计原理

（一）频率的选择

自然界每种天然物质均有本身固有的振动频率，根据文献记载：生物蛋白质固有振

[①]　目前国内外所采用的大豆蛋白质系数仍沿用 6.25，由于 NSI 是一个相对比值，按照 GB 5009.5—2016 国家标准在分子与分母同时乘以相等的蛋白质系数 5.71 时，可等量消除，对 NSI 的百分值不产生影响，在试验研究时大豆及其制品蛋白质系数采用 5.71 尚可，但在商品流通领域或进出口商品营销过程中，因为蛋白质系数量值高低直接影响商品蛋白质量化指标高低，我国如单独采用大豆蛋白质系数为 5.71，必将引起我国大豆与大豆制品的蛋白质产生非自身因素的含量下降，所以 5.71 作为大豆蛋白质系数在国内外尚未统一采用前，仍需沿用蛋白质系数为 6.25。

动频率约 $5×10^{10}$ Hz，此频率恰好位于微波振动频率范围之内（图3-4），当电场频率与大豆蛋白分子本身固有振动频率相近时，则可发生共振现象，物体发生共振时，功率转换效率最高，产生热能最大，而大豆蛋白的热致变性临界温度为 55~60℃（详见本章第二节）。

为避免大豆蛋白分子产生热致变性，大豆蛋白分子高频降解改性设备采用小于生物蛋白质固有振动频率（$5×10^{10}$ Hz）的波段，即频率为 7~8MHz 的高频波谱频率，见图3-4。

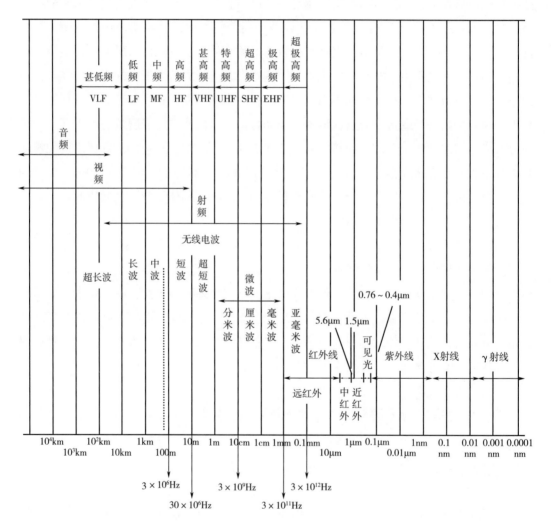

图3-4 电磁波谱分段示意图

（二）高频电场安全场强的确定

大豆籽粒中含蛋白质 36%~42%，含水 12%~14%，蛋白质分子质量大、结构复杂、种类繁多，但它们都有一个共同点：所有的蛋白质都是通过肽键联结 60 个以上氨基酸而构成的高分子有机物。

氨基酸的化学结构可用 $NH_2-\overset{\overset{\displaystyle H}{|}}{\underset{\underset{\displaystyle R_n}{|}}{C}}-COOH$ 表示（R 为组成氨基酸的不同基团，详

见本章第一节），由于氨基酸结构中同时含有氨基和羧基，所以大豆蛋白质具有两性电解质性质，即：在碱性条件下，蛋白质可解离成带负电荷的离子。

$$NH_2-\overset{\overset{\displaystyle H}{|}}{\underset{\underset{\displaystyle R_n}{|}}{C}}-COOH \xrightarrow{OH^-} NH_2-\overset{\overset{\displaystyle H}{|}}{\underset{\underset{\displaystyle R_n}{|}}{C}}-COO^- + H_2O$$

在酸性条件下，大豆蛋白又能解离成带正电荷的离子。

$$NH_2-\overset{\overset{\displaystyle H}{|}}{\underset{\underset{\displaystyle R_n}{|}}{C}}-COOH \xrightarrow{H^+} NH^+-\overset{\overset{\displaystyle H}{|}}{\underset{\underset{\displaystyle R_n}{|}}{C}}-COOH$$

大豆种子中含有 12%~14% 的水，水属于两性弱电解质，可用 $H_2O \rightleftharpoons H^+ + OH^-$ 反应式表示，在既有 H^+ 又有 OH^- 的水介质参与下，大豆蛋白质中的氨基酸就有以上两种离解的可能，既能带正电荷又能带负电荷，所以大豆种子所含蛋白质的分子结构用两性

等离子 $R-\overset{\overset{\displaystyle H}{|}}{\underset{\underset{\displaystyle NH_3^+}{|}}{C}}-COO^-$ 表示更为恰当。由于大豆蛋白分子在水介质参与下呈两性离子形

式存在，所以大豆种子中的蛋白质在电场内具有介电效应。

大豆蛋白质分子由 60 个以上单元氨基酸组成，属多价两性电解质，其解离情况比单个氨基酸复杂，在无外加电场力作用的情况下，它的正负电荷中心一般不重合，在生物物理领域属于有极分子电介质范畴，其分子排列十分紊乱，呈电中性，对外不显电性。将大豆籽粒放在交变电场中，大豆蛋白质分子在大豆种子中的水介质参与下，可产生以下反应。

（1）在高频电场内，大豆蛋白质分子正负电荷同时受到交变电场力的作用，产生往复极化，分子间相互摩擦，交变电场频率越高，分子往复极化运动越剧烈，蛋白质分子往复极化运动的频率与高频电场的频率相比，是非同步的，呈滞后反应。

大豆蛋白质每个分子的正负电荷都要受到交变电场力的作用，由于滞后反应的不均一性，蛋白质分子受到强烈的拉伸、撞击、挤压等作用。依据外电场作用因素（场强、

频率、作用时间等）的变化，造成以极性分子形式存在的大豆蛋白质分子部分降解产生分子改性现象、酶激活或钝化、NSI 提高或降低等一系列生物化学反应。

（2）在交变电场内，大豆蛋白与其他电介质一样在电场力的作用下都具有一定的临界击穿场强（E_M），E_M 系指介质被击穿时所承受的最小电场强度。当电场强度（E）小于某种介质的临界击穿场强（E_M）时，介质不会被击穿；当 $E \geq E_M$ 时，介质在过度场强作用下可被击穿烧毁。介质一旦被击穿，其物理、化学性质则发生根本变化。例如，大豆种子被高频电场击穿，炭化后的种子呈焦烊状态，即失去一切可用于食品加工的价值。

E_M 除受介质本体生物学特性制约外，在输入电源电流为恒量时，伴随电场频率和介质含水率变化、E_M 也随之变化，频率越高，E_M 越低；介质本身含水率越高，E_M 越低。高含水率常造成介质热致击穿，在实际工作中为确保安全，一般采取：加工用原材料大豆含水率 $\leq 14\%$，$E < 0.5E_M$。经反复试验证明，大豆在含水率约 14% 时，E_M 为 350V/cm，所以在处理原材料大豆时，以 $E < 0.5E_M$ 为安全场强。

（3）根据上述原则，确定本项试验采用的大豆蛋白分子高频降解改性设备的安全场强：

E 为大豆蛋白分子改性设备高频处理室的安全场强，$E = E_M \times 0.5 = 350\text{V/cm} \times 0.5 = 175\text{V/cm}$。

E_M 为含水率为 14% 的大豆临界击穿场强，经验值为 350V/cm。

0.5 为大豆蛋白分子降解改性设备处理室极板间介质防高频电场击穿的安全系数。

（三）泄露场强参数的确定

高频振荡电路产生环境辐射污染与人体危害已成为广为人知的常识，根据电磁辐射防护国家标准（GB 8702—2014）辐射导出限值规定，频率在 3~30MHz，泄露电场强度值须遵守下述公式。

$$E_n = 67\sqrt{f}$$

式中　E_n——法定泄露电场强度（场强）

　　　f——频率

按上述辐照导出限值公式计算结果：

$f = 5\text{MHz}$，法定泄露场强 $E_n \leq 29.9\text{V/cm}$

$f = 8\text{MHz}$，法定泄露场强 $E_n \leq 23.5\text{V/cm}$

$f = 30\text{MHz}$，法定泄露场强 $E_n \leq 12.2\text{V/cm}$

根据电磁辐射防护国家标准限值公式：$E_n = 67\sqrt{f}$ 规定，法定泄露场强限值与频率平方根成反比，即频率越高，大豆加工生产线要求大豆蛋白分子高频改性设备泄露场强强度越低、工作现场屏蔽水平要求越高，因此在满足生产需要的前提下，频率选择不宜过高，以免为防止泄露场强对人体的危害，随之必须采取提高屏蔽防护标准、增加安全装置、加强对生产人员操作培训等一系列措施。

根据以上试验所得有关参数计算结果，本项专利技术采用的大豆蛋白分子降解改性设备的主要技术参数如下所示。

频率 f 为 $7\sim8\mathrm{MHz}$

场强 $E=175\mathrm{V/cm}$

泄露场强 $E_\mathrm{n}\leqslant23.5\mathrm{V/cm}$

根据上述原理研制完成的大豆蛋白分子降解改性设备已于 1993 年获得实用新型专利授权（图 3-5）。

图 3-5　大豆蛋白分子降解与改性设备专利证书

三、大豆蛋白分子高频降解改性设备

大豆蛋白分子降解与改性设备[①]，所谓降解系指相对分子质量分布由高向低量

---

①　大豆蛋白分子高频改性设备参与研制与设计人员：李荣和、孙震、雷籽耘、李丹、高长城、隋少奇、蔡鹏钧、齐斌、钱国仁、刘加毅、朱振伟、翁培根、黄新渭、宛连城、周天一、纽成、李煜馨、刘仁洪、周书华、宛淑芳、刘雷、雷海容、许伟良、梁洪祥、李晓东。

值降低的变化，改性通常指相对分子质量由低向高量值增大的变化，但在申请专利时，著者考虑到大豆蛋白分子相对分子质量无论降低还是增大，其理化性质与原成分相比，必然发生性质改变，此处的改性概念，实质包含有降解与改性两项内容。

大豆蛋白分子高频降解改性设备[①]是作者的科研团队自主创新、可人为控制改变大豆蛋白相对分子质量的一种新型大豆加工设备，如图3-6所示，现对该设备说明如下。

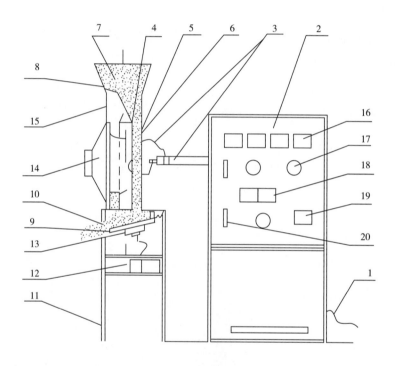

图3-6　大豆蛋白分子高频降解改性设备示意图

1—电源电缆　2—高频电场发生主机　3—同轴电缆　4—正极板　5—负极板　6—高频电场处理室　7—原料大豆籽粒　8—料斗　9—振动式出料板　10—流出口　11—设备机架　12—振动式出料板振动电源　13—振动式出料板的电动振动器　14—高频电场处理室内产生的潮气引风排放装置　15—高频电场处理室外壳　16—主机电参数指示表　17—调控旋钮　18—输入电表　19—电压表　20—电源开关

由电源电缆（1）向高频电场发生主机（2）输入频率为50Hz的工频电，通过主机高频发生器将其转换为7~8MHz的高频电磁波。

① 本项专利权人为吉林省高等院校科技开发研究中心，吉林省高等院校科技开发研究中心行政关系隶属长春大学，为长春大学院处级单位，国家大豆深加工技术研究推广中心系科技部依托吉林省高校科研中心组建的研究推广机构，营口渤海天然食品公司为国家大豆深加工技术研究推广中心生产试验基地，姜浩奎为公司法人代表，因此本书出现上述单位名称时，均可视为长春大学。

将已转换为高频电磁波的电流通过同轴电缆（3）分别输送至正极板（4）和负极板（5）。

由正极板（4）和负极板（5）形成场强 $E=175V/cm$ 的高频电场处理室（6）。

被处理的原料大豆籽粒（7）送入料斗（8）中，原料大豆籽粒依靠自体重力下流至高频电场处理室（6）时，大豆籽粒处于高频电场的电场力作用中。

大豆籽粒在高频电场处理室（6）内的流动通过速度由振动式出料板（9）人为控制，振动式出料板振动速度越快，大豆籽粒在高频电场处理室内（6）自流速度越快，停留时间越短，反之越长。在高频电场腔电场强度（E）与频率（f）为恒定常量时，人为控制原料大豆通过高频电场处理室的时间则成为处理剂量的主要因素。

大豆籽粒（7）在高频电场处理室内，全部处理过程呈流动状态，当大豆籽粒靠自重流出正负极板（4）（5）后，高频电场对大豆的改性作用随之结束，原料大豆籽粒通过振动式料板末端（9），流经大豆蛋白分子高频改性设备流出口（10）排出原料大豆籽粒。

大豆蛋白分子高频降解改性设备主要技术参数：

（1）高频电场处理室总功率 30kW。

（2）极板间距 20cm。

（3）正、负极板电位降 $V=175V/cm×20cm=3500V$。

（4）电流强度 $30000W÷3500V=8.57A$。

（5）f：7~8MHz。

（6）泄露场强 $E_n≤23.5V/cm$。

大豆蛋白分子高频降解改性设备属于大功率、高场强设备，因此在制订《生产安全操作规程》时必须包括以下内容：①操作人员着装需配有屏蔽服、屏蔽眼镜、屏蔽帽、绝缘胶靴；②主、副机均需置入严密屏蔽铜网内，严防场强泄漏、电磁波辐射伤人；③每班开机后需用泄露电场场强仪（图3-7）检测，各方位泄露场强均应 $E_n≤23.5V/cm$；④主、副机座下与操作人员行走工作区内需加垫 ≥2cm 的厚绝缘橡胶板；⑤为防止漏电，主、副机外壳需安装地线，地线应打入心土层以下，以长春地区为例，应埋入 1.5~2m 深的心土，并在接地导线末端铜皮部位灌入强电解质（如 NaCl），接地电阻实测量值应 ≤4Ω。

大豆蛋白分子高频降解改性设备应用涉及电磁辐射对环境污染以及大功率、高场强装置对操作人员人身威胁等一系列问题，本书难以详述，大豆加工企业如欲采用该设备用于生产，请与作者联系，以确保生产安全。

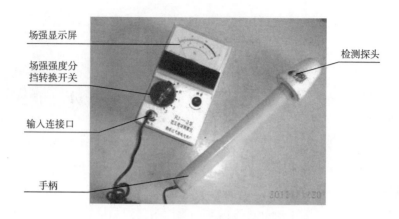

图 3-7　近区电场强度检测仪

四、高频降解改性技术对提高大豆水溶性蛋白的效应

大豆蛋白的水溶性与生产提取率密切相关，大豆水溶性蛋白含量越高，在生产豆奶、豆奶粉、分离蛋白、豆腐等以水溶性蛋白为主要成分的大豆加工品时，产品收得率也越高。目前大豆蛋白改性技术研究甚多，但改性技术应用结果均使大豆蛋白相对分子质量增大、水溶性蛋白含量降低而获得新的加工功能。本项发明却是一项能使大豆中水溶性蛋白含量增加的技术措施。作者采用 f 为 7~8MHz、E 为 175V/cm 的大豆蛋白分子高频降解改性设备处理时间≤4min、11 批次梯度处理试验，试验结果证明均有提高大豆子叶中蛋白质 NSI 的作用，提高的幅度在 5.6%~10.4%，具有极好的重现性。本节采用大豆蛋白分子降解改性设备的降解作用使大豆蛋白的水溶性蛋白与 NSI 提高，具体情况如表 3-5、表 3-6 和表 3-7 所示。

表 3-5　大豆蛋白分子高频降解改性设备对提高原料大豆水溶性蛋白含量的作用

序号	分组	项目			
		蛋白质含量/%	NSI	水溶性蛋白提高值/%	NSI 提高值/%
1	对照	39.1	79.0	30.9	+1.9	+4.9
	处理	39.1	83.9	32.8		
2	对照	39.6	77.8	30.8	+2.2	+5.5
	处理	39.6	83.3	33.0		

续表

序号	分组	项目			
		蛋白质含量 /%	NSI	水溶性蛋白提高值 /%	NSI 提高值 /%
3	对照	37.0	78.4	29.0	+2.5	+6.7
	处理	37.0	85.1	31.5		
4	对照	42.9	78.9	33.8	+1.3	+3.0
	处理	42.9	81.9	35.1		
5	对照	40.2	79.4	31.9	+3.0	+7.1
	处理	40.2	86.5	34.9		
6	对照	36.0	82.7	29.8	+1.0	+2.8
	处理	36.0	85.5	30.8		
7	对照	40.2	79.4	31.9	+3.0	+7.1
	处理	40.2	86.5	34.9		
8	对照	38.8	78.0	30.3	+1.8	+5.0
	处理	38.8	83.0	32.1		
9	对照	41.9	76.1	31.9	+4.3	+10.4
	处理	41.9	86.5	36.2		
10	对照	39.9	75.8	30.2	+3.6	+8.8
	处理	39.9	84.6	33.8		
11	对照	38.3	76.6	29.3	+3.2	+8.3
	处理	38.3	84.9	32.5		
平均值	对照	39.4	78.4	30.9	+2.5	+6.3
	处理	39.4	84.7	33.4		

采用高频降解增溶技术，大豆蛋白 NSI 平均提高幅度为 8.09%。

$$\frac{\text{处理组平均 NSI（33.4\%）} - \text{对照组平均 NSI（30.9\%）}}{\text{对照组平均 NSI（30.9\%）}} = 8.09\%$$

对照与处理组经 t 测验，结果显示：二者差异极显著（$p<0.01$），见表 3-6。

表 3-6　高频改性技术对提高大豆 NSI 的效果评价

分组	n	d_1 $(n-1)$	$\sum X$	$\overline{X}$	S	$C \cdot V\%$	$\overline{X} \pm S$	P
对照组	11	10	86.21	78.37	1.92	2.45	78.37±1.92	—
处理组	11	10	93.17	84.70	1.55	1.83	84.70±1.55	<0.01

大豆加工主要利用的成分为水溶性蛋白，作者发明的大豆蛋白高频降解改性发明专利技术，可使原料大豆蛋白 NSI 提高，原料大豆增加的水溶性蛋白可全部进入成品中，相当于在不增加耕地、不增加农业投入的前提下，采用大豆蛋白分子高频降解工业措施，提高加工用大豆水溶性蛋白含量，使豆制品加工得率提高，从而使大豆加工品的总产量提高。

五、大豆蛋白高频降解改性技术的双向调节效应

大豆蛋白除少量直接用于食用（如大豆蛋白粉、速溶大豆粉等）外，食品工业领域主要利用大豆蛋白的溶解性、凝胶性、保水性、保油性、弹性、乳化性等功能特性，将大豆蛋白用于食品添加料。

采用适当的方法对大豆蛋白进行改造，就可以获得具有某些特定功能的制品，即改性蛋白质。

目前，蛋白质改性的主要方法有化学方法、物理方法和生物方法。近代又将大豆蛋白质改性方法分为酶法改性和非酶法改性。

用途不同的改性大豆蛋白其功能特性各不相同，主要定量指标之一表现为 NSI 不同，例如分离蛋白要求 NSI≥90%，而用于面制品添加的大豆蛋白要求 NSI≤30%，大豆蛋白改性技术种类繁多，本书只将作者发现的内容介绍如下。

在场强 175V/cm、频率为 7~8MHz 的电场内，处理时间不超过 4min，高频处理室内温度在 53℃以下时，NSI 呈上升趋势，而处理时间超过 7min，温度高于 59℃时，NSI 转呈下降趋势，如表 3-7 和图 3-8 所示。

表3-7　不同处理时间大豆的温度与 NSI 变化

处理时间/min	高频电场出口温度/℃	NSI/%	NSI 增减值
对照	20	76.0	0
1	25	77.0	+1.0
2	30	82.4	+6.4
3	35	83.3	+7.3
4	40	85.4	+9.4
5	45	85.7	+9.7
6	53	80.8	+7.8
7	59	68.2	−7.8
8	66	36.5	−39.5

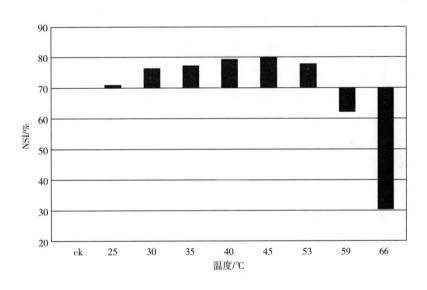

图3-8　高频电场不同处理，大豆的温度与 NSI 增减变化

　　高频电场处理使大豆蛋白 NSI 发生变化的同时，电场内的物料温度也在发生变化，伴随高频处理时间的延长，被处理的大豆温度也在升高，究竟是温度升高引起的 NSI 变化，还是高频电场内电磁效应与大豆本身生物效应结合引起的 NSI 变化？作者又作了以下试验。

　　试验组为含水率 14%，同品种市售大豆，高频电场场强为 175V/cm、频率为 7～8MHz。单纯加温处理组，以恒温箱对大豆按不同温度级别、分别保持恒温 10min。

表3-8 高频电场不同处理时间引发大豆自体温度不同变化、
与单纯温度变化导致的大豆物料 NSI 变化情况对比

处理时间/min	高频处理组		单纯加温处理组	
	物料温度/℃	被处理物料大豆蛋白 NSI/%	恒温温度/℃	被处理物料大豆蛋白 NSI/%
对照	25	73.0	25	73.0
2.5	40	85.4	40	73.6
4	53	80.8	53	73.9
7	59	68.2	59	73.3

如表3-8所示，单纯采用变化温度，温度由25℃升至53℃变温时间保持10min，供试物料大豆的 NSI 仅从73%变化至73.9%，基本无变化；但在温度变化幅度相同，加入高频处理因素，在短时间处理（≤4min）条件下，被处理的物料大豆 NSI 可从73%提高至85.4%，延长处理时间（≥7min），可使 NSI 值降低，降低值达到68.2%，上述结果说明高频电场对大豆蛋白分子降解、增溶等一系列生化指标的影响，主要是电磁效应、生物效应等综合作用的结果，NSI 的变化基本与热效应作用无关。

高频电场对大豆蛋白具有增溶与减溶的双向调节作用。作者曾对大豆种子中所含的酶，在高频电场不同剂量处理下的变化规律进行试验研究，结果如下。

大豆籽粒活细胞中含有多种酶，酶在大豆生命基本活动——新陈代谢过程中起到一种生物催化剂的作用，酶的催化作用在古代就被广泛应用于大豆加工，传统的豆腐乳、豆豉等生产，无不与酶的催化作用密切相关，但酶对于人类并不是永远、全部处于有益地位。例如，大豆中脂肪氧化酶可催化不饱和脂肪酸氧化，产生豆腥气味，影响食欲；胰蛋白酶抑制素（Ti）能抑制蛋白酶水解蛋白质的消化活性，妨碍消化并导致动物胰脏肿大；在大豆众多的酶类中，活性强、易于检测的成分是脲酶，所以通常又将脲酶作为各种酶活性检测的指示酶，大豆中无论酶的种类何等繁多，作用如何复杂，但它们在生物物理和生物化学性质方面，都属于两性离子，化学成分都属于水溶性蛋白质，在高频电场内同样存在活化或钝化、增溶与减溶的变化规律，在高频电场内处理时间≤3.5min时，各种酶均表现活化；处理时间超过4min后酶活性表现为钝化，见表3-9。

表3-9 不同高频处理时间大豆酶的变化规律

处理时间/min	胰蛋白酶抑制素（Ti）/U	脂肪氧化酶/U	脲酶（ΔpH）
对照	1.64	36.80	2.16
1.5	1.89	41.60	2.38

续表

处理时间/min	胰蛋白酶抑制素（Ti）/U	脂肪氧化酶/U	脲酶（ΔpH）
3.5	1.84	36.80	1.84
4.0	0.88	0.92	1.43
4.5	0.64	0.24	0.65
5.0	0.23	0.10	0.25

高频电场不同处理剂量对于大豆蛋白分子具有增溶与减溶的双向调节作用，还表现在对 α-氨基氮定量指标具有规律性的影响。

α-氨基氮是与游离氨基酸和肽链数量成正相关的指示指标，是大豆蛋白分子降解程度的标志，α-氨基氮含量值越高、大豆蛋白相对分子质量越小，表明氨基酸和肽键增多，大豆籽粒在高频电场内"适度"处理，α-氨基氮含量提高，处理因素超过适度量值，α-氨基氮转呈下降趋势，如表 3-10 和图 3-9 所示。

表 3-10　高频电场不同处理时间，α-氨基氮的变化量值

处理时间/min	α-氨基氮/（μg/0.5g）	增减值
对照	506.9	0
2.0	521.6	+14.7
3.0	533.4	+26.5
4.0	472.5	−34.4
4.0	444.8	−62.1

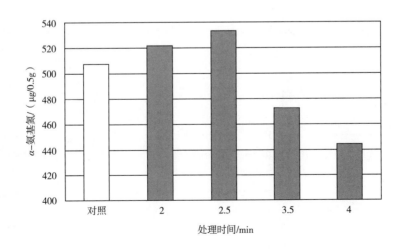

图 3-9　高频电场处理大豆、α-氨基氮变化示意图

上述试验结果证明大豆蛋白分子高频降解改性设备对大豆蛋白分子具有双向调节作用：在场强 E 为 175V/cm、频率 f 为 7~8MHz 的条件下，作用时间适度可提高大豆蛋白 NSI、增强酶活性、提高 α-氨基氮成分含量；处理剂量超过适度时间>3.5min，则表现为大豆蛋白 NSI 降低，酶活性钝化，α-氨基氮成分含量减少。

六、大豆蛋白分子高频降解改性技术在生产领域的应用

大豆蛋白分子改性使蛋白相对分子质量分布提高、NSI 降低的技术在全球范围研究甚多，但如何降解大豆蛋白分子相对分子质量、提高水溶性大豆蛋白含量的技术，却未见有关报道。

我国大豆加工制品多种多样，除少数品种如饲料、面制品添加料要求添加的大豆原料中 NSI 应<30%之外，其他的大豆加工品如都在食用的豆腐、豆浆、干豆腐、千张、百叶等等传统大豆食品，以及工业化生产的分离蛋白、酸法浓缩蛋白等全都是利用大豆中的水溶性蛋白为原料，非水溶性蛋白全部留存于豆渣中，非水溶性蛋白对于大部分大豆加工行业无任何实际生产意义，反而增加环保负担。

针对豆制品生产面临的现实问题，我国《豆制食品业用大豆》（GB/T 8612—1988）要求原料大豆中水溶性蛋白（干基）含量应达到 30%~34%，平均值为 32%，东北产的大豆籽粒中蛋白质总含量为 36%~40%，平均蛋白质含量为 38%，按 GB/T 8612—1988 国家标准要求食品工业用原料大豆 NSI 应为：

$$\text{NSI} \approx \frac{32\%}{38\%} \times 100\% \approx 84\%。$$ 根据此公式，经作者计算，不同原料大豆 NSI 与 GB/T 8612—1988 国家标准对应关系如下。

如表 3-11 所示，按国家标准规定，低于 3 级标准的大豆，不能作为大豆食品加工业所用的原料。

表 3-11 《豆制食品业用大豆》（GB/T 8612—1988）规定的
原料大豆水溶性蛋白含量与 NSI 关系对应表

分级	水溶性蛋白含量/%	原料大豆蛋白总含量如为 36%时相对应的 NSI	原料大豆蛋白总含量如为 38%时相对应的 NSI	原料大豆蛋白总量如为 40%时相对应的 NSI
1 级	34	94%	89%	85%
2 级	32	88%	84%	80%
3 级	30	83%	78%	75%

我国东北地区的国产原料大豆用于食品工业的豆制品加工，一般在收获后 6 个月以上，市售原料大豆 NSI 为 73% ~ 80%，相当于水溶性蛋白含量仅为：38% × 73% = 27.74% 或 38% × 80% = 30.4%，与国家标准水溶性蛋白为 30% ~ 34% 的要求尚有 2.21% ~ 3.6% 的差距；如按 NSI 的国家标准（84%）要求，则差距为 4% ~ 11%。普通原料大豆由于水溶性蛋白含量低，用于加工以水溶性蛋白为原料的产品，如豆腐、豆浆、分离蛋白（中间原料为低温脱溶豆粕）等，势必造成废渣排放量高、生产成本增加、产品得率低等不良后果。

作者研发的大豆蛋白分子高频降解改性设备的突出特点是在原料大豆总蛋白含量不变的前提下，利用该设备可提高水溶性大豆蛋白含量，NSI 提高幅度可达 5% ~ 10%。我国每年用于豆腐、干豆腐、豆浆等豆制品加工的原料大豆量不少于 500 万 t，而真正进入豆制品中的成分，均为大豆种子中的水溶性大豆蛋白、碳水化合物、脂肪，非水溶性成分全部残存于豆渣中，被排出浪费，我国传统豆腐加工收得率仅为 48% 左右（以干基计）。

采用大豆蛋白分子高频降解改性技术可使原料大豆蛋白 NSI 平均提高 6.3%（表3-5），则每百千克原料大豆经高频降解改性处理后，水溶性蛋白增加量为：

$$100kg × 38%（蛋白含量）× 6.3%（NSI 的提高值）≈ 2.4kg$$

我国每年豆制品加工所用原料大豆量按 500 万 t 计（原料大豆含水率约为 14%），如采用大豆蛋白分子高频降解技术，则每年豆制品加工由于水溶性蛋白提高，而新增产品重量（按干重计）为：

$$500 万 t × （1 - 14%）× 2.4% = 10.32t$$

我国《豆制食品业用大豆》（GB/T 8612—1988）要求原料大豆中水溶性蛋白最低含量应为 32%（表 3-11），即 10.32 万 t 大豆水溶性蛋白相当于原料大豆总量为：

$$10.32 万 t ÷ \frac{32}{100}（按国家标准要求，水溶性大豆蛋白应占大豆种子总重的比率）= 32.25 万 t$$

按我国目前生产水平，每垧产大豆约 2t 计，500 万 t 大豆豆制品加工原料大豆经高频降解改性技术处理后，则相当于在不增加大豆种植面积、不增加农业投入的前提下，仅依靠大豆蛋白分子高频降解改性技术，可因水溶性蛋白含量的提高，相当于新增产量 32.25 万 t，相当于新增大豆种植面积 16.125 万垧（32.25 万 t ÷ 2t/垧）。

据统计，在二十一世纪初我国大豆种植面积已连续五年下降，2015 年大豆种植面积仅为 1.02 亿亩，比 2010 年 1.20 亿亩下降 15%，2015 年我国大豆产量仅为 1100 万 t，比二十一世纪初年产 1510 万 t 降幅超过 25%，2015 年大豆进口量高达 8169 万 t（表 10-1），在我国大豆种植面积不断被开发挤占，国产大豆产量仅为进口大豆总量 13% 的严峻形势下，采用大豆蛋白分子高频降解改性自主创新高技术、提高原料大豆利用率与大豆加工产品得率，将更具有重要的现实意义。作者研制完成的大豆蛋白分子降解改性技术与成套设备于 1995 年被评为吉林省科技进步一等奖（图 3-10），1996 年被评为国家科技进步三等奖（图 3-11）。

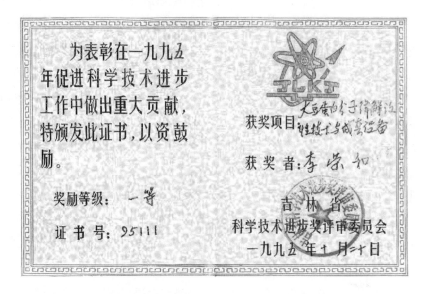

图 3-10　大豆蛋白分子降解改性技术与成套设备项目于 1995 年获得吉林省科技进步一等奖证书

图 3-11　大豆蛋白分子降解、改性技术项目于 1996 年获得国家科技进步三等奖证书

七、高蛋白速溶豆粉生产工艺

二十一世纪初，我国在实施"大豆行动计划"时，作者研发的高蛋白速溶豆粉曾作为试点技术进行推广，该项技术包括：大豆蛋白分子高频降解改性设备发明专利（图3-5）与玉米淀粉糖凝聚重组大豆粉粒两项技术（图3-18）。

高蛋白速溶豆粉工艺过程如下。

（一）原辅料选择

原料大豆：应符合 GB 1352—2023 一级品要求，选购时应尽量选完成后熟的新豆，陈豆由于出浆率低，不宜作为原料。

其他辅料也应符合相应的要求。

如生产绿色食品或有机食品，各种原料必须符合绿色食品或有机食品的相关要求。

（二）大豆精选

生产用原料大豆去除杂质要求很高，除用清选机外，还需要去石机和分级机。去石机用吸式比重去石机较好，去石效率高，要点是要定期调整，以确保去石效果。分级机采用2~3层筛网，利于保证脱皮效果。虫蛀、霉变豆进入产品中会严重影响滋味和色泽。机械清选无法去除，建议机械清选后，进行人工检选。

（三）高频降解增溶

东北产普通原料大豆 NSI≈73%~80%，将经过清选处理的、含水率≤12%的原料大豆，送入频率为7MHz、场强为170V/cm的大豆蛋白分子高频降解设备中，通过时间约3min，通过高频处理的大豆种子经检测，NSI 可提高至≥80%，由于原料大豆在总蛋白含量不变的前提下，水溶性蛋白含量提高，为成品高蛋白速溶豆粉的蛋白含量提高创造高 NSI 的基础。

（四）脱皮

经步骤（三）高频处理后，应使原料大豆含水率降至≤11%，NSI≥80%，含水率≤11%的原料豆送入脱皮机中，操作工人应掌握脱皮技术，以原料大豆脱皮率≥90%，大豆破成4~6瓣为宜。由于脱皮机磨盘锁装置在运行过程易产生松动，导致磨盘间隙变化，所以操作工人必须注意调整磨盘间隙，间隙过大脱皮效果差，间隙小在脱皮过程中易将原料大豆磨碎，造成原料损失浪费。

（五）浸泡

浸泡水和脱皮后大豆的比例为 4：1，浸泡水的 pH 控制在 6.5~7.5，因为在微碱性条件下，可提高蛋白质溶出率，大豆蛋白在 pH 6.5~7.5 溶出率可达 85%~95%，但在加酸调 pH 为 6.5 时，稍稍过量，蛋白质溶出率呈急速下降趋势，所以为提高大豆蛋白溶出率，不采取加酸调 pH 的工艺措施；加碱（NaOH）调 pH 至 6.5~7.5 很容易被操作人员掌握，加碱量如超过 pH8，不仅增加生产成本，而且影响产品口味，所以加碱提高蛋白质溶出率的工艺措施，以调至 pH 6.5~7.5 时为适宜。水温一般控制在 15~20℃，浸泡时间根据季节和车间内温度调整。冬季浸泡时间为 14~18h，夏季浸泡 5~8h，春秋浸泡 8~14h。浸泡结束后的大豆应用清冷水冲洗。在冲洗过程中，尽量使大豆上下翻动，或用高压空气促使大豆翻动，这样有利于洗净脱皮原料大豆表面附着的灰尘，降低产品杂质灰分含量，提高产品质量。

（六）磨浆与精磨

磨浆工序是水进入产品中的主要途径，水质的好坏对终端产品影响很大。除了要合理选择水源外，还应对水进行必要的过滤、软化等处理，达到饮料用水标准。磨浆机可选用的设备有砂轮磨、牙板磨、胶体磨和齿爪式粉碎机，由于工作原理不同，破碎效果区别很大。作者认为，除渣工艺，磨浆可用胶体磨，精磨可用牙板磨或齿爪式粉碎机，这种配置较为合理。利用胶体磨的剪切作用使得大豆颗粒变小，利用牙板磨或齿爪式粉碎机的锤击作用再使小颗粒细胞膜破坏变形，分离时利于提高溶出率。粗磨时可使用热的弱碱水，其总用水量以分渣后豆浆浓度在 8%~9% 为宜。水量越多浸出的可溶性成分也越多，但加水量过多时，会使浓缩时间延长，增加运行费用，所以加水量要适当。

（七）浆渣分离

一般较大规模生产、产品质量要求较高的企业可采用卧式螺旋分离机分渣，较小规模生产企业可采用立式浆渣分离机进行分渣。著者认为采用三元筛进行分渣比较经济合理。采用立式浆渣分离机分渣时，筛网采用 120~130 目较适宜，最好采用 2 台分离机交替使用，以便于间歇清洗，以免运行时间过长分离效果不好，影响收得率。采用三元筛进行分渣时，筛网采用 140~160 目较适宜，并且故障率低。另外，分离后的豆渣含水量在 75%~80%，仍含有一些水溶性成分，可以用水和豆渣混合进行二次浸提，分离后所得到的稀豆奶可在下一批原料磨浆时代替水使用，以提高大豆利用率。浆渣分离机组现场见图 3-12。

图 3-12　浆渣分离机组生产现场

(八) 煮浆熟化灭酶

经步骤 (七) 处理后, 得到的豆浆需进行煮浆熟化, 以达到豆浆产生熟豆制品特有的风味, 同时杀灭大豆的有害生理活性酶。煮浆温度和时间直接影响产品质量, 以 96~98℃、3~5min 灭酶为宜, 灭酶时高温时间过长, 既浪费能源又影响终端产品质量, 用蒸汽直接加热时, 须经蒸汽过滤器过滤, 以免蒸汽中杂质进入产品中。

在煮浆时易产生大量气泡溢出, 影响得率, 需要加入消泡剂, 消泡剂按成品量 0.1%~0.3% 加入大豆磷脂综合效果最好, 不但起到消泡作用, 而且还能提高产品速溶性。

灭酶也可采用酶失活机灭酶, 该工艺是对脱皮后的大豆进行加温、加压, 使酶钝化, 并加入一定量的碱液, 使大豆软化。灭酶蒸汽压力为 0.15~0.3MPa, 碱水温度控制在 65~75℃, 热水温度控制在 75~85℃。分渣后豆浆 pH 在 6.8~7.2。加水量以磨浆分渣后豆浆浓度在 8%~9% 为宜。

(九) 杀菌脱腥

杀菌脱腥是除渣加工豆奶粉生产中的关键工艺。由于大豆充分浸泡, 酶活性增强, 更易产生豆腥味。目前比较先进、成熟的杀菌脱腥设备是超高温瞬时杀菌机。超高温瞬时杀菌机可分为两类: 一类是直接加热式超高温杀菌闪蒸脱腥设备; 另一类是热交换式超高温瞬时杀菌机。上述两类设备杀菌温度均能高达 125~135℃, 4~6s 完成瞬间灭酶杀菌, 物料脲酶检验均能达到阴性。因杀菌时间短, 对蛋白质变性的影响也较小。使用直接加热式超高温杀菌闪蒸脱腥设备经高温瞬时杀菌后, 物料直接进入闪蒸脱腥罐, 能快速地去除豆腥味, 产品口感好。直接加热式超高温杀菌闪蒸脱腥设备由于靠负压脱腥降温, 所以能耗较大。热交换式超高温瞬时杀菌机由于进行了热交换, 能耗大幅度降低, 只是没有闪蒸脱腥罐, 口感差一点。建议大型企业采用直接加热式超高温杀菌闪蒸脱腥设备, 小型企业采用热交换式超高温瞬时杀菌机。杀菌脱腥灭酶生产现场见图 3-13。

图 3-13　杀菌脱腥灭酶装置生产现场

（十）配料

生产不同品种所需要的辅料差异很大，豆奶粉的主要辅料为砂糖、玉米饴糖、糊精、鲜奶或奶粉。砂糖和玉米饴糖需要在化糖锅内溶解，经糖浆过滤器过滤后泵入配料罐，鲜奶也需经过滤，泵入配料罐，微量元素、维生素同时加入。但钙、镁等二价金属离子能引起蛋白质凝聚沉淀，因此在对豆奶粉微量元素强化时须特别注意。如需加入乳化剂（如单甘酯、蔗糖酯、卵磷脂等）、稳定剂（如黄原胶、CMC、海藻酸钠等）和香味料（香兰素、乙基麦芽酚和乳香味香精）等，需用高质量的砂糖，与乳化剂、稳定剂按 1∶5~1∶3 的比例先进行混合，再用 10 倍 60~80℃ 的热水经胶体磨循环化开，送入细胞粉碎、混合乳化装置中，经细胞粉碎、混合乳化处理可使产品口感更加细腻，原辅料混合更加均匀。混合乳化后的原辅料泵入配料罐，香味料可直接加入配料罐。对于热敏性添加剂应在浓缩后加入，但必须注意两点：①添加剂卫生指标必须符合要求，因为以后没有杀菌工艺。②加入后必须能够与原物料混合均匀，以保证在终端产品中的均匀性，其他辅料也应注意上述两点。

速溶豆粉配料系统生产现场见图 3-14。

（十一）均质

豆奶经高压均质后，组织细腻、口感柔和、稳定性好，冲调后存放一定时间不分层、无沉淀，蛋白、脂肪粒径减小，同时也将少量变性蛋白颗粒进一步微细化，易于人体的消化吸收。

均质温度一般为 70~80℃，均质压强为 20~35MPa，这样才能达到破碎、均质的作

图 3-14　高蛋白速溶豆粉配料系统生产现场

用。各均质机之间设置小型缓冲罐，尽量使开机时间紧凑，防止存料过多。

湿法除渣工艺生产豆奶粉进行一次均质即可，均质温度一般为 60~70℃，均质压力为 20~30MPa。豆奶粉生产高压均质系统生产现场见图 3-15。

图 3-15　高蛋白速溶豆粉生产高压均质系统生产现场

（十二）浓缩

在豆奶粉生产中浓缩的目的是降低物料中的水分，水分含量高则浓度低、黏度低，易于通过下步工序——喷雾干燥，但浓度低的物料经喷雾干燥后，难以形成复聚大颗粒豆粉，微细豆粉比率越大，产成品加水冲调时越易结团（原理详见第二章），浓缩物料的固形物含量是造粒的基础，在浓缩过程既要考虑降低豆奶黏度，又要尽量提高固形物含量，确定二者最佳平衡点，浓缩工序是关键。例如，生产纯豆奶时，不含其他辅料（如糖与糊精）黏度大。生产经验证明，在通常情况下，浓缩后的固形物质含量应在15%左右。制无糖豆粉时可加少量钠盐，加盐后的物料流变性增强，固形物含量可以≥17%。制甜味豆奶粉时，含糖量在40%~50%，物料流变性更强，所以固形物含量可以提高至30%~40%。

浓缩采用单效升膜蒸发器或双效降膜蒸发器。单效升膜蒸发器投资小、热能消耗较高；双效降膜蒸发器投资大、热能消耗较低。浓缩时使物料尽快一次达到适宜的浓度，尽量避免回流。反复加热容易造成蛋白变性与蒸发器挂管，降低蒸发效率，降低得率，甚至造成蒸发器堵管等故障，影响终端产品的口感和冲调性。双效浓缩装置生产现场见图3-16。

图3-16　双效浓缩装置生产现场

（十三）喷雾干燥

喷雾干燥是在干燥塔顶部导入热风，同时将料液泵送至塔顶，经过雾化器喷成雾状的液滴，这些液滴群的表面积很大，与高温热风接触后水分迅速蒸发，在极短的时间内便成为干燥产品，从干燥塔底部排出。喷雾干燥有两种方式：一种是离心式喷雾干燥塔，另一种是压力式喷雾干燥塔，目前豆奶粉生产中一般均采用压力式喷雾干燥塔。喷雾干燥塔的操作是一件经验性很强的工作，其目的是获得较好的豆粉颗粒、色泽和冲调性。

干燥塔进风温度一般在180℃左右，排风温度根据环境温度、湿度、配料等因素控制在70~80℃为宜。环境温度高、湿度低，配料中稳定剂、饴糖、糊精含量低，排风温度控制在70~73℃；环境温度低、湿度高，配料中稳定剂、饴糖、糊精含量高，排风温度控制在75~80℃。

一般以改变进料的流量来控制排风温度，高压泵压强应控制在6~10MPa较适宜。压力过大，产品颗粒小，不利于冲调；压力变小，颗粒大，不利于干燥，产品水分大。

排风温度既不能过高也不能过低，可以认为产品水分是排风温度高低的反应。温度过低产品水分大，易产生粘壁潮粉现象，使产成品保质期缩短；温度过高会使雾滴粒子外层迅速干燥，颗粒表面硬化，冲调性不好，豆奶粉含水量应在3%~4%（如后面有流化床二次造粒，豆奶粉含水率应在3%左右）。

排风应选择旋风分离式为好，旋风分离可延长粉粒从塔顶至地面的时间，在玉米饴糖黏附作用下，增加粉粒重组复聚的机会（详见第二章）。布袋式排风虽然投资少，但小颗粒粉过多，影响冲调性，同时排风带粉，造成损失。图3-17所示为豆奶粉喷雾干燥生产现场。

如果投资条件允许，在干燥塔下加装流化床，喷大豆磷脂。磷脂是天然的非离子两性表面活性剂，具有优良的乳化性、扩散性。将磷脂添加到豆奶粉中，有健脑益智、抗痴呆、防衰老、降血脂、降胆固醇等营养功能。由全脂大豆制成的豆奶粉含有脂

图3-17　高蛋白速溶豆奶粉
喷雾干燥工生产现场

肪，并且豆奶粉颗粒表面也含有少量脂肪，脂肪的疏水性影响了豆粉在水中的溶解速度。如果在豆粉表面喷涂一层既亲水又亲油的磷脂，这样则能提高产品速溶性。喷雾干燥工艺后如不加装流化床，可以将旋风分离器捕捉的细粉通过风机送入干燥塔的顶端进行二次复聚，以减少细粉，增加大颗粒粉的比例。

高蛋白速溶豆奶粉由于采用了大豆蛋白分子降解改性技术（详见本章第三节）与玉米淀粉糖凝聚重组大豆粉粒技术（详见第二章）（图3-18），使所产产品在蛋白总含量不变的前提下，水溶性蛋白含量提高（详见本章第三节），产品品质与冲调性改善（详见第二章）。本产品投产后，由于产品中蛋白质含量明显高于当时我国的《速溶豆粉（豆奶粉）》（QB/T 2075—1995），国家在推广大豆行动计划时，将本项技术作为试点省份吉林省的推广技术。

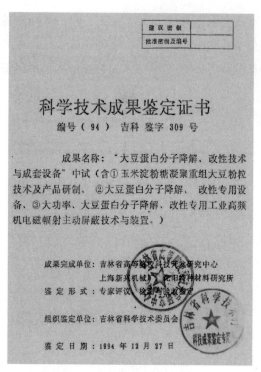
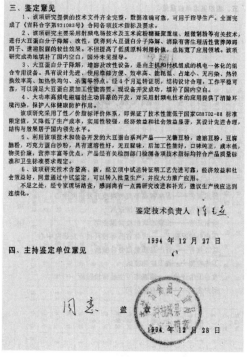

图3-18 大豆蛋白分子降解增溶与玉米淀粉糖凝聚重组大豆粉粒技术"中试鉴定证书"

作者参与制定的《高蛋白速溶豆粉》质量标准，被原国家质量监督检验检疫总局采纳为国家标准（GB/T 18738—2002）（详见第二章）。高蛋白学生豆奶粉2001年被评为长春市科技进步一等奖（图3-19）。

图3-19 高蛋白学生豆奶粉获得长春市科学技术进步一等奖

表3-12　《高蛋白速溶豆奶粉》（GB/T 18738—2002）与
《速溶豆粉（豆奶粉）》（QB 2075—1995）理化指标对比

对比指标	《速溶豆粉（豆奶粉）》（QB/T 2075—1995）	《高蛋白速溶豆奶粉》（GB/T 18738—2002）	增减值
蛋白质含量/%	15~18	≥22	4~7
总糖/%	55~60	47~53	−8~−7
水分/%	3~4	≤4	
脂肪/%	7~9	6	−3~−1
溶解度/（重量法%）	88~97	≥92	
灰分/%	≤3.0	≤3.0	
脲酶定性	阴性	阴性	

如表3-12所示，《高蛋白速溶豆粉》（GB/T 18738—2006）中的化学成分指标大部分优于原有的《速溶豆粉（豆奶粉）》（QB/T 2075—1995），所以我国在推广"大豆行动计划"与"学生豆奶计划"试点时，作者发明的高蛋白速溶豆粉被作为试点推荐技术予以推广。

第四节

改善公众大豆蛋白营养状况与理想氨基酸比值的关系

在和平安定的环境条件下，人们普遍崇尚绿色、天然的食物结构，追求"健康、美容、长寿"的生活目标。天然食物类群中既具有安全可靠的保健作用、又无任何毒副作用的蛋白营养素莫过于大豆蛋白质。

但是大豆蛋白质属于高分子有机化合物，根据我国《大豆肽粉》（GB/T 22492—2008）规定，将大豆种子中由氨基酸结合构成的、相对分子质量≥$5×10^3$的高分子化合物称为大豆蛋白质。大豆蛋白质种类繁多，80%以上的大豆蛋白相对分子质量超过$5×10^5$。例如，最常见的市售大豆蛋白质粉主要蛋白成分的相对分子质量分布在$1.7×10^5$左右，有的大豆蛋白相对分子质量甚至高达10^7以上，大豆蛋白质摄入人体后，必须经过消化系统一系列生化酶解过程，将高分子蛋白质降解为小分子的氨基酸或肽才能被吸收，重新按不同顺序和不同结构组合参与人体生长发育，形成或修复人体的血液、肌肉、皮肤、毛发、骨骼与组织、器官等。目前，被认为是人类绝症恶性肿瘤的致死原因，主要是癌细胞大量、快速增生，消耗蛋白营养素，造成人体蛋白营养素枯竭，从而使患者生命结束。所以对于恶性消耗性疾病，有效补充蛋白营养源是延长寿命的重要措施之一，对于正常人群生长发育任何阶段，蛋白质都是不可或缺的第一营养素。

蛋白质来源一为动物蛋白。例如肉、蛋、奶、鱼中所含蛋白质；一为植物蛋白，植物蛋白最佳来源是大豆蛋白，大豆蛋白所含蛋白质中人体必需氨基酸含量充足，组分齐全，所以被国际公认为优质蛋白质。

但是西方发达国家大量食用肉、蛋、奶、鱼等动物食品的历史已证明：动物性食品增加的结果，造成了心脑血管疾病、肥胖病、糖尿病、癌症的急骤增多。

我国改革开放以来，由于全民经济与生活状况改善，动物营养素过剩，植物食品消耗比例相对偏低，富贵病已在潜移默化中、逐渐侵害着中华民族。据调查表明：我国已有 3.2 亿人体重超重，超过 3 亿人患肥胖病，成人体重超重率为 22.8%，肥胖率为 7.1%。

肥胖是导致慢性、非传染性疾病的危险因素，目前我国高血压患病人数约为 2.7 亿，占成人的 31.7%；糖尿病患病人数 1.14 亿以上，占成人的 2.6%，大城市 20 岁以上人群，糖尿病患病率已达 6.4%；我国高血脂病人数已达 1.6 亿，而且中年人与老年人患病率相近。上述事实说明，调整我国居民膳食结构，提高植物性营养素供给比例已迫在眉睫。

我国人均日缺少蛋白质在 8g 以上，仅我国一年全民蛋白质需求理论补充量就在 350 万 t 左右，相当于大豆及其制品 700 万 t。而我国目前除传统大豆加工品外，现代工业化大豆加工能力的产品总量不超过 50 万 t（包括分离蛋白、速溶豆粉、脱腥豆粉等），即生产量不足需求量的 1/10。补充大豆蛋白质已成为我国以及全球社会营养与人体营养急待解决的问题。

一、氨基酸与理想氨基酸比值

如何有效补充人体蛋白营养素，是人类生活常识的必知内容。人体蛋白质由 22 种氨基酸组合而成，氨基酸按来源分类，可分为两类：一类是人体本身可以制造形成的，称为非必需氨基酸；另一类是人体内不能制造形成、必须依靠摄取外界食物供给的氨基酸，称为必需氨基酸。

必需氨基酸包括赖氨酸、缬氨酸、苏氨酸、亮氨酸、异亮氨酸、甲硫氨酸、色氨酸、苯丙氨酸，共 8 种。

婴幼儿时期，人体内尚无合成组氨酸、精氨酸的功能，但人体达到成年后，则可形成自身合成组氨酸与精氨酸的能力，所以按人的一生对氨基酸的需求，组氨酸、精氨酸应属于半必需氨基酸。

　　氨基酸是合成机体蛋白质的基础，机体在合成蛋白质时，上述必需氨基酸必须同时存在，如果缺乏任何一种氨基酸，则缺乏性氨基酸犹如一只水桶中间的孔洞，加水时，由于存在漏洞，水永远装不满，缺乏性氨基酸像漏洞流出的水，严重影响其他氨基酸的吸收，所以上述现象又通俗地称为水桶效应。例如，大豆中赖氨酸含量丰富，而甲硫氨酸含量最少，含量少的必需氨基酸摄入后，由于水桶效应，限制其他氨基酸的利用，这种含量少的氨基酸，则通称为限制性氨基酸，大豆的限制性氨基酸为甲硫氨酸。

　　人体缺少任何一种必需氨基酸，在幼儿、青少年时期，可表现为生长发育迟缓、消瘦、体重减轻、智力发育障碍，成人表现为疲倦、体重下降、肌肉萎缩、贫血、乳汁分泌减少、血浆蛋白降低、营养性水肿、恶心、眩晕、烦躁、癞皮病、肝病变等。

　　目前已知的各种食物中所含的必需氨基酸中色氨酸含量最少，人体对色氨酸需要量也低，国际上通常以某种食物中的色氨酸含量占蛋白质总含量的百分比值为"1"，以色氨酸总含量的百分比值去除其他每种氨基酸的含量的百分比值，计算出其他必需氨基酸与色氨酸的相对比值，称为氨基酸比值。例如，大豆种子色氨酸含量占蛋白总量的1.2%，赖氨酸含量占蛋白质总量的6.0%，大豆中含量最低的氨基酸是甲硫氨酸，含量为1.0%，则大豆赖氨酸的氨基酸比值=6.0%÷1.2%=5.0，限制性氨基酸为甲硫氨酸，限制性氨基酸甲硫氨酸的氨基酸比值=1.0%÷1.2%=0.83。

　　为了尽量减少氨基酸水桶效应的不良后果，世界卫生组织（WHO）向全球推荐食物理想氨基酸比值（表3-13），并建议食用复配型食品，以提高蛋白质的利用率，大豆蛋白是赖氨酸含量最高的食物之一，利用大豆蛋白粉与我国主食小麦面粉、玉米面粉复配是改善我国全民公众蛋白营养供给状况、合理消费氨基酸，最经济、最安全、涉及国计民生的重要措施，大豆蛋白复配小麦面粉、玉米面粉作为新型理想氨基酸比值、高蛋白食品，对推广"大豆行动计划"、改善全民公众蛋白营养结构、可取得事半功倍的效果。

　　小麦面粉与大豆粉复配后，虽然未能达到世界卫生组织推荐的理想氨基酸比值，但均比未复配前有所改善，尤其是小麦中含量最低的赖氨酸，改善最为明显。另外如以大豆浓缩蛋白或大豆分离蛋白作为小麦面粉的复配添加原料，氨基酸比值将更接近世界卫生组织理想氨基酸理想比值的推荐指标。所以小麦面粉加入大豆蛋白，生产高蛋白面粉，对于保持人体健康、减少疾病发病率、改善亚健康人群生命质量均具有重要作用。

二、不同种类食物复配，改善氨基酸比值的实例

　　作者根据文献介绍与生产实践结果发现玉米胚芽中，所含的甲硫氨酸、缬氨酸、色氨酸、亮氨酸、苯丙氨酸均高于大豆的含量，以63%大豆与37%玉米胚芽为原料，混合

复配，恰好接近世界卫生组织推荐的理想氨基酸比值（表3-13）。生产植物蛋白营养奶粉将是一种理想的营养互补的最有市场前途的新产品（具体生产方法详见第六章）。

表3-13 世界卫生组织推荐的理想氨基酸比值与大豆、玉米胚芽及
大豆玉米胚芽复配粉的氨基酸比值对照

食物类型	氨基酸比值							
	赖氨酸	苯丙氨酸+酪氨酸	亮氨酸	缬氨酸	异亮氨酸	苏氨酸	甲硫氨酸+胱氨酸	色氨酸
世界卫生组织推荐理想氨基酸比值	5.50	6.00	7.00	5.00	4.00	4.00	3.50	1.00
大豆	6.0	6.8	9.4	4.7	4.2	4.2	2.1	1.00
玉米胚芽	5.8	6.6	1.62	5.8	3.7	2.2	3.9	1.00
37%玉米胚芽+63%大豆复配植物营养粉	5.88	6.6	6.5	5.0	4.0	3.4	2.7	1.00

如表3-13所示，经玉米、大豆复配后的氨基酸比值与世界卫生组织推荐的理想氨基酸比值标准基本一致，而且大部分指标优于推荐标准。

为了推广小麦面粉与大豆粉复配生产的高蛋白面粉，现将复配型高蛋白面粉氨基酸比值与世界卫生组织推荐的理想氨基酸比值列表对比如下。

表3-14 复配型高蛋白面粉氨基酸比值与理想氨基酸比值对照

产品类型	氨基酸比值							
	赖氨酸	苯丙氨酸+酪氨酸	亮氨酸	缬氨酸	异亮氨酸	苏氨酸	甲硫氨酸+胱氨酸	色氨酸
世界卫生组织推荐理想氨基酸比值	5.50	6.00	7.00	5.00	4.00	4.00	3.50	1.00
大豆粉	6.00	6.80	9.40	4.70	4.20	4.20	2.10	1.00
小麦精粉	2.30	8.31	6.90	4.00	3.80	2.60	3.30	1.00
小麦标粉	2.06	5.73	5.39	3.44	2.60	2.12	2.98	1.00
玉米粉	3.50	7.80	11.20	4.80	3.70	3.30	5.20	1.00

续表

产品类型	氨基酸比值							
	赖氨酸	苯丙氨酸+酪氨酸	亮氨酸	缬氨酸	异亮氨酸	苏氨酸	甲硫氨酸+胱氨酸	色氨酸
大豆粉（8%）+小麦标粉（92%）	2.37	5.81	5.90	3.54	2.39	2.29	2.83	1.00
大豆粉（8%）+小麦精粉（92%）	2.60	8.18	7.37	4.06	3.82	2.73	3.20	1.00

如表 3-14 所示，无论是小麦精粉，还是小麦标粉，添加 8% 的大豆粉、生产的复配型面粉，其氨基酸比值均比对照面粉有所提高，与世界卫生组织推荐的理想氨基酸比值更加接近。

第五节

用于添加面制食品大豆粉的专利发明

在面制食品中添加大豆粉，能够提高该食品的蛋白质含量和改善食品的外观和口感，但过去对所添加的大豆自身的性质和所添加的食品品质间的关系却没有人去研究。相反存在着认为大豆粉中蛋白变性是一种不良性状，大豆蛋白中水溶性氮与总氮之百分比即 NSI 小于 30% 的大豆产品只能用作饲料，作为面制食品添加用的粉状大豆 NSI 越高越好等偏见。在这种误解的情况下，我国高温脱溶浸油厂所生产的豆粕在此之前全部用作饲料，无一用于添加食品。此外，传统的添加方式不考虑大豆的 NSI 高低，认为只要在面制食品中添加大豆粉，就能改善被添加食品的品质，实际并非如此，我们在对比试验中发现用于添加面制食品的大豆粉的 NSI 对食品的品质有直接的影响，当 NSI 高于 40% 时，产生破坏面筋的结果，使得面包塌架，馒头起发性降低，蛋糕口感变差。

本发明的目的是用人为的方法使大豆蛋白改性，选择适用于添加面制食品最佳 NSI，以取得改善食品品质的效果。

一、用于添加面制食品大豆粉的生产方法

本发明的面制食品添加大豆粉的生产方法：用现有加热方式，将大豆蛋白改性，使大豆蛋白的 NSI 降到所需要范围后，去皮、脱脂、磨粉。由于小麦面筋按蛋白水溶性质分类，面筋属于非水溶性蛋白，所以用于面制品添加的大豆蛋白，应将其 NSI $\left(\dfrac{水溶性蛋白质}{总蛋白质}\times100\%\right)$ 人为改性至≤30%，才能产生类面筋的功能。

使用本发明的积极效果是得到一种含类似面筋的、非水溶性蛋白的大豆粉，利用这种大豆粉添加面制食品可以获得被添加食品增加出品率，起发性好，口感好，营养成分得到改善（图3-20）。

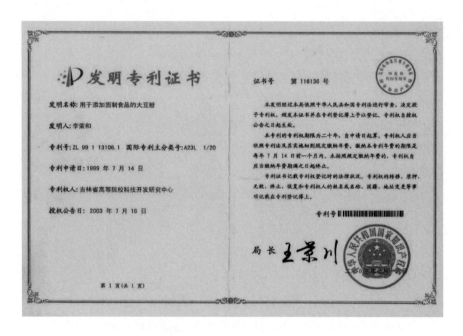

图3-20 用于添加面制食品的大豆粉发明专利证书

实例一：将大豆清选，用高频电场处理，电场条件为 8MHz、30kW，电场强度175V/cm。

处理 8~12min，剥除大豆种皮，种皮加工膳食纤维饲料，将脱皮种子进行高温浸油后，再将脱皮豆粕超微制粉至 80~150 目。所获产品 NSI≤30%，用于生产面包时添加相当于面粉量的约5%，可提高出品率5%~8%，提高蛋白质含量，总重量与总个数均有增加的积极效果。

实例二：利用现有高温脱溶浸油厂的原生产工艺，增加清洗、去杂、剥皮等前处理

工艺措施。产生脱皮豆粕后，仍采用高温脱溶方式，由于高温脱溶使豆粕中蛋白 NSI 为 5%~10%，再将豆粕粉碎约 90 目，用于面包、蛋糕、馒头等面制品的添加，也可取得改善食用品质，增加产品得率的效果。

二、大豆蛋白粉的应用前景

大豆蛋白粉是大豆制品中极具工业发展潜力的产品。据报道，欧美国家与我国相反，大豆蛋白粉的产量与用量均大于分离蛋白与浓缩蛋白，大豆蛋白粉是一种天然、廉价的营养型食品配粉，发达国家均以政府名义规定居民大豆蛋白日摄入量，联合国粮农组织（FAO）未来将着力解决贫困地区的温饱问题，大豆蛋白粉是成本低廉、蛋白营养丰富的产品，更适合世界贫困人口食用。近年来世界动荡不安，很多战后恢复期国家的人民首先应该补充的营养素是蛋白质，而任何一种蛋白源均不及大豆蛋白粉质优价廉，所以贫困落后与战后恢复期的国家将是大豆蛋白粉销售的广阔市场。本项产品虽然生产技术简单，但市场广阔，大豆加工企业，更应重视投资少、见效快的大豆蛋白粉的生产。大豆蛋白生产企业应早作准备，迎接大豆蛋白粉新兴市场的到来。

国内外应用实践证明，大豆蛋白粉具有以下特点：①用途广泛、种类多样，可在各种食品中添加应用。②工艺简单，投资少，更适于农村乡、镇企业生产。③大豆加工是一项环境污染严重的行业。例如，分离蛋白生产技术几经改进，目前生产 1t 分离蛋白仍产生废水量在 20~40t。唯独大豆蛋白粉加工业，能源只需电耗，无废渣（剥离的种皮用于生产膳食纤维粉或饲料）、无废水产生，符合当前循环经济与清洁生产环保要求。④大豆蛋白粉适于向我国居民最主要的主食——面粉中添加，实现主食蛋白营养工业化。

参考文献

[1] 王尔惠. 大豆蛋白质生产新技术 [M]. 北京：中国轻工业出版社，1999.

[2] 李绪熙，牛中奇. 生物电磁学概论 [M]. 西安：西安电子科技大学出版社，1990.

[3] 刘新旗，涂丛慧，张连慧，等. 大豆蛋白的营养保健功能研究现状 [M]. 北京工商大学学报，2012，30（2）：1-6.

[4] 迟玉杰，朱秀清，李文滨，等. 大豆蛋白质加工新技术 [M]. 北京：科学出版社，2008.

[5] 殷涌光，刘静波. 大豆食品工艺学 [M]. 北京：化学工业出版社，2006.

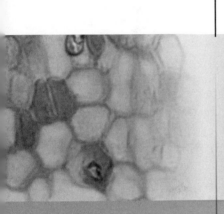

04

第四章

大豆浓缩蛋白的
加工原理与技术

大豆浓缩蛋白生产现状与存在问题

大豆浓缩蛋白（Soy Protein Concentrate，SPC）是蛋白含量在65%～90%（不含90%）、粗纤维含量≤4.0%、水分含量≤9%、灰分≤6%的粉状大豆制品。生产企业实际生产的大豆浓缩蛋白蛋白质含量一般在65%～70%；食品级浓缩蛋白要求产品90%通过100目筛、饲料级浓缩蛋白要求产品90%通过50目筛，其他指标要求见表4-1。

表4-1　《食品工业用大豆蛋白》（GB/T 20371—2006）的主要理化指标

理化指标			尿素酶活性		感官要求	卫生指标				
蛋白质含量（以干基计）	水分/%	灰分（以干基计）/%	粗纤维含量（以干基计）/%	应用时不加热的产品	应用时加热的产品	色泽、状态	菌落总数/（CFU/g）	大肠菌群/（MPN/100g）	致病菌	砷（As）/（mg/kg）	铅（Pb）/（mg/kg）
65%～90%（不含90%），蛋白质换算系数为6.25	≤10.0	≤8.0	≤6.0	阴性	非阴性	淡黄色或乳白色粉末、无异味、无可见的外来杂质	≤30	≤30	不应检出	≤0.5	1.0

大豆浓缩蛋白按脱除糖分、盐分等非蛋白成分的措施不同，生产方法分为醇法、酸法、热水法等工艺，不同方法生产的大豆浓缩蛋白主要理化指标见表4-2。

表 4-2　不同方法生产的大豆浓缩蛋白的主要理化指标

制取方法	NSI /%	1:10 水分散时的 pH	蛋白质含量 /%	水分 /%	脂肪含量 /%	粗纤维含量 /%	灰分 /%
乙醇法	10	6.9	72	6.0	0.6	3.5	5.4
酸法	70	6.6	65	6.0	0.6	3.4	4.7
热水法	5	6.9	70	6.1	1.0	4.4	3.6

目前从成本、销价、得率、产品质量等因素综合考虑，最具有生产价值的产品类型主要为醇法大豆浓缩蛋白，其他生产工艺已在生产领域失去实际加工意义。

醇法工艺生产大豆浓缩蛋白是利用低变性大豆蛋白质能溶于水而难溶于乙醇的特性、当乙醇浓度为 60%~70% 时水溶性蛋白的溶解度最低（表 4-3）的原理应用制成。

表 4-3　不同浓度乙醇溶液中的蛋白溶解度

pH	乙醇溶液浓度/%										
	0	5	20	30	40	50	60	70	80	90	100
6.5	39.3	26.6	14.1	13.6	11.9	10.2	9.0	8.9	11.6	47.4	64.5
9.3	51.8	35.2	—	23.5	21.7	19.6	19.9	23.3	48.4	74.7	79.1

用于生产大豆浓缩蛋白的原料豆粕，蛋白含量约为 55%，如用 60% 的乙醇洗脱，最高溶解度为 9%，即蛋白洗脱量 = 55%×9% = 4.95%，洗脱的蛋白与其他醇溶物一并进入"醇溶糖蜜"排放物中（废糖蜜深加工技术详见本章第三节）。

醇洗后，被乙醇洗脱的"废糖蜜"按干物质重量计约占原料豆粕的 30%，其中主要成分为醇溶碳水化合物（表 4-3），醇溶蛋白仅占 5% 左右，留存的固相物为"醇法大豆浓缩蛋白"，蛋白质按百分含量以下列公式计算。

$$蛋白质含量/\% = \frac{原料豆粕中蛋白百分含量（55\%）-醇溶蛋白洗脱量（\approx 5\%）}{原料豆粕量（100\%）-"废糖蜜"收得率（30\%）}$$

$$\approx 70\%$$

我国《食品工业用大豆蛋白》（GB/T 20371—2006）规定大豆浓缩蛋白含量为 65%~90%（不含 90%），但实际工业生产所产浓缩蛋白产品从产品质量、产品得率、综合成本分析，实际产品中的蛋白含量一般为 65%~70%，与上述公式计算结果一致。

大豆浓缩蛋白生产过程，由于乙醇作用使豆粕中水溶性蛋白大部分变性为非水溶性蛋白，所以浓缩蛋白中水溶性蛋白仅占总蛋白的比率为10%左右，其余90%的大豆蛋白已成为"非水溶性高变性大豆蛋白"进入到产成品——大豆浓缩蛋白中。

图4-1　醇法大豆浓缩蛋白生产现场

醇法生产大豆浓缩蛋白在工艺过程所得醇溶非蛋白成分，经乙醇蒸馏回收后所得浓缩液中，由于干物质含高达≈78%，干物质中的主要成分为碳水化合物，所以过去将这种浓缩液称为"废糖蜜"；大豆浓缩蛋白厂常将"废糖蜜"混入豆渣中作为饲料或混入酿酒原料中作为发酵原料，用于造酒。一般含水率为50%左右的糖蜜浓缩液直接售出时，按二十一世纪初的市场不变售价计，仅为500元/t左右。上述处理办法，虽然对大豆浓缩蛋白生产过程产生的废液已完成环保处理任务，但由于附加值低，在经济效益方面，使醇法大豆浓缩蛋白厂在经济效益方面受到严重损失。

第二节

醇法大豆浓缩蛋白工艺改进措施

针对本章第一节醇法大豆浓缩蛋白生产工艺存在的问题，作者发明了醇法大豆浓缩蛋白功能改进与废糖蜜深加工方法专利技术[①]，并2013年10月30日获得发明专利授权。

---

① 本项发明专利参与人除发明专利证书所列发明人李荣和、高长城、吴淑清、李煜馨、许伟良、雷海容、刘辉、梁洪祥外，还有周书华、宛淑芳、刘仁洪、李晓东。

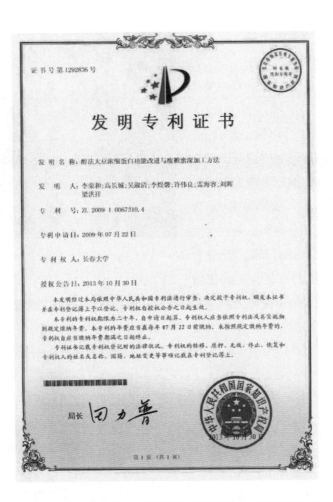

图 4-2　醇法大豆浓缩蛋白功能改进与废糖蜜深加工方法专利证书

本项发明专利的具体实例如下：

（1）将作为原料的低温豆粕粉碎成 50 目左右的豆粕粗粉，送入带有搅拌器的一次浸提罐中，再将约 75% 的食品级乙醇溶剂按料液比 1：10~1：7 的比例泵入罐中，保持温度 50~60℃，搅拌浸提时间不少于 4h。此时乙醇浓度约 65%，蛋白质溶解度最低，使大豆蛋白 NSI≤10%、沉析蛋白最大限度保留于固相物中（医用"杀菌酒精"，即采用 65%~75% 浓度的乙醇，使病菌病毒蛋白质凝固，失活达到杀菌目的）。

（2）将经步骤（1）得到乙醇提取的浆状混合物泵入超速离心分离机，在转速 4000r/min 左右条件下，进行离心分离，流出的液相物为含大豆复合功能因子的溶液，分离留存的浆状物为大豆浓缩蛋白。

（3）将经步骤（2）获得的液相物送入蒸馏浓缩罐中，真空度为 66.7~73.3kPa，温度为 80℃；蒸发产生的挥发乙醇与水蒸气送入蒸馏塔中，塔中温度约 82.5℃，蒸馏所得乙醇浓度≥90%，供生产循环使用。

液相混合物经蒸馏浓缩所得浓液为废糖蜜，废糖蜜加纯净水调成浓度约10%的溶液，经孔径120~200目的板框过滤或微孔过滤机、工作压力为0.2~0.5MPa，或采用离心分离机去除杂质。使通过的液相物应达到透明程度，再将透明的液相物进行浓缩，浓缩采用双效降膜式浓缩设备，一效蒸发温度为62℃，二效蒸发温度为46℃，通过时间约3min，根据市场不同需求，可分为20%~50%不同浓度的产品，完成浓缩

图4-3 乙醇回收设备现场

的液相物装瓶，送入杀菌釜中进行杀菌，杀菌釜内的蒸汽压力约200kPa，工作温度约130℃，作用时间约10s；也可在常压下，加热至75~85℃，恒温15~30min，即可杀灭各种致病菌，得到的产品为供非糖尿病人群服用的液态大豆复合功能因子，为本项发明的第1种副产品。

（4）将步骤（3）得到的装瓶杀菌前的液态大豆复合功能因子加水调至干物质浓度为5%~20%，再加入相当于液态大豆复合功能因子总重1%~5%的酵母，酵母需先用无菌水化开，成浆液状，再行加入，在25~30℃环境条件下，保温发酵6~12h，在发酵过程随时检测单糖、双糖含量，当单糖、双糖含量降低至投料初始含量的30%以下、最佳效果为基本检不出时，同时发酵物中对人体有益的水苏糖、棉子糖含量未降低，即标志发酵完成，如发现水苏糖、棉子糖含量比初始发酵时含量降低，则说明发酵过度，应即刻停止发酵。

（5）将经步骤（4）完成的发酵的大豆复合功能因子浆液通过离心或板框过滤或微孔过滤方法去除不可溶物，不论何种方法均应使液相物料达到透明水平，再将透明液相物采用双效降膜式浓缩设备将液相物浓缩成20%~50%不同浓度的液相物，装瓶，进行杀菌处理，得到不含单糖、双糖的可供血糖超标的人群服用的液态大豆复合功能因子，为第2种副产物。

产品装瓶前进行常规方法杀菌、喷雾干燥，制得不含单糖、双糖的粉状大豆复合功能因子产品，为第3种副产物。

（6）将步骤（2）经离心机分离所得固相物送入带有搅拌器的反应罐中，再将步骤（3）蒸馏所得≥90%的浓乙醇作为溶剂，按料液比1∶8~1∶5比例，泵入装有固相物的反应罐中，操作温度约50℃，搅拌时间为15~50min，反应后的溶液泵入酒精回收蒸馏塔中，蒸馏塔真空度为66.7~73.3kPa，温度为82.5℃，蒸馏回收的酒精循环用于生产。

蒸馏后留存物为浆状大豆浓缩蛋白。在本步骤中,变性大豆蛋白加水稀释,蛋白溶解度可由10%提高至35%以上,NSI可由≤10%回升,控制固相物混合液pH保持中性6.5左右,可得到5%≤NSI≤45%,适用于添加面制食品的浆状大豆浓缩蛋白。

(7)将步骤(6)所得浆状大豆浓缩蛋白,加纯净水,调至浓度约10%的液体,送入压强为20~35MPa的均质机中,均质温度为55~80℃。

(8)将步骤(7)均质处理的液状物,送入蒸发浓缩器中,浓缩时通常采用双效降膜式浓缩设备,由于此设备蒸发温度低,一效蒸发温度约62℃,二效蒸发温度约46℃,而且从进料到出料仅需3min左右,双效降膜式浓缩设备对于防止经水稀释处理、NSI回升至≥5%且≤45%的大豆浓缩蛋白发生热变性的最佳选型,经浓缩后,溶液干物质浓度可浓缩至15%~20%。

(9)将经步骤(8)浓缩后的浆料,采用压强为6~10MPa的高压泵,泵入干燥塔中,干燥塔进风温度170~180℃,排风温度70~80℃,经喷雾塔干燥所得的粉状产品,即为水分含量≤10%,可用于面制品添加,5%≤NSI≤45%的大豆浓缩蛋白粉,为本项发明专利的主产品。

本发明的积极效果:

(1)利用醇改性的大豆蛋白与热改性大豆蛋白的不可逆性不同,醇改性大豆蛋白经调整醇浓度,NSI还可恢复的原理,将NSI≤10%,失去加工功能只能用作饲料的大豆浓缩蛋白,通过加水调整稀释乙醇浓度改性,使NSI还原至5%≤NSI≤45%。恢复其用于添加面制品,改善食品品质的功能性。

(2)将大豆浓缩蛋白生产过程中产生的副产物——废糖蜜,通过去除杂质、浓缩、杀菌,得到可供非糖尿病人群服用的液态大豆复合功能因子。将液态大豆复合功能因子发酵处理,去除单糖和双糖,再经浓缩、杀菌干燥,得到供血糖超标的人群服用的粉状大豆复合功能因子,但在发酵过程,很难控制酵母菌只利用单糖、双糖,常常发酵过度使三糖、四糖也被发酵含量降低。

第三节

醇法大豆浓缩蛋白加工下游副产物——废糖蜜的开发利用

废糖蜜是醇法浓缩蛋白加工过程必然产生的伴生副产物。作者对废糖蜜进行分析,发现其中含有丰富的、对人体有益的保健功能成分，采用作者发明的用高温或低温脱脂豆粕提取复合大豆功能因子的方法专利技术生产的大豆复合功能因子，经吉林省质量监督检验院、吉林省卫生防疫站等单位检测：含染料木苷≥5mg/g、低聚糖≥25%、核酸≥7%、叶酸≥50μg/g 的混合成分（表4-5），此种产品的生产方法为作者首创，故暂命名为大豆复合功能因子，2004 年 10 月 6 日获得发明专利授权（图4-4）。

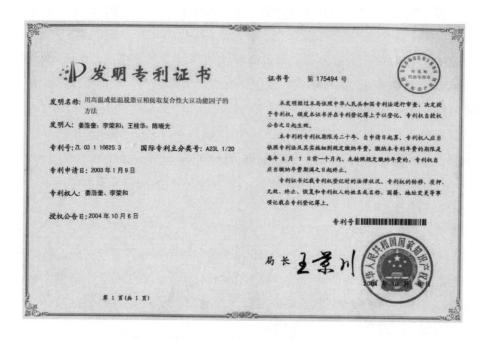

图4-4 以高低温豆粕为原料，生产大豆复合功能因子的方法专利证书

本项发明专利的特点：

（1）除制药业所需的高纯度、单体功能因子成分外，人们日常需要保健营养的蛋白、异黄酮、皂苷、低聚糖、核酸、叶酸及微量元素等有益成分均包含在大豆复合功能因子之中，无须高纯度提纯，而获得符合人体需要的、有效的综合成分。

（2）作者在原理上至今尚未研究透彻，在常温下不溶于水的染料木苷等成分在大豆复合功能因子混合物中却能百分之百地溶于水，这种现象虽然在原理上未能解释清楚，但形成的高水溶性，却更易被人体吸收，更有利于在食品加工、保健食品工业或化妆品行业应用。

（3）大豆复合功能因子虽然为大豆浓缩蛋白的副产物，但其生产效益远超过主产品——大豆浓缩蛋白，以加工 1t 原料豆粕为例，效益分析见表4-4。

用高、低温脱脂豆粕提取复合大豆功能因子的工艺步骤：

（1）以高低温脱脂豆粕为原料，豆粕经粉碎机粉碎成 50 目以上，按豆粕粉重的 10

倍加入浓度为 55%~60% 的食品工业用乙醇，在常温下连续搅拌 8h 以上。

（2）将按步骤（1）制得的料液通过板框过滤或微孔过滤，使料液达到透明为止，过滤目数一般在 120~200 目，工作压力 0.2~0.5MPa。

（3）将步骤（2）过滤的固态物料送至蛋白工段，将含有多种成分的透明液态料液，调整 pH 3.4~4.45 后，经蒸馏浓缩温度提高到 100~125℃，保持时间 20~40min。

（4）将步骤（3）制得的浓缩液过滤后直接喷雾干燥，其制得的复合性大豆功能因子含有蛋白质、异黄酮、皂苷、低聚糖、核酸、叶酸等成分，将上述成品灭菌包装，即为粉状大豆复合功能因子。

大豆复合功能因子专利实施企业尚未取得保健食品批准文号，但在试产阶段作者对其功能性进行研究，结果发现，该产品确有明显的保健功效，作为中间原料售价价格已达 100 元/kg，在浓缩蛋白生产线工艺环节不变的前提下，适当增加设备，对加工方式略为调整（详见本章第二节、第三节），即可使经济效益指标大幅提升，见表 4-4。

表 4-4 每吨原料豆粕采用不同加工方式的经济效益指标对比

加工方式	主产品得率	主产品单位售价	主产品产值	副产品种类与得率（干重计）	副产品单位售价	副产品产值	每吨豆粕原料加工成主、副产品合计产值	备注
第一加工方式，以生产大豆浓缩蛋白为主产品	约 65%，约合 650kg	1.1 万元/t	0.65t× 1.1 万元/t= 0.72 万元	废糖蜜得率约 25%	500 元/t（含水 40%），折合干重售价 1250 元/t	1250 元/t× 0.25t= 0.03 万元	0.72 万元+ 0.03 万元= 0.75 万元	两种方式工艺损耗与水分蒸发均占原料豆粕的 10%
第二加工方式，以生产大豆复合功能因子为主产品	约 20%，约合 200kg	100 元/kg	100 元/kg× 200kg= 2 万元	大豆浓缩蛋白得率 65%	饲料级浓缩蛋白 0.7 万元/t	0.7 万元/t× 0.65t= 0.46 万元	2 万元+ 0.46 万元= 2.46 万元	

一、大豆复合功能因子的成分分析

按醇法大豆浓缩蛋白功能改进与废糖蜜深加工方法及用高温或低温脱脂豆粕提取大

豆复合功能因子发明专利生产的大豆复合功能因子，经检测主要成分如下：

表4-5 大豆复合功能因子的成分含量

序号	成分名称	计量单位	含量	检测单位
1	染料木苷（G）	mg/g	3.3	
2	大豆苷（D）	mg/g	2.5	
3	叶酸	μg/g	57	
4	烟酸	μg/g	340	吉林省产品质量监督检验院
5	硫胺素	μg/g	17	
6	核黄素	μg/g	1870	
7	胡萝卜素	μg/g	0.458	
8	硒	μg/g	0.133	吉林省卫生防疫站
9	核酸（DNA、RNA）	%	7.54	
10	蛋白质	%	7.36	
11	酸溶蛋白（肽+游离氨基酸）	%	0.53	
12	异黄酮	mg/g	7.9	
13	皂苷	mg/g	8.95	
14	可溶性总糖（含水苏糖、棉子糖）	%	78	
15	低聚糖（水苏糖、棉子糖）	%	24	吉林省食品工业产品质量监督检测站
16	锌	mg/kg	149.5	
17	铁	mg/kg	73.9	
18	钙	mg/kg	629.48	
19	砷	mg/kg	0.3	
20	铅	mg/kg	0.2	
21	脲酶	定性	阴性	
22	溶解度	%	99.3	
23	胰蛋白酶抑制素失活率	%	65	国家大豆深加工技术研究推广中心

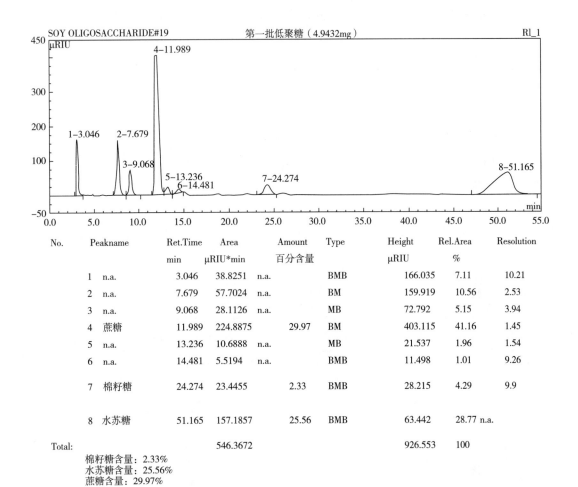

图4-5　本项发明专利生产的大豆复合功能因子中水苏糖、棉子糖、蔗糖含量液相色谱谱图

[长春大学·吉林省普通高校农产品加工重点实验室主任李丹教授（二级）提供]

大豆复合功能因子作为大豆浓缩蛋白生产下游产品副产物，含有多种对人体有益的医疗保健功能成分，而且经济效益明显高于主产品大豆浓缩蛋白，所以任何大豆浓缩蛋白加工均应重视废糖蜜的深加工，变废为宝为提高企业效益服务。

二、大豆复合功能因子建议人体摄入量

根据大豆复合功能因子成分含量，参考国际专业组织推荐量值，建议人体摄入量根据的法规如下：

世界卫生组织指出叶酸是全世界妇女均应补充的水溶性维生素。本项发明提取的大豆复合功能因子中，含叶酸57.0μg/g（表4-5），由于叶酸具有防治红细胞受阻性贫

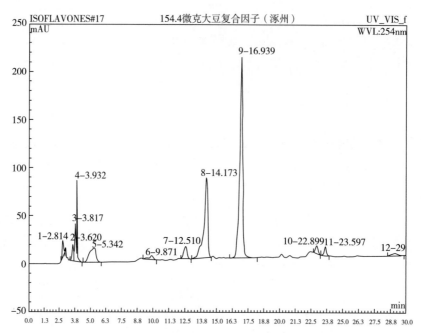

图 4-6　本项发明专利生产的大豆复合功能因子中大豆苷、染料木苷、大豆皂苷含量液相色谱谱图

[长春大学·吉林省普通高校农产品加工重点实验室主任李丹教授（二级）提供]

血、胎儿神经管畸形、脊柱裂、先兆子痫、自然流产、胎儿发育迟缓、胎盘早剥、降低乳腺癌发生率、防治女性高血压与心血管疾病、孕妇贫血等功能。哈佛大学曾对 88000 名成年妇女进行十年跟踪调查，经常饮酒的女性，乳腺癌发生率增加 15%，但如能注意补充叶酸，可使乳腺癌发生率降低 45%；美国食品与药物管理局（FDA）1998 年 1 月 1 日正式通过米谷面类叶酸强化政策，美国卫生部（HHS）建议美国育龄妇女每日摄取叶酸量应不少于 400μg（不超过 1000μg）。2009 年 6 月我国卫生部决定每年为 1200 万名农村妇女补充服用叶酸。

大豆复合功能因子中含叶酸量为 57.0μg/g（表 4-5），我国成年妇女每日服用 7g 大豆复合功能因子，则相当于摄入 57.0μg/g×7g/（人·d）= 399μg/（人·d）。中国妇女平均体重普遍低于美国妇女，所以每人每日摄入 399μg 叶酸，已可满足美国食品与药物管理局（FDA）关于育龄妇女人均日摄入 400μg 的摄入量的要求。生产实践证明，作者发明的大豆复合功能因子生产成本每千克为 10 元左右，每人每日食用 400μg，相当于食用大豆复合功能因子 7g（400μg÷57μg/g=7g）。每人每日用药成本仅为：

$$10 元/kg×0.007kg/（人·d）= 0.07 元/（人·d）$$

大豆复合功能因子投入生产后，按建议人体摄入量推介，农村妇女每人每日摄入量 7g，只相当于生产成本 0.07 元，如此低廉的成本，将为我国广大农村妇女提供一种廉价的、保证胎儿健康、有效防治新生儿神经管畸形等出生生理缺陷发生率、提高下一代生命健康质量、适于公众食用的新型保健食品。

三、大豆复合功能因子的急性毒性试验

伴随社会发展与人民生活水平的提高，我国对食品安全要求日益严格，在分析大豆复合功能因子所含成分时，发现大豆复合功能因子中的胰蛋白酶抑制素失活率为 65%，尚有 35% 左右的胰蛋白酶抑制素未被杀灭（表 4-5）。

胰蛋白酶抑制素属于大豆在自然选择生物进化过程形成的自体保护物质，在物竞天择、适者生存的竞争过程，对大豆自身生存有益，但对食用大豆的人畜却是有害的组分（详见第五章），大豆复合功能因子既然含有对人体有害成分，对人体究竟能造成多大危害？本节对大豆复合功能因子进行了急性毒性试验。

（一）试验材料

试验动物为吉林大学实验动物中心提供的昆明种小鼠 20 只，雌雄各半。
供试药品为国家大豆深加工技术研究推广中心研制的大豆复合功能因子。

（二）试验方法

取 20 只体重 18~22g 的试验小鼠，雌雄各半；禁食不禁水 16h；随机分为两组，每组雌雄各 5 只；供试药品为浓度为 100% 的大豆复合功能因子；每 8h 灌胃一次，24h 灌胃三次，试验组小鼠每只灌胃受试品为 0.5mL，对照组小鼠每只灌胃等量蒸馏水，其他正常饲粮相同；观察时间为一周；观察内容包括：试验动物的活动、饮食、饮水、排便、皮色等有无变化。

（三）试验结果

按每次以 75g/kg 剂量给小鼠灌胃，每日三次，连续七日；未发生观察内容异常变化。

$$最大耐受量（MTD）= 75g/(kg \cdot 次) \times 3 次/(d \cdot 只)$$
$$= 225g/(d \cdot kg)$$

按世界卫生组织推荐叶酸摄入量为 400μg/（人·d），相当于大豆复合功能因子摄入量为 7g/（60kg 体重·d），换算成每人每日每千克体重摄入量则应为 0.116g/（kg·d）。

即试验动物摄入试验材料大豆复合功能因子的量已达到人体实际建议服用量的1940 倍［225g/（d·kg）÷0.116g/（d·kg）= 1940 倍］，说明服用本品极安全、无毒副作用。

四、大豆复合功能因子的类雌激素作用试验

在生产大豆浓缩蛋白工艺过程，各生产企业只检测原料豆粕中的蛋白含量，对于豆粕中其他成分含量均不作检测，所以不同批次原料豆粕所产"废糖蜜"成分含量均有不同，本次试验所用大豆复合功能因子中，含异黄酮为 5.8mg/g。

（1）试验材料　含大豆异黄酮 5.8mg/g 的大豆复合功能因子，其中染料木苷含量 3.3mg/g，大豆苷含量 2.5mg。

（2）参试人群　46~70 岁身体健康妇女 50 名。

（3）试验方法　参试者每人每日服用含本品 5g 的口服液 10mL（含大豆异黄酮约29mg，相当于摄入染料木苷 16.5mg），连续服用 20 日，待末次服用后 24h，静脉取血、测血清雌二醇（E_2）含量，进行自身对照。

（4）试验结果

表 4-6　妇女服用大豆复合功能因子试验结果

服用前 E_2 含量平均值	服用后 E_2 含量平均值	服用后比服用前 E_2 平均增加值	差异性
（212.8±58.95）pmol/L	（305.1±76.57）pmol/L	（92.5±50.58）pmol/L	$P<0.01$

注：E_2：血清雌二醇。

上述结果说明，妇女服用大豆复合功能因子（染料木苷含量 3.3mg/g、大豆苷含量 2.5mg/g）每日约 5g，相当于服用染料木苷（G）约 16.5mg，经自身对照统计学处理显

示 $P<0.01$，差异性显著，证明日服用大豆复合功能因子 5g，能明显提高女性体内雌二醇含量水平，具有推迟妇女更年期、延缓衰老的作用。

本项试验采用参试妇女每人每日服用 5g 大豆复合功能因子，由于大豆复合功能因子在急性毒性试验过程按推荐量 7g/（人·d），放大 1500 倍给试验小鼠灌服，未发生毒性反应，测不出半数致死量（LD_{50}）（详见本章第三节），说明人体服用大豆复合功能因子极安全、无毒副作用发生。

大豆异黄酮的异构体中具有雌性激素作用的成分为染料木苷（含染料木素）（详见第八章），按推荐摄入剂量为 7g/（人·d），则相当于摄入染料木苷 20~30mg/（人·d），此剂量对于食用者既不会产生毒副作用，又具有改善年轻妇女副性征，预防中年妇女更年期综合征、预防老年妇女痴呆，骨质疏松、身高萎缩等效果明显（详见第八章）。

五、大豆复合功能因子调节免疫功能试验

1. 试验方法

将雌雄各半的昆明种鼠小鼠，按雌雄比例分为 4 组，每组 10 只。采用长春大学研发的大豆复合功能因子按低剂量［52mg/（d·kg·只）］、中剂量［80mg/（d·kg·只）］、高剂量［106mg/（d·kg·只）］分别配成溶液 1.5mL，每日 24h 分 3 次对受试小鼠灌服，对照组给予等量蒸馏水，正常饲喂条件各组相同。于实验后第 31 天，处死动物，进行检测。

2. 试验结果

表 4-7 大豆复合功能因子调节免疫功能作用实验结果（$\bar{X}\pm SD$）

项目	试验动物数量	溶血素（OD 值）	淋巴细胞转化（OD 值）	NK 细胞活性
对照组	10	0.39±0.016	0.216±0.018	14.5±0.92
低剂量组	10	0.392±0.020	0.243±0.016**	15.3±1.21
中剂量组	10	0.413±0.020*	0.252±0.017**	17.59±1.63**
高剂量组	10	0.404±0.015	0.237±0.017*	16.72±1.31**

注：* $p<0.05$；** $p<0.01$。

上述试验结果证明，按 50mg/（kg·d）剂量饲喂效果最为显著，换算成 70kg 体重的成年人，则每日摄入量应为 5.6g/（人·d）；按动物试验的高剂量组 106mg/（kg·d），换算成 70kg 的成年人应服剂量则为 7.42g/（人·d），此剂量与建议摄入量基本相近，所以成年人每人每日摄入 5~7g 大豆复合功能因子，则可显著提高免疫功能。

六、大豆复合功能因子对提高血清 SOD 活性的影响试验

（一）超氧化物歧化酶（SOD）功能概述

人的生命活动离不开氧，但过量的氧又能形成一种过氧自由基，自由基是一种活跃的有害物质，能与人体内组织细胞结合，加速器官的衰老，过氧自由基占各种自由基总量的95%以上。在正常情况下，年轻人体内抗氧化酶类具有清除自由基的功能，使自由基的产生与消除处于一种平衡状态，但是伴随年龄的增长，抗氧化酶类的活性下降，处于隐性状态下的自由基乘机活跃，导致多种疾病发生，最常见的老年斑就是由于自由基破坏了细胞膜生物半透性的结果，目前已经确定的与自由基有关的疾病多达80余种，如肾病、动脉硬化、缺血性心脏病、糖尿病、癌症、神经系统疾病、高血压、败血症、白内障等。

防止自由基对人体细胞和组织的破坏是预防人体衰老、色素斑沉积、血管病变、糖尿病并发症等疾患的关键，具有防治自由基伤害人体细胞的有效物质是超氧化物歧化酶（SOD），但是外源 SOD 生命活性极弱，市售 SOD 商品经常出现尚未摄入人体，便失去活性的现象，实验证明大豆复合功能因子具有提高人体内 SOD 活性的作用，食用大豆复合功能因子比摄入 SOD 更有实效。

SOD 对机体的氧化与抗氧化平衡起着至关重要的作用，SOD 能清除人体内超氧负离子自由基，保护细胞免受损伤，SOD 的活力对衰老、肿瘤、炎症、自身免疫、血液、心脑血管、肾病、消化系统、抗辐射等有重要影响，对疾病的病因学探讨、诊断、治疗、术后观察有着重要意义。

（二）大豆复合功能因子对提高女性血清 SOD 活性的影响的自身对照试验

1. 试验方法

年龄46~70岁的健康妇女10名，每天服用30mL 口服液（含大豆复合功能因子5g），分早、中、晚三次，连续服用20d，检测服用前和服用后的血清 SOD 含量。

2. 试验结果

试验结果见表4-8。

表4-8 大豆复合功能因子对提高女性血清 SOD 含量的影响

项目	服用前	服用后	SOD 提高值	提高率
血清 SOD 含量	（0.45±0.21）μg/mL	（0.702±0.286）μg/mL	0.252	55%

（三）大豆复合功能因子对老龄小鼠（14 月龄以上）血清 SOD 的影响

1. 试验方法

取老龄小鼠 20 只，随机分为对照组与试验组，试验组每只小鼠灌服大豆复合功能因子 1g/（kg·d），每日分三次灌服，对照组灌服生理食盐水，连续灌服 12 日。

2. 试验结果

试验结果见表 4-9。

表 4-9　大豆复合功能因子对老龄小鼠（14 月龄以上）血清 SOD 的影响

组别	数量	剂量 /[g/（kg·d）]	SOD 活性 /（Nμ/mL）	SOD 活性提高率
对照组	10	0	0.636±0.069	20%
试验组	10	1.0	0.765±0.12	

（四）结论

上述实验结果证明，大豆复合功能因子对老龄小鼠和中、老年妇女的血清超氧化物歧化酶（SOD）活性具有明显的增强作用，大豆复合功能因子可用于抗氧化与延缓衰老的保健食品的开发。

第四节

大豆复合功能因子的应用前景

一、关于核酸的争论及大豆核酸的应用前景

长春大学研制的大豆复合功能因子中含有丰富的核酸，核酸含量高达 7.54%（表 4-5），现代科学技术的诸多文献已证明，核酸既是基因的构成物质又是基因的营养素。

关于基因物质性的争论已近两个世纪，核酸能否在维护人体健康、长寿方面发挥作

用，实质是基因理论的兴衰在决定核酸的应用。

早在 1856 年奥地利遗传学家孟德尔就提出了生物遗传性状是由基因控制的理论，到了二十世纪五十年代，主张生命现象由外因环境起主导作用的米邱林·李森科遗传学占据了学术论坛 30 余年。

但是，伴随分子遗传学的发展，世界上逐渐认识到基因的本质是具有遗传效应的 DNA，每个基因都是由若干去氧核糖核酸按不同排序构成，不同排序去氧核糖核酸构成的基因含有不同的遗传信息。

因为关于基因理论的争论惯性一直延续将近两个世纪，所以若想改变任何一方的观点都很难实现。近年来人类发现核酸既是基因的构成成分，又是基因的营养物质，作者在提取大豆复合功能因子的工艺过程中发现，大豆复合功能因子中含核酸量高达 7% 以上，在论证本项目时，持反对意见的专家提出人体自身可合成核酸，人体没必要再补充外源核酸。

但是近年来，国外关于核酸功能报道不断发表，对于本项发明提取的大豆复合功能因子在人类健康长寿方面的应用，起到了积极的促进作用。例如：二十世纪七十年代，美国著名营养学家富兰克（Frank B. S.）博士经过二十多年的探索和大量病例的治疗实践，第一次提出了核酸营养不良症概念，他指出 20 岁以后的成年人，体内合成核酸的能力渐减，故需从外源食物中供给。他还发现，中青年人从膳食中虽能获得充足的、必需的营养，但如表现出精神不振、未老先衰、抗病能力低下及体力较差时，在食谱中加入富含核酸的食物或服用核酸制剂，症状即可消失，这一阐述说明了核酸具有重要的生理功能。外源核酸的保健作用机制不是针对某一症状、某一疾病，而是通过改善每一细胞的活力而提高机体各系统自身功能和自我调节能力，达到最佳综合状态和生理平衡。

大豆核酸既是基因的构成物质又是基因的营养素，综合国内外有关报道，核酸的生理功能主要表现在以下几方面。

提高机体免疫功能，预防疾病。对于免疫功能正常的人，饮食中的核酸并不重要，因为他们不存在免疫应激问题，但是处于应激状态（如大手术、烧伤后），特别是免疫功能受损的疾病，摄入足量的核酸是必要的，外源核酸可以提高人体免疫能力，降低感染率和并发症的发生，促进疾病的恢复。

对不同年龄、不同病症的 200 例受试者，按早晚各服核酸 200mg（相当于大豆复合功能因子 3.0g），受试期间停止一切治疗，服用外源核酸 3 个月后，白细胞增加者占 76%（125 例）、半年内未发生感冒者占 83.5%（167 例），食欲增加者占 92%（184 例），体力增加者占 88.5%（177 例）。此外，还出现皮肤弹性增强，老年斑消退等有益形体表现。

大豆核酸多以核酸蛋白形式存在，大豆核酸消化主要在小肠中进行，在核酸酶的作用下降解为核苷或核苷酸，人体摄入外源核酸能够提高过氧化物歧化酶（SOD）活力，降低细胞膜脂质过氧化的代谢产物丙二醛（MDA）含量，说明核酸对超氧自由基的产生、红细胞脂质过氧化均有抑制作用，并有清除超氧化物自由基的作用，保护细胞膜免受损伤，保护酶、蛋白质等免受氧化、预防细胞老化与老年斑形成。

核酸可促进细胞再生与修复，补充外源核酸比从头合成途径节省能量，所以对于肝脏疾病患者补充外源性核酸（核苷酸）是必要的。

外源核酸还具有促进电离辐射损伤细胞修复的功能，对不良细胞的分化起到抑制调节的作用。

核酸对痴呆症状的改善非常令人鼓舞，美国哈佛大学的研究表明，体外添加核苷酸培养神经细胞能促进神经细胞生长。美国得克萨斯大学卫生科学中心研究证明，核酸营养可恢复中枢神经系统的信息传递，饮用核酸可使吗啡中断症状减轻，所以预测补充核酸营养可能减轻戒毒人员无毒品摄入阶段的痛苦，还可增加单不饱和脂肪酸的含量，增加血清高密度脂蛋白的水平，降低胆固醇含量。本项发明由于提取的大豆核酸成本低廉，不含任何化学添加成分，所以本品用于防治核酸营养不良症，将具有极为广阔的市场前途。

在补充核酸时，应注意，凡因蛋白营养失衡引发的痛风等疾病不应再补充蛋白与核酸。

关于大豆复合功能因子的保健作用，应该理性认识，遵照正常法规程序与试验结果，给予科学定位。

二、大豆复合功能因子在化妆品与食品中的应用

女性是消费化妆品比率最高的人群，近代研究发现，雌激素具有抑制胶原蛋白断裂、刺激胶原蛋白和弹性蛋白产生的功能，人体内源雌激素水平下降是导致女性皮肤松弛、面色晦暗、皮肤弹性下降、出现皮肤下垂与皱纹的主要原因。但化妆品生产法规规定不允许在化妆品中添加雌性激素，大豆异黄酮中的染料木苷，既具有类雌激素作用，又不含化学合成的雌激素，所以不会产生对人体不利的毒副作用。但染料木苷在常温下不溶于水，只有在复合功能因子状态下染料木苷，才表现出与普通市售难溶于水的大豆异黄酮不同，溶解度=100%，所以大豆复合功能因子用于化妆品添加，高溶解性的类雌激素——染料木苷可顺利渗透至皮肤中，防止皮肤老化、维系皮肤弹性，是一种极具开发前景的，具有安全、美容、保健功能的化妆品原料。

异黄酮、核酸在常温下难溶于水，无法在饮品、酒类、乳品、化妆品中应用，已成为食品、化妆品工业的世界难题。本发明的大豆复合功能因子中含大豆异黄酮 5.8mg/g，

核酸 7%，以上 2 种成分在复合功能因子中，溶解度均达到 100%，这一新发现虽然在原理方面尚未研究清楚，但为解决异黄酮、核酸在饮品、乳品、酒类、化妆品中添加应用，提供了可行的物质保障。

三、大豆复合功能因子的市场前景

大豆复合功能因子已获得发明专利授权，经国际查新证明，无同类生产技术与产品的报道，本产品在国内外没有同类产品与之竞争。

大豆复合功能因子中含有丰富的叶酸约 57μg/g（大豆复合功能因子成分含量详见本章第三节）。成年妇女如能大剂量摄入叶酸达到 1000μg/（人·d），还可防治女性高血压与心血管疾病、乳腺癌、孕妇贫血等疾病。

成年妇女每日摄入大豆复合功能因子 5~7g，相当于摄入叶酸 285~399μg。

成人每日摄入大豆复合功能因子 3g，即相当于摄入 225mg 核酸。

即成年妇女每人每日摄入 3~7g 大豆复合功能因子，可满足人体对核酸实际需求补充量与世界卫生组织关于妇女建议叶酸补充量的标准要求。

异黄酮具有不能溶于水的生物学特性，无法在饮品、酒类、乳品中应用已成为食品工业的世界难题。本发明的大豆复合功能因子中含大豆异黄酮 5.8mg/g，核酸 7%，叶酸 57μg/g，以上三种成分在复合功能因子中，溶解度均达到 100%，这一新发现作者虽然在原理方面尚未研究清楚，但为解决异黄酮、核酸、叶酸在饮品、乳品、酒类、化妆品等方面的应用提供了可行的技术保障。

大豆复合功能因子由于综合加工，生产成本极低，每千克综合生产成本约 10 元人民币，而且不溶于水的异黄酮、核酸在本产品中，溶解度 100%，使产品开发前景更为广阔，其中异黄酮含量约 5mg/g，如按欧美发达国家推荐每人每日异黄酮标准摄入量为 20~100mg，则每人每日用药费成本支出仅为 0.04~0.2 元；我国原卫生部决定每年为 1200 万名农村妇女补服叶酸，补充量如按世界卫生组织推荐量为 400μg，则相当于服用大豆复合功能因子 7g，每人每日用药成本 ≤0.07 元。可见，大豆复合功能因子将成为一种可实现全民保健营养大众化的、天然植物性的新产品，为公众营养改善提供可行的廉价物质保证。

以大豆复合功能因子为原料，究竟能开发出多少种保健食品与药品，尚难以预测，读者在掌握大豆复合功能因子保健作用的基础上，以大豆复合功能因子为原料，进一步研制、开发新型保健食品与药品，将具有极为广阔的潜在空间。

第五节

大豆浓缩蛋白与面粉复配型高蛋白面粉

小麦面粉是我国北方居民最重要的主食之一，小麦面粉与大豆粉复配后，虽然未能达到世界卫生组织推荐的理想氨基酸比值，但均比未复配前有所改善。另外，如以大豆浓缩蛋白或大豆分离蛋白作为小麦面粉的复配添加原料，氨基酸比值将更接近世界卫生组织的推荐指标，但是添加大豆粉由于添加量大，易引起面粉加工品质劣变；如添加分离蛋白，由于分离蛋白售价高达 1.6 万元/t 左右，添加分离蛋白的面粉成本将大幅度提高。

本项研究以大豆浓缩蛋白为试验材料，添加 5%~8% 的大豆浓缩蛋白生产的高蛋白面粉与普通面粉相比，蛋白含量由 10%~12% 提高至 13%~17%，而且增加的蛋白成分为大豆蛋白，属于优质蛋白，见表 4-10。

表 4-10　浓缩蛋白不同添加比例与添加前后面粉蛋白含量的对比

处理	对照 1	对照 1 加 5% 浓缩蛋白	对照 1 加 8% 浓缩蛋白	对照 2	对照 2 加 5% 浓缩蛋白	对照 2 加 8% 浓缩蛋白
蛋白质含量	10%	约 13%	约 15%	12%	约 15%	约 17%

小麦面粉加入大豆蛋白，生产高蛋白面粉，居民在食用主食高蛋白面粉及其加工品时，即可同时摄入大豆蛋白质，此种一举多得的措施对于保持人体健康、减少疾病发病率、改善亚健康人群生命质量均具有重要作用；尤其有利于人数达 3 亿以上的在校学生，供给高蛋白、氨基酸营养互补面粉，是一种安全可靠、方便可行、易于推广的提高学生体质与智力水平的有效措施。

高蛋白面粉是一种最易推广而又安全可靠的措施：①高蛋白面粉以小麦面粉为载体，小麦粉已成为我国居民的主要主食，推广高蛋白面粉便于实现全民主食蛋白营养素生产工业化；②本书介绍的面制品专用大豆蛋白，由于综合利用，售价大体与面粉售价持平，高蛋白面粉不仅能提高主食面粉的大豆蛋白含量，平衡氨基酸比值，改善面制品加工品质，而且基本不增加面粉售价，基本不增加国家与居民负担；③高蛋白面粉需要经过加工才能成为高蛋白面制食品，而加工过程主要工艺条件是加热熟化，加热熟化可将大豆中的有害微生物和大豆内源有害活性酶杀灭，不会出现类似"学生豆奶计划"实施过程的中毒现象发生。综上所述，参照国外发达国家对大豆蛋白营养改善行动建议，倡导推行高蛋白面粉，对于改善我国全民大豆蛋白营养素供给现状，提高全民身体素质，实现大豆蛋白保健营养廉价化、公众化、安全化是一项安全可靠、方便易行的措施。

作者研制完成的高蛋白面粉于二十一世纪初被科技部评为《国家科技成果重点推广计划》项目[①]，见图4-7。

图4-7　高蛋白面粉《国家科技成果重点推广计划》证书

大豆蛋白的凝胶形成性、水溶性、保油性等功能特性已在食品加工领域被广泛应用，每种功能特性都与 NSI 具有一种对应的数值关系。例如，肉制品添加用的大豆分离蛋白，主要是利用大豆蛋白的凝胶形成性，要求 NSI≥90%；生产组织蛋白是利用大豆蛋白的成形性，要求 NSI 50%~70%；我国《豆制食品业用大豆》（GB/T 8612—1988）规定，NSI 应在 83%~94%，NSI 如低于 83%（相当水溶性蛋白含量<30%）的大豆，则不能用于加工豆腐、干豆腐、豆花、豆浆等传统大豆制品。

———————————————

① 作者领导的科研团队研发的"高蛋白面粉"被科技部批准为《国家科技成果重点推广计划》项目，团队成员包括李荣和、高长城、李丹、齐斌、隋少奇、杨贵、杨霞、吴淑清、吴修利、李煜馨、宛淑芳、周书华、刘仁洪、刘雷、许伟良、雷海容、李晓东、刘辉、梁洪祥。

传统加工理论认为大豆蛋白 NSI 如<30%，由于过度变性，则失去一切加工功能，只能用作饲料。

在研究大豆蛋白在面制品加工中的应用过程，发现由于"面筋"是由小麦中特有的醇溶蛋白与麦谷蛋白构成的"非水溶性蛋白"，此种"非水溶性蛋白"在制作面包、馒头等面制品时，可形成支撑面制品成型的网络与骨架，所以如向面粉中添加高水溶性大豆蛋白，不仅不能改善面制食品品质，反而容易引起面包"塌架"、馒头不起发等不良后果，作者以 NSI<30%的高变性大豆蛋白向面粉中添加，发现高变性的大豆蛋白具有类面筋形成性、改善面制品品质、增加出品率等功能。

小麦面粉的品质主要决定于面筋含量，尤其对于加工国内外生产量最大的、食用范围最广的面包，经验证明只有湿面筋含量在22%～42%才能适于加工面包，湿面筋含量在28%～36%可用于制作优质面包，面筋的主要成分是麦谷蛋白和醇溶蛋白，二者在面包揉制过程形成面团，麦谷蛋白决定面团弹性，醇溶蛋白决定面团的延展性。

东北小麦收获季节正值七月份高温、多湿的季节，高温、高湿导致蛋白酶活性增强，面筋蛋白在蛋白酶作用下，面粉筋力下降，所以东北地产小麦面粉湿面筋含量一般在23%以下，对于这种低面筋面粉如添加高水溶性蛋白含量的大豆蛋白，反而会更进一步降低面筋含量，因为面筋本身属于非水溶性蛋白。

本项研究以作者研发的5%≤NSI≤30%的高变性、大豆浓缩蛋白，对蛋糕、面包、面条进行添加处理，经农业部谷物及制品质量监督检验测试中心（哈尔滨）检验结果证明，以添加5%浓缩蛋白效果最好，综合评分比对照组分别提高2～10个百分点，见表4-11、表4-12和表4-13。

表4-11　添加大豆浓缩蛋白（5%≤NSI≤30%）加工蛋糕，产品性状评分表

样品名称	检测项目蛋糕评分					
	比体积	比体积评分	糕心结构	外观	口感	总分
	—	30分	20分	25分	25分	100分
面粉 A+5%大豆浓缩蛋白（5%≤NSI≤30%）	4.9	29	18	22	23	92
面粉 A（对照）	6.2	18	18	23	23	82

表 4-12　添加大豆浓缩蛋白（5%≤NSI≤30%）加工面包，产品性状评分表

样品名称	检测项目面包评分										
	质量	体积	体积评分	表皮色泽	形状及表皮质地	面包心色泽	面包心平滑度	结构	弹柔性	口感	总分
	g	mL	35分	5分	5分	5分	10分	25分	10分	5分	100分
面粉 A+5%大豆浓缩蛋白（5%≤NSI≤30%）	151.7	625	20	3	3	3	4	10	3	4.5	50.5
面粉 A（对照）	146.0	585	16	3	3	3	4	12	3	4.5	48.5

表 4-13　添加大豆浓缩蛋白（5%≤NSI≤30%）加工面条，产品性状评分表

样品名称	检测项目面条评分						
	面条色泽	表观状态	适口性	韧性	黏性	光滑性	食性	总分
	10分	10分	20分	25分	25分	5分	5分	100分
面粉 A+5%大豆浓缩蛋白（5%≤NSI≤30%）	7	7	15	16	15	3	4.5	67.5
面粉 A（对照）	5	6	15	16	15	3	4.5	64.5

　　大豆蛋白的高吸水性、保水性为提高面制品出品率，提供了生物技术基础保证条件。大豆蛋白用于面制品添加试验，所作试验数量有限，这是一项事关全民蛋白营养改善的重大试验内容，伴随食品科技发展，高蛋白面粉研究将不断完善。

　　向面粉添加大豆蛋白，不同面制品对大豆蛋白的 NSI 有不同的要求，这是一项复杂的加工工艺实验，很多内容尚待进一步研究。无论何种面制品专用功能性大豆蛋白开发，均应遵循下述原则：①能提高被添加面粉的大豆蛋白含量。②基本不增加售价，不增加国家与居民的经济负担。③具有改善被添加面制食品品质的功能。提高大豆蛋白营养供给水平是改善民生、增强全民体质的重要内容之一，我国是面粉的消费大国，以面粉为载体，实现高蛋白面粉主食产业化，是改善全民公众营养的安全、易于推广、最有前途的可行措施。

第六节 ▰▰▰▰▰▰▰▰▰▰▰▰▰▰▰▰▰▰▰▰▰

醇法生产的高变性大豆浓缩蛋白与普通熟化的大豆蛋白表观消化率的比较试验

醇法生产的大豆浓缩蛋白 NSI≤10%，采用本项发明技术加水将高变性浓缩蛋白 NSI 还原后，NSI 仍在 40% 以下（详见本章第二节），高变性的大豆浓缩蛋白用于面制品添加，虽然可改善面制食品加工功能，但是否影响人体消化吸收，作者又进行了表观消化率试验。

本项研究以 wistar 白化大鼠为试验材料，采用 AIA 酸不溶灰分内源指示剂法，对本项目研制的高变性大豆浓缩蛋白与普通熟化大豆中的蛋白质进行了表观消化率的测定。根据消化率，以此对本项目研制的高变性大豆浓缩蛋白与普通熟化大豆中的蛋白质可消化性进行评价。

1. 试验分组

试验 1 组白化鼠饲料为高变性大豆浓缩蛋白，NSI 约 10%，蛋白质含量≥65%。

试验 2 组白化鼠饲料为我国北方传统食品炒豆（140℃恒温 1h）熟化、粉碎，蛋白质含量约 39%。

为保证试验鼠食欲正常，上述两种供试饲料分别加入 0.4% 食盐、0.2% 甜蜜素以调整供试饲料口味。

因为两种供试豆粉蛋白质含量不同，采用纯淀粉为填充物，将试验 1 组与试验 2 组的供试豆粉配制成蛋白含量均为 25% 的等蛋白的二种试验日粮。

消化率计算公式：

$$T\ (\%)=[\,1-(c\times d)/(a\times b)\,]\times100\%$$

式中　T——蛋白质消化率（%）

　　　a——饲料中蛋白质含量

　　　b——粪中蛋白质含量

　　　c——饲料 AIA 含量

　　　d——粪中 AIA 含量

2. 试验结果

（1）各组定量每日喂 10g 饲粮，此数据为 2 日试验期中总采食量 10g/d×2d = 20g 饲粮。

（2）各组蛋白质采食量均按原始样中含 25% 计，蛋白质消化率按蛋白质食入量–粪中蛋白质排出量=蛋白质消化量；消化率计算根据公式：

$$T\ (\%) = [\,1-(c×d)/(a×b)\,]×100\%$$

（3）如表 4-14 所示，各级标示差异不显著（$p>0.05$），证明高变性大豆浓缩蛋白与传统炒制熟化的大豆消化率基本相同，差异不显著。

表 4-14　各试验组消化试验结果

项目	采食量/g	干物质消化量/g	干物质消化率/%	蛋白质食入量/g	粪蛋白质排出量/g	蛋白质消化量/g	蛋白质消化率/%
试验 1 组	20.00	18.65	93.27±14.35	5.00	0.63±0.07	4.36±0.53	87.25±6.55
试验 2 组	20.00	18.65	94.13±15.62	5.00	0.58±0.06	4.42±0.49	88.46±7.43

本项研究证明，高变性大豆浓缩蛋白（NSI≈10%）用于面粉添加，不仅可提高面粉中优质大豆蛋白的含量，而且可全面改善被添加的面制食品品质，在理论与实践领域突破了过去认为高变性大豆蛋白（NSI≈10%）已失去加工功能性，只能用作饲料的传统认识，并填补了我国在面制品加工行业无专用功能大豆蛋白的空白。

面制食品专用功能大豆浓缩蛋白投产后，其应用量将远远大于在肉制品与饮料领域的用量。我国 14 亿人口如有 1/3 的人，每天食用一个馒头或一碗面条（均为100g），全国每天需 2000t 大豆浓缩蛋白，相当于每年全国需求量约为 85 万 t 大豆浓缩蛋白。

14 亿人×1/3×100g/（人·d）×5%×365d/a≈85 万 t/a

从上述分析可见，大豆浓缩蛋白在面粉中添加，生产高蛋白面粉（图 4-8），使我国主食工业化具有极为广阔的消费市场。

图 4-8 采用长春大学研发的高蛋白豆粉生产技术，由鑫玉农业科技开发有限公司生产的高蛋白面粉，被国家发展和改革委员会公众营养与发展中心推荐为营养健康倡导产品

参考文献

[1] 迟玉杰，朱秀清，李文滨，等.大豆蛋白质加工新技术 [M].北京：科学出版社，2008.

[2] 李丹，李晓磊.大豆加工与利用新技术 [M].长春：吉林大学出版社，2007.

[3] 李荣和，姜浩奎.适用于面制品蛋白营养强化的新型大豆蛋白 [J].中国工程科学，2003，5（3）：72-74.

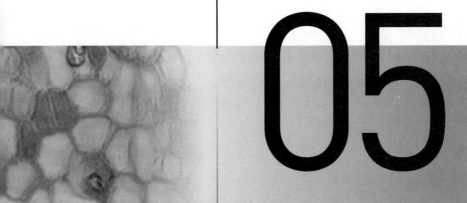

05

第五章

大豆分离蛋白的
加工原理与技术

第一节

大豆分离蛋白的生产现状与存在问题

根据我国《食品工业用大豆蛋白》（GB/T 20371—2006）规定："大豆分离蛋白（Soy Protein Isolate，SPI）是指产品中蛋白质含量≥90%，粗纤维含量≤0.5%，水分≤10.0%，灰分≤8.0%、卫生指标符合要求的粉状大豆制品"。

大豆分离蛋白的制取工艺有多种，如碱溶酸沉法、膜分离法等。

一、大豆分离蛋白的分类

大豆分离蛋白根据产品脲酶活性与用途不同分为以下两种：

（1）应用时需要加热灭酶处理的产品（如用于肉制品加工添加用的产品），尿素酶（脲酶）活性可为非阴性。

（2）应用时不需要加热灭酶处理（如用于冰淇淋、冰糕、饮料添加，或直接食用）的产品，尿素酶（脲酶）活性应为阴性。

二、大豆分离蛋白的技术缺陷

目前，国内外生产的大豆分离蛋白不论何种类型，不论何种生产方式均存在以下缺点：

（1）脲酶阳性产品，二次灭酶不彻底易引起中毒现象发生　大豆分离蛋白类型由于尿素酶活性不同，消费者购买用途、目的不同，生产厂与应用企业在产销过程常需增加分辨产品类型的程序，工作如有不慎，将脲酶阳性的产品售予应用时不进行二次加热的冰糕、冰淇淋或其他饮品厂，将引起消费者中毒现象发生。

（2）生产用水消耗量大　大豆分离蛋白每生产 1t 产品消耗水高达 20~35t，排放水中含有较多的水溶性蛋白、水溶性糖等水溶性有机物质，造成资源浪费及废水环境污染。

（3）豆渣中残留蛋白提取不彻底　分离蛋白提取后的豆渣中，残留 15% 以上的非水溶性蛋白，如不进行有效提取，造成蛋白资源浪费。

（4）生产工艺环节的错误称谓，应予纠正　当前分离蛋白提取工艺主要是碱溶酸沉法，即利用大豆蛋白在 pH 7.2~9.0 的碱性溶液条件下易溶出的原理，将蛋白溶出，再将液相物调至 pH 4.2~4.5 大豆蛋白等电点的酸性条件下，使其沉淀加工制成。为提高生产得率，在生产领域常采用 pH 7.2~7.5 的碱液对豆粕粉与豆渣进行二次提取，生产企业普遍将这两次提取过程称为"一萃""二萃"，但按化工标准概念"萃取系以溶剂将溶于另一种溶液中的溶质提取的工艺方法"，因此大豆分离蛋白碱溶酸沉法的"一萃""二萃"不属于"以溶剂将溶于另一种溶液中的溶质提取的工艺方法"，所以此种工艺环节称谓应更正为一次浸提与二次浸提更为恰当。

针对大豆分离蛋白生产领域的上述缺陷，作者发明了下述专利技术。

第二节

杀灭大豆中有害生理活性蛋白与保持大豆蛋白加工功能性理想平衡点的原理

一、大豆中的有害生理活性蛋白

大豆所含的蛋白质并不是人类全部可直接食用的、安全有益的蛋白，其中含有目前尚未被食用人群重视的生理活性有害蛋白，主要种类如下。

（一）脲酶

大豆脲酶（尿素酶）是大豆籽粒中具有分解酰胺类化合物（具有 $-\overset{\overset{\displaystyle O}{\|}}{C}-\overset{\overset{\displaystyle H}{|}}{N}-$ 键化合物的统称，如肽、蛋白质等均属酰胺类化合物）和尿素产生氨、二氧化碳和水的酶。氨可在人体内幽门螺杆菌（Hp）外层形成氨保护层，幽门螺杆菌是人体胃中唯一、制衡胃酸正常分泌的细菌，在漫长的进化过程，幽门螺杆菌与人体保持正常的生态平衡，直接参与调节人体胃酸的高低水平，具有正负双重调节作用。例如，当人体胃黏膜产酸量低时，幽门螺杆菌可刺激胃黏膜提高胃酸分泌量；但幽门螺杆菌本身的毒性基因又是

诱发消化性溃疡和胃癌的重要原因。大豆脲酶分解物在幽门螺杆菌外层形成的保护层，可提高幽门螺杆菌的感染率。现代医学发现幽门螺杆菌感染可影响胰腺生理功能正常发挥，导致胰腺病理损伤，引发胃炎、胃溃疡、胃癌、淋巴瘤等疾病的发生。我国居民幽门螺杆菌感染率高达 50%～80%，近年调查发现每年还有以 1%～2% 的速度增长的趋势。

动物试验证明，动物体内蛋白质在正常代谢过程产生的氨，可在肝脏中被合成尿素，经肾脏排出体外，但在饲料中如添加未经熟化处理的大豆、豆饼等具有高脲酶活性的饲料，则容易发生牲畜氨中毒与肉鸡腹水症。

（二）胰蛋白酶抑制素（TI）

胰蛋白酶抑制素名称并未统一，抗胰蛋白酶、胰蛋白酶抑制剂、胰蛋白酶阻肮因子等，均为胰蛋白酶抑制素的同物异名体，因为"剂"一般指人工合成物而言，根据我国 2003 年第 10 版《新华字典》关于"剂"的注解为配合而成的药剂，可见"剂"是指人工合成物而言；而胰蛋白酶抑制素系由大豆内源产生的、具有抑制胰蛋白酶分解蛋白能力的一种水溶性蛋白，符合《新华字典》关于"素"是事物的基本成分的注解，所以建议应将该成分统一称为胰蛋白酶抑制素为宜。

胰蛋白抑制素在大豆中含量较高，占大豆蛋白总量的 8%～10%，占水溶性蛋白的 15%～25%，约占大豆干重的 2%；美国密苏里大学报道胰蛋白酶抑制素在大豆中含 6.3%～13.7%，大豆粉中含 3.2～7.8mg/g，大豆分离蛋白中含 4.4～11.0mg/g。

大豆胰蛋白酶抑制素同分异构体，约有 10 种，主要成分的相对分子质量为 21500 与 79750，也有文献报道相对分子质量分别为 $20\times10^3 \sim 25\times10^3$ 与 8×10^3，等电点为 pI4.5。

胰蛋白酶抑制素具有抑制胰蛋白酶与胰凝乳蛋白分解蛋白的专一功能特性，引起人体摄入的蛋白质消化率下降、营养效价降低、氨基酸比例失调、导致消化不良、食欲下降、生长停滞。胰蛋白酶抑制素对胰蛋白酶抑制结果，使人体内部器官应激产生自身调控功能，刺激胰腺分泌活性增加，从而引起甲状腺与胰腺的亢进、增生、肥大。

婴儿配方食品中，为防止胰蛋白酶抑制素对婴幼儿生长发育产生抑制作用，大豆胰蛋白酶抑制素的不良反应已成为营养科学研究的热点。

近代发现胰蛋白酶抑制素在低浓度条件下，具有抗癌、防癌的效果，虽然大豆胰蛋白酶抑制素对人体有害，但权衡癌症患者对抗癌药物的需求利弊，大豆胰蛋白酶仍作为一种重要的抗癌活性物质，已在国外形成共识。

（三）大豆凝血素

大豆凝血素是一种具有凝固动物红细胞功能的、与糖结合的大豆蛋白质，等电点为

pI6.1，相对分子质量为 89000~105000，至今已发现的大豆凝血素同分异构体有 4 种，据分析，脱脂大豆粉中含大豆凝血素为 3%。

动物试验证明，在大白鼠腹腔注射凝血素，可将大白鼠杀死；大豆凝血素摄入人体后，在胃蛋白酶作用下基本被钝化，未被钝化的残留部分，由于相对分子质量大，难以进入血液，至今未见关于大豆凝血素造成人体红细胞凝固的危害报道。

（四）甲状腺肿胀因子

大豆甲状腺肿胀因子（GTG）是近代发现的大豆有害活性成分，动物摄入大豆与大豆制品后，大豆甲状腺肿胀因子与摄入的外源食物中的碘相结合，可引起缺碘性甲状腺肿大，婴儿配方哺喂食品中由于大豆成分引起婴儿甲状腺肿的病例已有报道，但在配方中添加碘化物，可有效发挥大豆营养优势，防止甲状腺肿胀现象的发生。

消除大豆生理有害活性成分的方法很多，但加热消除是最有效、最成熟的方法，大豆加工最早的加工品是豆腐，距今至少有 2100 年以上的历史，豆腐加工工艺的煮浆环节，要求煮沸豆浆应"三起三落"，就是彻底消除大豆生理有害活性成分的最佳措施。

脲酶、胰蛋白酶抑制素、大豆凝血素、大豆甲状腺肿胀因子等大豆生理有害活性成分，在加热条件下，均能产生有害活性被钝化甚至全部消除的效果，但不同的活性成分耐热性差别很大。目前，我国大豆加工领域认为大豆含有的、生理有害活性成分中脲酶活性强，易于检测，所以通常将脲酶作为众多大豆有害生理活性成分检测的指示酶，脲酶阴性即认为大豆有害生理活性成分被消除钝化。

但在生产与食用过程发现胰蛋白酶抑制素抗高温能力，远高于脲酶，作者于 2002 年曾发现我国南方发生婴儿配方代乳粉脲酶阴性，但婴幼儿食用后却发生胰蛋白酶抑制素引起的不良反应现象。经研究发现胰蛋白酶抑制素抗高温活性高于脲酶，低温豆粕在含水 6% 时，加热煮沸 12min 脲酶完全失活，而活性胰蛋白酶抑制素仍残留 1.84%；在推广学生豆奶计划时，也发现高蛋白学生豆奶粉与浓缩蛋白经超高温瞬时杀菌灭酶处理，脲酶反应阴性，但活性胰蛋白酶在学生豆奶粉中残留量为 4.62%，在浓缩蛋白中残留量为 5.9%；高蛋白学生豆粉与浓缩蛋白经过 100℃、20min 处理，脲酶全部失活，但胰蛋白酶抑制素仍分别残留 0.47% 与 0.62%。定量分析结果证明，生大豆加热温度为 100℃、加热时间 10min，脲酶活性为 0，胰蛋白抑制素残留活性单位为 13，加热温度升高至 120℃、加热 10min 胰蛋白酶仍残留 3 个活性单位。

大豆有害活性成分加热灭活与大豆本身含水量关系十分密切，在湿热条件下，很容易产生消除大豆生理有害活性成分的功效。例如，市售大豆浸泡 12h，含水率≥60%，经100℃蒸汽加热5min，胰蛋白酶抑制素（TI）全部失活；而100℃蒸汽对未经浸泡的大豆饼粕处理15min，TI失活率仅为约90%。实践证明，大豆经浸泡4h，100℃热蒸汽蒸30min，或在98~100℃沸水中煮沸20min，可使大豆生理活性有害成分全部消除。据资料报道，胰蛋白酶抑制素（TI）残留量以≤8mg/g为安全临界值。

据资料报道，胰蛋白酶抑制素（T1）残留浓度以≤8mg/g为安全临界值，建议在确定大豆食品安全体系、检测大豆制品抗营养因子的工作中，除检测脲酶反应阴性外，还应补充胰蛋白酶抑制素最低安全标准含量指标，以保证食用者尤其是婴幼儿的食用安全。

表5-1　脲酶与胰蛋白抑制素活性对比

大豆有害活性因子种类	低温豆粕加热煮沸12min	豆奶粉135℃，7s	豆奶粉100℃，20min	浓缩蛋白135℃，7s	浓缩蛋白100℃，20s	生大豆100℃，10s	生大豆120℃，10s
脲酶活性水平	0	阴性	0	阴性	0	0	0
胰蛋白酶抑制素活性水平	活性残留1.84%	活性残留4.62%	活性残留0.47%	5.9%	0.62%	13（活性单位）	3（活性单位）

但是，根据《食品工业用大豆蛋白》（GB/T 20371—2006）要求，在没有新的国家标准颁布前，脲酶阴性的大豆分离蛋白即可视为在面制品添加、肉制品添加、直接食用三方面应用均为安全的产品。

根据我国食品法规，脲酶阴性不仅证明大豆制品食用安全，而且标志大豆活性有害因子已变害为宝，由具有有害活性的大豆蛋白转化为有益的、可食用蛋白。

二、大豆蛋白NSI与加工功能的相关性

杀灭大豆中生理活性有害因子方法很多，加热处理就是有效措施之一，我国在传统大豆加工技术措施中，均有加热熟化的内容，在当时历史背景条件下，加工者不可能发现加热灭酶的原理，但实际却起到了杀灭生理活性有害蛋白的作用。

大豆蛋白用于食品添加，NSI是一项重要指标，根据文献介绍与生产实践证明用于不同食品添加均要求有不同的、相对应的NSI。例如，大豆分离蛋白浓度为8%~16%时，温度由75℃升至100℃，NSI由90%降至75%，此时可产生增强被添加的肉制品（如香肠）的凝胶弹性，赋予肉制品加工品的良好咀嚼感。又如，大豆分离蛋白经加

热，NSI 由 90% 降至 85% 时，能产生良好的乳化性，在制作香肠时不添加大豆分离蛋白，香肠分离、析出的脂肪高达 8.2%，加入 8% 的 NSI 为 85% 的大豆分离蛋白后生产的香肠分离、析出的脂肪仅为 0.3%。上述现象说明大豆分离蛋白具有改善肉制品加工品质的功能，但必须具有高 NSI 的基础前提条件。

大豆蛋白必须通过改性技术处理才能产生不同的功能性，大豆分离蛋白不同加工功能性与 NSI（水溶性蛋白/总蛋白×100%）均有相对应的关联性，大豆分离蛋白改性最有效的方法是加热改性（如蒸、炒、高频或微波处理等），而"加热改性"是一种不可逆的化学反应过程，从高 NSI 向低 NSI 转化可行，而加热改性后，从低 NSI 向高 NSI 转化却是永远不可能实现的。

过去在大豆蛋白加工领域普遍认为 NSI≤30% 的大豆蛋白即失去加工功能性，只能用作饲料添加。但近年来作者在研究大豆蛋白用于面制食品添加效果时发现高 NSI（≥50%）的大豆分离蛋白添加于面包、馒头时，虽然可增加产品的蛋白含量，但却能引起面包塌架、馒头不起发等不良后果，经分析发现小麦面粉中的面筋属于非水溶性蛋白，大豆蛋白中 NSI 越高，即水溶性蛋白含量越高，水溶性蛋白含量增加，必然导致属于"非水溶性蛋白"范畴的"面筋"含量相对降低，起到一种破坏"面筋"的作用，而使面包、馒头加工品质劣化。

作者对湿面筋含量为 22.42% 的吉林富强粉经添加 3%、NSI 约 10% 的大豆分离蛋白后，湿面筋含量提高至 28.40%；比延伸度（cm/min）由 1.65 提高至 2.5；吸水率由 59.6% 提高至 65.6%；弱化度（BU）由 85 下降到 50；综合评价值由 40 提高到 48。制作面包时不仅品质改善，货架期延长，而且由于大豆分离蛋白的高持水性，使添加大豆分离蛋白的面包提高出品率 8% 左右。

表 5-2　东北地产面粉添加高变性大豆分离蛋白加工面包产品性状对比

处理条件	湿面筋含量	比延伸度/（cm/min）	吸水率	弱化度（BU）	综合评价值
吉林地产富强粉（CK）	22.42%	1.65	59.6%	85	40
吉林地产富强粉添加 3%（NSI≤30% 的大豆分离蛋白）	28.40%	2.5	65.6	50	48

上述现象说明高变性大豆蛋白具有类面筋功能性，NSI≤30% 的大豆蛋白并非只能用作饲料，也可用于面制品添加。但高变性（NSI≤30%）大豆蛋白必须在高 NSI 的基础前提下，经改性处理才能获得。

三、大豆有害生物活性蛋白与大豆蛋白加工功能性理想平衡点的选择

大豆有害生物活性蛋白通过高温处理，很容易实现灭活的目标，但加热必然引起大豆中水溶性蛋白过度变性，NSI降低；而大豆蛋白对不同食品添加的功能性，均要求具有高NSI（≥90%）的前提基础条件，才能在此基础上通过加热改性、生产不同功能的、NSI不等的大豆分离蛋白，本项发明是针对大豆有害生物活性蛋白灭活与保持大豆蛋白加工高NSI这一对相互矛盾的指标，实现理想平衡点的加工技术措施，

本项发明专利所产大豆分离蛋白应同时具备：脲酶反应阴性、蛋白质总含量≥90%、水溶性蛋白含量≥80%（NSI约90%）三项指标，即同时具有直接饮用、肉制品添加、面制品添加三种功能。尤其是NSI约90%的指标，为实现高NSI进行改性处理、生产多种功能用途的大豆分离蛋白，创造了先决的技术指标条件。

第三节

脲酶阴性、无豆腥味、可直接食用的大豆分离蛋白的生产工艺

目前我国生产的大豆分离蛋白，由于在全部工艺过程中缺少彻底灭酶的环节，有的工艺虽有高温过程，但蛋白浓度高于8%，加热后凝胶性提高，流变性降低，热分布不均难以彻底灭酶，而使大豆中的胰蛋白抑制素、凝血素等有害生理活性因子未得到合理钝化与杀灭，具体表现为脲酶检测呈阳性反应。脲酶阳性的大豆分离蛋白用于肉制品或面制品加工，如灌肠、午餐肉、面包、馒头等，在加工过程，有蒸煮、熏烤等再加温环节，在高温作用下，起到二次灭酶的作用，可使有害生理活性因子钝化失活，添加于肉制品、面制品中的大豆分离蛋白经二次加温，在人们食用时，脲酶反应已呈阴性，即有害活性因子已受到合理消除，对人体无害。

随着社会的发展，快节奏工作的需求，人们为补充蛋白质的摄入量，常采用直接冲饮或直接食用大豆蛋白的方式，但脲酶反应阳性的大豆分离蛋白，直接冲饮或食用，由于大豆蛋白中的抗营养活性因子未遭全面彻底破坏消除，进入人体后，可产生一系列对人体有害的反应（详见本章第二节）。

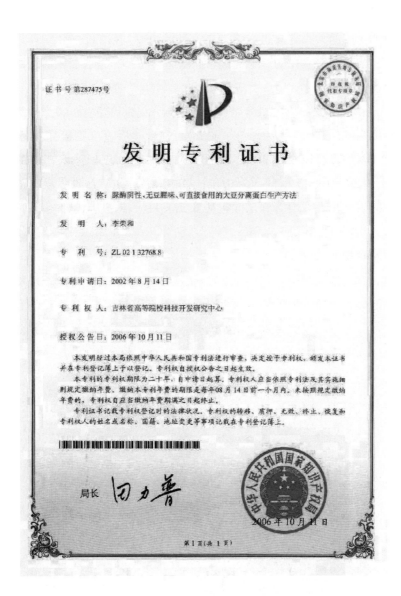

图 5-1 长春大学作为专利权人的
脲酶阴性、无豆腥味、可直接食用的大豆分离蛋白生产方法发明专利证书

　　脲酶阴性、无豆腥味、可直接食用的大豆分离蛋白生产方法（专利号：ZL02132768.8），
专利授权日：2006 年 10 月 11 日。本项发明将生产分离蛋白的生产工艺过程，在蛋白浓度
<3%的条件下，增加高温灭酶环节，目前灭酶装置种类很多，但无论采用何种装置，本
发明要求通过灭酶装置的大豆蛋白应表现为脲酶反应阴性。即：无论采用何种分离蛋白
生产工艺，均应在大豆分离蛋白生产过程中的加碱溶出蛋白浸提液后，使蛋白在
pH7.2~7.6 微碱性条件下，蛋白浓度<3%的低浓度浸提液通过温度为 130~145℃的高
温灭酶脱腥装置，通过时间为 2~15s。

利用本发明生产的大豆分离蛋白，蛋白含量≥90%、NSI约90%、具有脲酶反应阴性，无豆腥味，既可直接食用的，又能用于面制品、肉制品添加3种功能特征。

具体实例如下。

（1）豆粕浸出　将蛋白质含量≥55%、NSI≥80%、脂肪残留≤2.5%的低温脱溶豆粕、粉碎至粒度为40~60目（$\phi \approx 250 \sim 425 \mu m$），粉碎后投入混合搅拌罐中，再加入10~12倍粕重的水，搅拌（60r/min）、浸提，同时加入NaOH溶液，调节pH为7.2~7.6，浸提温度为50℃，浸提时间40~50min。先用80目振动筛除去浸提液中大颗粒豆渣，再将筛下的溶液及豆渣混合料液泵入卧式离心机，转速为1000r/min，将溶出的蛋白液体与豆渣分离。

离心所得液相物送入暂存罐。

（2）二次浸出　将步骤（1）所筛选与分离豆渣进行二次浸提，条件要求与一次浸提相同，二次浸提后，经分离机分离，所得液体送入暂存罐中与一次浸提液混合。

经二次浸提后所得的豆渣可烘干作为饲料，或加工成高纤维食品，不在本专利内容中阐述。

图5-2　碱溶大豆分离蛋白浸提工段生产现场

（3）瞬时高温灭酶　将步骤（1）、步骤（2）所得浸提液相混合液从暂存罐中泵入高温酶灭活装置，实施灭酶具体条件：温度为135℃、通过时间为7s。固相物浓度为7%（相当于蛋白浓度3%），此项工艺环节为本发明专利的关键技术，高温（135℃）即可杀灭混合液中的有害生理活性蛋白，短时间（7s）、低浓度（相当于蛋白浓度≤3%），又可将水溶性蛋白热变性的指标降到最低程度，具体表现为：产品脲酶反应阴性，水溶性蛋白含量≥80%，此项关键技术是实现分离蛋白食用安全与尽量保持分离蛋白添加功能性水平的理想平衡点的工艺环节。

图 5-3 脲酶阴性、无豆腥味、可直接食用大豆分离蛋白专利生产线脱腥灭酶装置生产现场

（4）冷却 将通过高温快速酶灭活装置的料液，立即送入真空冷却器中，冷却至65℃以下，以防水溶性蛋白继续发生热变性现象。

（5）酸沉 将步骤（4）所得冷却至65℃以下的灭酶料液泵入酸沉槽中，再向酸沉槽中，加入浓度为 10%～35% 的食品级盐酸，同时进行搅拌 30r/min 调节 pH 为 4.2～4.5，使大豆蛋白质在等电点条件下，从溶液中沉析为凝胶状。

图 5-4 大豆分离蛋白酸沉工艺生产现场

（6）水洗 将步骤（5）产生的凝胶状蛋白与未产生凝胶的液相物，送入卧式离心机（3000r/min），所得凝胶固相物送入水洗槽。

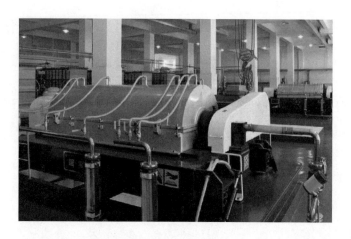

图 5-5 大豆分离蛋白离心分离工艺生产现场

本工段分离所得液相乳清，可进一步加工提取水苏糖、棉子糖，不在本专利内容叙述。

由于步骤（6）所得蛋白凝胶中含有在碱溶酸沉过程形成的 NaCl，所以需在水洗槽中，用 50~60℃ 的水冲洗两次，水洗后的凝胶呈微酸性，pH 约 6。

（7）中和　将水洗后的蛋白凝胶，按分离蛋白生产常规工艺送入解碎槽中解碎，再用磨浆机磨碎，磨碎物略加 NaOH 液，即可达到 pH 7 的中性水平，加水稀释料液，使其浓度为 30%~35%。

图 5-6 大豆分离蛋白凝胶解碎工艺生产现场

（8）喷雾干燥　将步骤（7）所得蛋白液送入压力式喷雾干燥塔，喷雾干燥规塔顶部导入 170~180℃ 的热风，在塔顶将步骤（7）生成的蛋白料液采用高压泵（6~10MPa）喷成雾状液滴，由于料液液滴数量多、表面积大，与高温热风接触后，水分迅速蒸发，2~5s 即可成为含水率为 ≤7% 的干燥粉粒，喷雾塔的出口温度降为约 80℃。

经步骤（8）生产的干燥的细粉即为脲酶阴性、无豆腥味、可直接食用的大豆分离蛋白。

（1）中和工段生产现场　　　　　　　　　　　　　　（2）中和罐俯视工作状态

图 5-7　大豆分离蛋白的中和工艺生产现场

第四节

脲酶阴性、无豆腥味、可直接食用的大豆分离蛋白的技术特点

一、脲酶阴性、无豆腥味、可直接食用的大豆分离蛋白产品概述

大豆作为蛋白营养源，已被全球公知共认，但作为商品很少有人知晓大豆蛋白中含有对人体有害的生理活性蛋白（详见本章第二节），大豆有害生理活性蛋白成分中，以脲酶活性较强，容易检测，因此我国在所有大豆加工品的国家标准中，均以法规形式规定：脲酶反应阴性即视为所有有害生理活性蛋白被杀灭、豆腥味被消除。

本项发明专利申报前，大豆分离蛋白主要用于肉制品添加，在肉制品加工蒸煮、煮烤二次加热过程，在高温作用下有害生理活性蛋白被杀灭，食用安全，但分离蛋白仅用于肉制品添加，用途单一，产品销路受到限制。

　　本项发明首创在分离蛋白生产工艺过程的碱溶工艺环节后、经浆渣分离、对分离所得的以蛋白为主的混合料液快速通过（2~15s）、高温（130~145℃）装置。经瞬时高温灭酶后达到既能杀灭大豆蛋白中有害生理活性蛋白，产品体现尿酶阴性，"变害为宝"，又能尽量减少水溶性蛋白"过度热变性"，保持较高 NSI（水溶性蛋白/总蛋白×100%＝90%±1%）理想平衡点的加工工艺——脲酶阴性、无豆腥味、可直接食用的大豆分离蛋白生产方法。

　　采用本项发明生产的脲酶阴性、无豆腥味、可直接食用的大豆分离蛋白同时兼具：①直接食用；②肉制品添加；③面制品添加三种安全食品添加功能（图5-8）。

[19] 中华人民共和国国家知识产权局

[51] Int.Cl.
　　A23J 3/16 （2006.01）

[12] 发明专利说明书

专利号 ZL 02132768.8

[45] 授权公告日 2006年10月11日

[11] 授权公告号 CN1278621C

[22] 申请日 2002.8.14 [21] 申请号 02132768.8
[71] 专利权人 吉林省高等院校科技开发研究中心
　　　　地址 130022 吉林省长春市人民大街175号

[72] 发明人 李荣和
　　　审查员 赵文娟

权利要求书1页 说明书3页

[54] 发明名称
　　脲酶阴性、无豆腥味、可直接食用的大豆分
　　离蛋白生产方法

[57] 摘要
　　本发明在大豆分离蛋白生产过程，增加了在加
碱溶出蛋白浸出液后，蛋白浓度<3%的条件下，
通过灭酚装置，高温（130~145℃），释时（2~15
秒）。增加高温灭酶的工艺环节后，所产大豆分离
蛋白脲酶反应阴性，无豆腥味。可直接食用，对人
体无害。本发明所产的新型分离蛋白，用于面制品或
肉制品添加。均可保证取得产品无豆腥味的良好
效果。

图5-8　脲酶阴性、无豆腥味、可直接食用的大豆分离蛋白生产方法发明专利说明书（节选）

二、脲酶阴性、无豆腥味、可直接食用的大豆分离蛋白生产方法发明专利的创新性

本项发明专利申请日为 2002 年 8 月 14 日，此前国内外与之接近的技术生产工艺虽然在工艺条件方面个别环节有所不同，但主要工艺环节基本一致，而且在碱溶、浆渣分离后，均未采取对以蛋白为主的混合料液进行高温（130 ~ 145℃）、短时间（2 ~ 15s）处理的工艺措施，现将本专利申报前，各种分离蛋白生产工艺的基本环节技术方案以框图形式介绍如下所示。

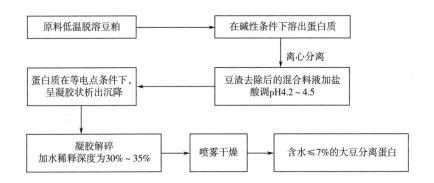

以上加工工艺过程在浆渣分离后对以蛋白为主要成分的混合料液均无脱腥、灭酶的措施，与本发明的专利说明书、权利要求书的技术内容相比，均无相近之处，所以对本专利无实质性影响。

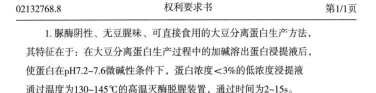

图 5-9　脲酶阴性、无豆腥味、可直接食用的大豆分离蛋白生产方法发明专利权利要求书

为对本项发明专利的新颖性与创造性做出客观、正确评价，2013 年专利权人长春大学委托吉林省科技技术情报所对国内外有与本专利相近的成果论文、专利文献共 11 篇进行检索分析，查新结论：根据国内所检文献得知，本查新项目委托方（长春大学[①]）是最早提出采用 130 ~ 145℃、2 ~ 15s 杀菌灭酶技术，生产脲酶阴性、无豆腥味、

----

① 同 34 页，注①

广谱功能大豆分离蛋白，其一个品种的大豆分离蛋白可同时具有冲饮（直接食用）、面制品、肉制品的添加功能，并获得该技术的发明专利权（图5-10）。

图5-10　吉林省科技情报所关于脲酶阴性、无豆腥味、可直接食用的大豆分离蛋白生产方法的《查新项目》报告书

三、脲酶阴性、无豆腥味、可直接食用的大豆分离蛋白生产方法发明专利的适用性

大豆在自然进化过程经自然选择形成的自体保护物质，如脲酶、胰蛋白酶抑制素、脂肪氧化酶等，人、畜摄入后，能产生多种危害，所以统称为有害生理活性因子。大豆生理活性有害因子按溶解性质分类均属水溶性蛋白质，本项发明专利申请前，传统工艺生产的大豆分离蛋白主要用于香肠、午餐肉等肉制品的添加，分离蛋白中的脲酶等活性有害蛋白在肉制品加工蒸煮、熏烤等二次加热熟化过程被杀灭，食用者在食用终端产品时，不产生危害现象。但是，人类如果直接食用未经加热熟化的分离蛋白，必然受到大豆生理活性有害因子对人体的危害。

大豆分离蛋白用于食品添加的功能性又与水溶性蛋白含量及NSI（水溶性蛋白/总蛋白×100%）有密切的相关性。例如，在制作香肠时，不加分离蛋白时，香肠的油脂析出率高达8.2%，添加NSI约85%的分离蛋白，添加量为香肠总重的8%，可使油脂析出率降低至0.3%；又如NSI由90%降至85%时，能产生良好的乳化性，使肉制品的脂肪与水产生相互水乳交融的现象，香肠弹性增强、口感改善；分离蛋白用于面制品添加，则需要使NSI降至30%以下，才能由于分离蛋白中非水溶性蛋白含量提高，而起到一种类面筋的功能作用，在加工面包、馒头时形成类似于面筋的骨架、网络，使面包、馒头品质改善等。

改变大豆分离蛋白水溶性蛋白含量最有效的方法是加热改性，伴随温度升高至55℃以上，水溶性蛋白含量、NSI 与温度高低、作用时间长短呈负相关变化，而加热改性是一种不可逆的化学反应过程，从高 NSI 向低 NSI 转化可行，从低 NSI 值向高 NSI 转化永远不能实现，所以大豆分离蛋白产品必须具有高 NSI 前提基础，才能经加热处理，产生水溶性蛋白含量不同的各种食品添加功能。

脲酶阴性、无豆腥味与水溶性蛋白含量是一对相互矛盾的、呈负相关的指标，因为各种大豆有害生理活性因子均属于水溶性蛋白，如果杀灭有害生理活性因子必然引起水溶性蛋白含量与 NSI 降低。本项发明专利是在分离蛋白现有技术碱溶工艺环节后，对料液采用高温（135~145℃）杀灭分离蛋白中的大豆生理活性有害蛋白，同时又采取低浓度（蛋白浓度<3%）、短时间（2~15s）快速通过高温设备，保存较高水溶性蛋白含量（≥80%）的方式，合理解决脲酶阴性、无豆腥味与尽量减少水溶性蛋白热变性，使这一相互矛盾的指标在本项发明中处于理想平衡点状态，所产分离蛋白具有以下特点：①可直接食用；②用于面制品添加；③用于肉制品添加。一种分离蛋白，同时具有三种安全食用功能，属于前人没有的生产工艺。

在本项发明专利申请前（2002 年 8 月 14 日），我国大豆分离蛋白在产品质量方面无脲酶阴性指标的要求，产品主要用于肉制品添加，用途单一，产品销路受到限制。

本项专利受理后的三年零四个月，于 2006 年 1 月 23 日我国《食品工业用大豆蛋白》（GB/T 20371—2006）发布内容规定：

（1）蛋白质含量≥90%的粉状大豆制品统称为大豆分离蛋白。

（2）根据脲酶反应，将产品分为两类：①应用时不加热处理的产品，脲酶反应为阴性。②应用时加热处理的产品，脲酶活性可为非阴性（阳性）。

按以上标准生产的分离蛋白，无论是脲酶阴性，还是阳性，在食用者摄入时必须是阴性，否则必将引起食用者中毒现象发生。

伴随时代发展与社会进步，当前消费者要求食品具备安全、简化、适用的特点，本项发明专利所产大豆分离蛋白，在生产工艺过程杀灭有害生理活性蛋白，并将其转化为可食用蛋白，变害为宝，其进步意义表现：

（1）同一种分离蛋白同时具有①直接食用；②肉制品添加；③面制品添加三种安全食品添加功能。在大豆分离蛋白生产领域突破了主要用于肉制品添加的限制局面。

（2）解决了用户需要分辨产品阴性或阳性，以及对阳性产品进行二次加热灭酶的繁琐程序，拓宽了大豆分离蛋白的应用领域，产品尤其受到国际市场广泛欢迎。

四、脲酶阴性、无豆腥味、可直接食用的大豆分离蛋白生产方法发明专利的技术优势

国家标准是某个国家、某种产品先进生产力水平的代表，现将脲酶阴性、无豆腥味、可直接食用的大豆分离蛋白与按（GB/T 20371—2006）生产的普通大豆分离蛋白主要参数、效益、市场竞争力等方面的比较。现列表说明如下。

表5-3　本项发明专利与《食品工业用大豆蛋白》（GB/T 20371—2006）相关指标对比

对比内容	《食品工业用大豆蛋白》（GB/T 20371—2006）	本项发明专利（ZL02132768.8）所产分离蛋白
主要参数对比	总蛋白含量≥90%	①总蛋白含量≥90%。②比国家标准高出的指标：水溶性蛋白含量≥80%，水溶性蛋白/总蛋白×100%＝NSI＝（90±1）%
按用途分类对比	分为两类：①应用时不加热处理的产品，要求脲酶阴性；②应用时需加热处理的产品，脲酶可为阳性。两种产品由于性质不同，给生产厂家与用户增加分辨的困难，出厂或应用时不慎混淆，易引起食用者中毒	①全部产品脲酶阴性，用户无需二次加热灭酶，无需分辨产品的阴性或阳性。②使用安全性提高，应用程序简化，同一种产品可用于：直接食用、肉制品添加、面制品添加
国家标准颁布、实施时间与专利申请受理、授权时间对比	颁布时间：2006年1月23日 实施时间：2006年10月1日	专利申请受理时间：2002年8月14日 专利授权时间：2006年10月11日 根据我国专利法规定："专利权限为二十年，自申请日起算"。本专利受理时间比我国大豆分离蛋白国家标准颁布时间早三年零四个月

本项发明的核心内容体现在分离蛋白的理化指标中，既要求脲酶阴性食用安全，又要求水溶性蛋白含量≥80%，NSI≈90%，上述定量指标是"理想平衡点"的具体体现，本项发明专利实施厂——吉林省通榆县益发合大豆制品有限公司生产的大豆分离蛋白产品，经吉林省产品质量监督检验院与吉林省卫生监测检验中心对本专利工业产品实测结

果，均达到了"理想平衡点"要求的量化指标（图 5-11）。

本项发明专利实施后的工业化生产的分离蛋白总蛋白含量≥90%（水溶性蛋白含量为 81%）则 NSI＝81%÷90%＝90%、脲酶定性为阴性，达到了脲酶阴性、无豆腥味可直接食用的大豆分离蛋白生产方法发明专利的设计标准要求（图 5-11）。

本项发明专利的实施厂家为通榆县益发合大豆制品有限公司，据中国食品工业协会大豆及植物蛋白专业委员会对全国大豆分离蛋白行业生产情况调查结果证明，全国大豆分离蛋白厂共 40 家，设计生产能力为年产 48 万 t 分离蛋白，相当于加工豆粕 120 万 t 或大豆原料 200 万 t，目前已有 14 家企业停产，占全国大豆分离蛋白企业总数的 35%。通榆益发合大豆制品有限公司生产的大豆分离蛋白由于同一种产品同时具有直接食用、面制品添加、肉制品添加的广谱多功能，远比国家标准规定的应用时分为加热与不加热的两种分离蛋白，应用程序简化，应用面广，所以产品畅销国内外，其中部分产品销往俄罗斯、南非、中国台湾等国家和地区，产量、利税、创汇额、销售额均呈逐年上升的趋势[①]（表 5-4）。

吉林省产品质量监督检验院

检 验 报 告

№：SP-20111104　　　　　　　　　　　　　　共 2 页 第 2 页

序号	检验项目	技术要求	检验结果	单项结论	备注
1.	感官	应符合GB/T 20371-2006标准要求	符合要求	合格	
2.	水分，　　　　%	＜10.0	5.0	合格	
3.	蛋白质，　　　% （以干基计）	＞90	92	合格	
4.	灰分，　　　　% （以干基计）	＜8.0	4.5	合格	
5.	粗纤维，　　　% （以干基计）	＜0.5	0.2	合格	
6.	尿素酶（脲酶）活性	阴性	阴性	合格	
7.	菌落总数，　cfu/g	＜30000	60	合格	
8.	大肠菌群，　MPN/100g	＜30	＜30	合格	
9.	致病菌（系指肠道致病菌和致病性球菌）	不得检出	未检出	合格	
10.	总砷，　　mg/kg （以砷As计）	＜0.5	未检出	合格	检出限：0.01mg/kg
11.	铅，　　　mg/kg （Pb）	＜1.0	未检出	合格	检出限：0.005mg/kg

（1）吉林省产品质量监督检验院对通榆县益发合大豆制品有限公司大豆分离蛋白工业产品的检验报告

---

① 利税：上表所列利税额，系根据银行与税务部门提供的证明统计所得。

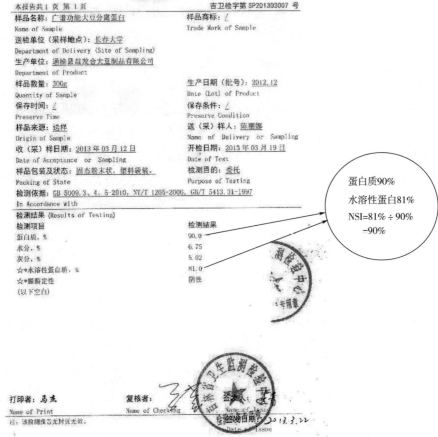

（2）吉林省卫生监测检验中心对通榆县益发合大豆制品有限公司大豆分离蛋白工业产品的检测报告

图 5-11　本项发明专利产品经吉林省产品监督检验院与吉林省卫生监测检验中心的检验报告

表 5-4　吉林省通榆县益发合大豆制品有限公司 2010—2013 年经济状况统计表

项目	2010 年	2011 年	2012 年	2013 年	累计 2010—2013 年
产量/t	2304	2503	5846	6044	16697
新增销售额/万元	2755	4212	9031	10645	26643
新增利润/万元	24	40	575	830	1469
新增出口额/万元	1598	2747	8190	9800	22335

说明：利润额中包括税金，2010 年至 2011 年利润额中未包括税金。

　　采用长春大学作者发明专利技术的通榆县益发合大豆制品有限公司，为地方经济发展作出了积极贡献，被评为吉林省农业产业化重点龙头企业、高新技术产业，所产产品被评为吉林省名牌产品（图 5-12）。

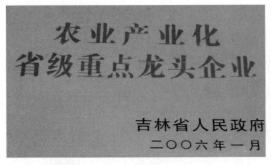

（1）农业产业化省级重点龙头企业证书　　　　　　　（2）高新技术企业证书

（3）春益牌大豆分离蛋白获得吉林省名牌产品证书　　　（4）吉林省科技发明二等奖证书

图 5-12　吉林省通榆县益发合大豆制品有限公司获得的主要荣誉证书

五、脲酶阴性、可直接食用的大豆分离蛋白的食用安全性

　　大豆对于人类具有任何人工栽培作物无与伦比的保健作用，在人类文明的历史长

河中，大豆养育了中华民族。二十世纪三十年代以前，世界大豆几乎全部产在中国。二十世纪中期后，大豆逐渐传至国外，美国引种后将大豆蛋白列为预防心脑血管疾病与癌症的天然植物性健康食品，至二十一世纪，据报道，2015年世界大豆总产高达3.2亿t，美国已由不产大豆的国家，一跃成为年产总量高达1.07亿t的世界大豆产量第一大国；俄罗斯种植大豆后，由于大豆具有多种保健功能，俄语将大豆译名为（бобовые），实质为中国"宝贝"的音译。总之原产于中国的大豆的保健作用，已在全世界范围得到公认。但是，天然的大豆籽粒所含有机成分中，并不全是对人类有益的营养素与功效成分。任何一种生物在漫长的历史进化过程中，经历自然选择，都会形成物竞天择、适者生存的自体保护物质，目前被发现的大豆自身保护物质有：脲酶、胰蛋白酶抑制素、凝血素、脲素酶、甲状腺肿胀因子等。所谓自体保护物质，是有利于大豆自身生存发展、对于侵害大豆生存的人类与动物，却是有害的生理活性成分，大豆有害生理活性因子中，脲酶活性较强，容易检测，所以我国在大豆制品检测标准中，均以脲酶阴性，即视为所有大豆有害生理活性因子被杀灭，该产品食用安全。

伴随科学技术的发展，人类对于大豆有害生理活性成分的认识、开发利用也在发展、进步。例如，大豆低聚糖在二十世纪中期被认为是引起人体胀气、恶心、胀痛、腹泻的胀气因子，近代发现大豆低聚糖是调节人体菌群平衡、理想的有益功能成分；胰蛋白酶抑制素也被发现具有良好的预防癌症功效等。

当前，人类社会对于大豆的认识，还是以大豆作为人体所需植物蛋白营养素主要来源为主，很少有人在食用大豆及其制品时考虑大豆生理活性有害因子对人体的危害。

我国在实施"大豆行动计划"时，吉林省吉林市、海城市、松原市都曾发生过大豆制品中毒事件，广东广州也曾发生过豆基配方婴儿奶粉中毒事件……大豆生理活性有害因子按化学成分分类均属于水溶性蛋白，种类较多，含量较高。例如，胰蛋白酶抑制素含量占大豆蛋白总量的8%~10%，占水溶性蛋白的15%~25%，约占大豆干重的2%；美国密苏里大学报道胰蛋白酶抑制素在大豆中含6.3%~13.7%，大豆粉中含3.2~7.8mg/g、大豆分离蛋白中含4.4~11.0mg/g。

本项发明专利实施后，使分离蛋白产品脲酶反应阴性，可直接食用，提高了产品食用安全性，大幅度扩展国内外市场，经济效益与社会效益显著提高。

脲酶阴性、无豆腥味、可直接食用的大豆分离蛋白生产方法发明专利，2014年长春大学与通榆县益发合大豆制品有限公司共同获得吉林省政府首届专利奖（吉林省获奖单位排名第三，吉林省获奖大学排名第一）与吉林省科技发明二等奖。

吉林省人民政府

吉政函〔2014〕25 号

吉林省人民政府关于颁发
吉林省专利奖的决定

各市（州）人民政府，长白山管委会，各县（市）人民政府，省政府各厅委办、各直属机构：

近年来，各高校、科研院所、企事业单位和广大发明专利持有人紧紧围绕省委、省政府中心工作，始终牢记"科学技术是第一生产力"，积极搭建专利市场化供需平台，不断加大专利成果转化力度，以实际行动有力有效地推动创新驱动战略实施，充分发挥了知识产权对创新型吉林建设的重要支撑作用，为加快我省发展方式转变，调整产业结构，推动全省经济社会发展做出了积极贡献。同时，涌现出一大批具有自主知识产权、科技含量高、发展前景好的专利产品。

为表彰先进，激发干劲，进一步调动全省各有关单位和广大专利持有人的积极性和创造性，推动专利成果转化工作深入开展，省政府决定，授予吉林华康药业股份有限公司申报的"一种治疗心脑血管疾病的药物组合物"等50个专利项目"吉林省专利奖"，对获奖申报单位和专利发明人分别颁发奖牌和奖励证书。希望受表彰的单位和个人珍惜荣誉，戒骄戒躁，发扬成绩，再接再厉，在以后的专利成果转化工作中再创佳绩。

专利是科技创新的主要表现形式，对我省加快转变经济发展方式、实现产业结构优化升级、发展战略性新兴产业具有重要意义。全省各高校、科研院所、企事业单位和广大专利发明人要以受表彰的单位和个人为榜样，认真贯彻党的十八届三中全会、省委十届三次全会和全省经济工作会议精神，继续紧密结合全省发展大局，紧密跟踪科技创新前沿，紧密联系生产生活需求，在巩固和挖掘已有成果、加快和完善新成果研发的基础上，进一步增强对专利权益的保护意识，加大对专利授权后的扶持力度、提高专利成果的转化应用，求真务实，开拓进取，扎实工作，为推进创新型吉林建设，实现"科学发展、加快振兴，让城乡居民生活得更加美好"的目标做出新的更大的贡献。

附件：吉林省专利奖获奖项目名单

2014 年 4 月 11 日

— 2 —

2014年吉林省首届专利奖获奖项目名单

吉林省获奖大学排名次序	吉林省获奖单位排名次序	获奖单位	专利名称	专利号	专利发明人
1	3	长春大学	脲酶阴性、无豆腥味、可直接食用的大豆分离蛋白的生产方法	ZL02132768.8	李荣和、张雁南
2	4	吉林大学	一种治疗缺血性脑血管疾病的药物	ZL201010163506.6	黄海燕、李晓春
3	20	北华大学	用树皮粉改性酚醛树脂为胶黏剂的秸秆刨花板及其制备方法	ZL200910217736.3	时君友、温明宇
4	23	北华大学	一种高纯度松茸多糖提取工艺	ZL201110072492.1	孙新、佟海滨、祝晓涛、田丹、李坦、高新、刘扬、初晓丹
5	24	吉林大学	轨道车辆转向架双六自由度运动测试平台	ZL200910215408.X	苏建、蓝志坤、李喜武、张栋林、徐观、徐建助、刘玉梅、潘洪达、陈熔、张立斌、林慧英、王兴宇
6	27	吉林大学	基于规则的电信领域网络数据采集处理系统及实现方法	ZL200610016764.5	刘淑芬、包铁、姚志林、李庆新、孙凯
7	32	吉林大学	金刚石膜或天然金刚石的表面改性方法	ZL200610131606.1	姜志刚、李英爱、吕宪义
8	34	吉林农业大学	大豆食心虫干扰驱避剂及制备方法	ZL201110168780.8	徐伟、付晓霞、任珊、臧连生、史树森、袁海滨、毕锐、田径、于玲

图 5-13　吉林省政府关于颁发吉林省专利奖的决定与获奖名单

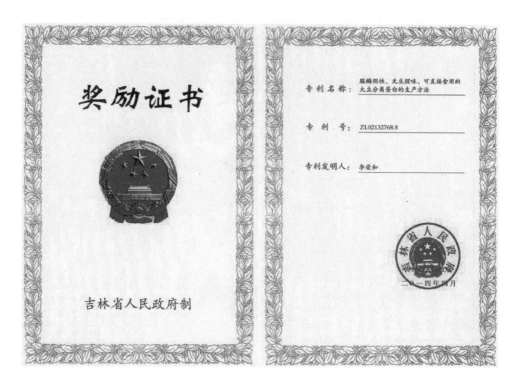

图 5-14　吉林省人民政府颁发的专利奖励证书

图 5-15　脲酶阴性、无豆腥味、可直接食用的大豆分离蛋白生产方法

2014 年获得吉林省科技发明二等奖证书

第五节

提高大豆分离蛋白生产得率的技术发明

目前我国大豆分离蛋白以豆粕为原料生产得率一般在40%左右，以干物质计，豆渣生成率约为60%，而且豆渣中还有15%以上的蛋白质残留，含有较多蛋白质的豆渣处理不及时，不仅造成蛋白资源浪费，而且在春夏季节迅速发酵，腐败臭气可污染空气环境半径远达数千米至十几千米。

表5-5　大豆分离蛋白生产过程产生的豆渣（以干基计）中蛋白质残留理论推算值计算表

原料豆粕蛋白含量	产成品分离蛋白中蛋白总量	大豆分离蛋白得率	原料豆粕中的蛋白进入产成品的比率	豆渣中蛋白残留量
≥55%	≥90%	约40%	90%×40%＝36%	55%－36%＝19%

鉴于目前大豆分离蛋白生产得率低，蛋白质在豆渣中的残留量高的现状，如何将原料中的非水溶性蛋白转化为水溶性蛋白，减少豆渣中蛋白残留量，已成为当前分离蛋白行业亟待解决的技术难题。

一、在原料豆粕中蛋白含量不变的前提下，提高水溶性蛋白的技术发明

大豆分离蛋白是以纯净脱脂大豆粕为原料，去除可溶性非蛋白质成分和不溶性高分子成分而分离提纯的，蛋白纯度不低于90%的大豆蛋白质。

大豆分离蛋白主要用于食品生产作为蛋白添加的基础原料，国际上通常要求大豆分离蛋白中蛋白质含量≥90%；可溶性氮指数（NSI）≥90%。在此基础上根据不同食品类型要求进行改性处理后，可获得具有专项功能性的各种食品添加专用的大豆分离蛋白（图5-16）。

目前，国内生产的大豆分离蛋白，按GB/T 20371—2006要求，只规定蛋白质含量≥90%，而NSI普遍未同时达到90%。

在大豆分离蛋白生产过程中，产生产品得率低的重要原因之一是原料豆粕NSI低，影响NSI的主要原因是大豆原料基础NSI低，即目前通常使用的低温脱溶脱脂大豆饼

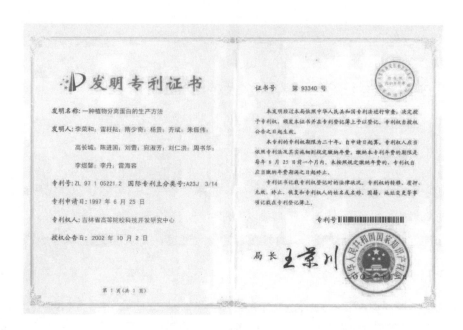

图5-16 "一种植物分离蛋白生产方法"发明专利证书

粗的 NSI 低，一般为 70%~75%，而国际上要求生产分离蛋白的原料脱脂饼粕的 NSI 应≥80%。

本发明的目的是通过对原料大豆籽粒进行高频电场前处理，增加其可溶性氮指数（NSI），在分离蛋白生产过程中，在常规通用工艺不变的前提下，提高大豆分离蛋白得率。

本发明的技术方案如下：

（1）将含水 12%~14% 的大豆籽粒通过频率为 7~8MHz 高频电磁场、场强约为 175V/cm 的高频电磁场处理≤3.5min。

（2）将经高频处理后，NSI≥85% 的大豆原料，进行常规脱皮，低温冷浸工艺提油。

（3）将步骤（2）所得 NSI≥85% 的低温脱溶豆粕采用常规分离蛋白生产工艺，即可获得高得率的大豆分离蛋白。

使用本发明的积极效果是经高频电场处理后的油料作物籽粒，可使 NSI 从 78% 提高到≥85%，由于原料大豆中的水溶性蛋白含量提高，所产低温脱溶豆粕中的水溶性蛋白含量相应提高，在其他工艺条件不变的情况下，可使产成品大豆分离蛋白得率提高 5% 左右。

二、获得美国发明专利授权的"酶解大豆蛋白"发明专利

目前国内外提取大豆分离蛋白一般采取碱溶酸沉法，即将大豆中的蛋白质用碱析出

后，经过超速分离机分离，再进行酸沉分离、中和等步骤得到大豆分离蛋白，这种方法存在以下不足。

（1）由于碱溶液不能彻底将原料中的蛋白质溶出，因此直接影响大豆分离蛋白的得率，其蛋白得率在40%以下，且造成生产成本过高。

（2）酸沉分离蛋白后，排放的乳清废液中，含有水溶性蛋白，通常情况下会白白扔掉，这样既造成蛋白的流失，又污染环境。

本发明的目的是提供一种高产出的提取大豆分离蛋白的工艺。

作者研制的"酶解大豆蛋白"技术已于2002年1月获得美国发明专利授权。

图5-17　2002年获得美国专利授权的"酶解大豆蛋白"发明专利证书

为实现上述目的，本发明采用的设计方案包括以下步骤：

（1）碱溶浸出蛋白　将提取大豆分离蛋白的原料——低温脱脂豆粕与水按重量份数比为1：15~1：10的比例进行混合，调pH至7.2~8.0，在50~60℃条件下充分混合，保持20~30min。

（2）过滤　将上述溶液进行过滤，所得液相物质为A液；所得滤渣中加入重量份数比为1：15~1：10的水，混合后为B液。

（3）酶解　将上述B液调pH至7.2~7.5，在约55℃条件下，加入碱性蛋白酶，充分搅拌，搅拌速度 60r/min，酶解温度保持在 55℃ 左右，酶解时间 60~120min。

（4）过滤　将步骤（3）所得酶解混合液用微孔过滤器过滤，所得滤液 C 的主要成分为酶解蛋白，用 7000r/min 超速离心机分离残存于 C 液中的微细纤维，所得分离液相物，泵入储罐中暂存。

（5）酸沉分离　将步骤（2）所得液相物 A 液加 HCl 液调 pH 为 4.2~4.5，水溶性蛋白在等电点条件下，从溶液中沉析分离，再用 4500r/min 卧式分离机分离，固相物为蛋白质凝胶沉积物。

（6）中和　将步骤（5）获得的凝胶沉积物用解碎机解碎，再将步骤（4）储罐中的 C 液与解碎的酸沉凝胶混合，加纯净水调浓度至 20% 左右，用 NaOH 调混合液 pH 至 7.0。

（7）喷雾干燥　将步骤（6）经中和所得 pH7.0、浓度为 20% 左右的液体泵入高压喷雾塔中（进口温度为 175~180℃，出口温度为 80~85℃，压强为 0.7MPa 左右），喷雾干燥产成品为大豆分离蛋白。

本项发明专利所产大豆分离蛋白得率≥40%，比通用大豆分离蛋白生产得率提高 5%~10%。

"酶解大豆蛋白"项目 2007 年获得吉林省科技进步二等奖。

图 5-18　"酶解大豆蛋白"项目 2007 年获得吉林省科技进步奖二等奖的奖励证书

参考文献 ───────────────────────────────────────

［1］王凤翼，钱方 . 大豆蛋白质生产与应用［M］. 北京：中国轻工业出版社，2004.

［2］王尔惠 . 大豆蛋白质生产新技术［M］. 北京：中国轻工业出版社，1999.

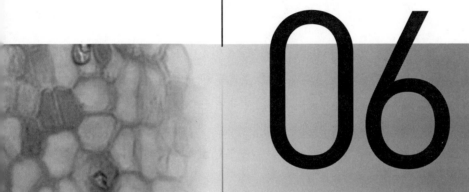

06

第六章

大豆膳食纤维开发利用
的原理与技术

第一节

大豆膳食纤维的开发利用现状

膳食纤维已成为人类生命活动中与蛋白质、碳水化合物、脂肪、维生素、矿物质、水并列的"第七营养素"。

我国每年大豆制品加工业，加工的原料大豆约在 7000 万 t 以上，大豆的种皮约占整粒大豆质量的 10%，种皮中含膳食纤维约 70%、大豆整粒种子中含膳食纤维 11% ~ 15%，这部分膳食纤维在加工过程全部进入豆粕与豆渣之中，几千年来含有膳食纤维约 26% 的豆腐渣（以干基计），一直被视为无用的环境污染物。"好似一朵花，坏如豆腐渣"已成为尽人皆知的谚语，但在生活实践过程，豆渣中的膳食纤维却是人类不可缺少的营养素。

表 6-1　豆渣、豆粕与大豆种皮的膳食纤维含量

种类	水分/%	膳食纤维含量/%
豆渣	89	2.6
干基豆渣	0	26
大豆种皮	12	70
豆粕	10	16

我国大豆加工业（包括浸油工业、传统豆制品加工业、大豆蛋白加工业、豆奶、豆奶粉加工业等）每年消耗原料大豆在 7000 万 t 以上，大豆加工工程化生产过程不剥离种皮的工艺（如高温脱溶浸油工业、豆腐等传统豆制品加工业、豆奶粉加工业等）占 80% 以上，每年至少有 500 万 t 以上的大豆种皮残留于豆粕或混在豆渣中，用作畜、禽饲料，既不能发挥大豆膳食纤维对人体的保健作用，又不能使大豆膳食纤维加工的高附加值得以体现，造成资源极大浪费。

自第二次世界大战结束至今，全球已近 70 年未发生大规模战争，和平安定的大环境使人类物质生活日益改善，饮食精细化已成为世界趋势，肉蛋奶鱼、精米精面取代了糙米粗粮。膳食结构精细化的结果，导致各种非传染性的肥胖病、心脑血管病、癌症、

糖尿病等慢性疾病急骤增长。现代文明进步、生活方式改善、膳食纤维摄入量不足是造成上述非传染性、慢性疾病的主要成因，所以国际上又将上述疾患形象地称为现代文明病、现代生活方式病或富贵病。近年来，我国由于生活水平的提高、营养代谢失衡，据不完全统计，我国肥胖人群已超过 3 亿，1.2 亿人长期遭受便秘困扰，2 亿多人患高血压病，1.6 亿人血脂异常，糖尿病与血糖异常患者在 1.14 亿人以上，实际患病人数，可能远超过以上统计数字。我国每年用于治疗富贵病产生的医疗费约 1 万亿元，而富贵病的发生均与膳食纤维摄入不足有着相关性。

联合国粮农组织（FAO）要求每人每日摄入膳食纤维最低警戒量为 27g，中国营养学会发布的《中国居民膳食营养素参考摄入量（DRIS）》每人每日摄入膳食纤维应为 30.2g，美国防癌协会推荐健康成年人每人每日摄入膳食纤维 30~40g，欧盟食品科学委员会推荐量为每人每日摄入膳食纤维为 30g。

按上述不同推荐量以及不同人群个体差异，正常成人每人每日摄入膳食纤维应为 20~35g 左右。但不论摄入量多少，均应体现在膳食纤维摄入后，24h 之内，能顺利通畅地排出成型大便一次为理想。

我国城市居民尤其是发达城市的人群人均每日摄入的膳食纤维量与国际、国内推荐量具有很大差距，而且这种差距造成的生理危机并未引起我国居民特别是营养过剩人群的重视，以上海、天津、广州三市为例，人均日摄入膳食纤维量分别为：上海 9.1g、天津 12.7g，广州 8.6g，我国城市人口平均日摄入膳食纤维仅为国际与国内推荐标准摄入量的 1/3 左右。可见改善膳食纤维营养供应状况已成为我国提高城市人口与乡村富裕人群身体素质、改善居民生存质量的当务之急。

表6-2　我国主要城市居民人均日摄入膳食纤维量与联合国粮农组织（FAO）提出的人均日摄入膳食纤维最低警戒量对比

		与联合国粮农组织要求人均日摄入膳食纤维最低警戒量相比的不足量/[g/(人·d)]
联合国粮农组织要求人均日摄入膳食纤维量/g		27	—
我国主要城市居民人均日摄入膳食纤维量/g	上海	9.1	17.9
	天津	12.7	14.3
	广州	18.4	9.6

第二节

大豆膳食纤维的开发前景

当前世界医学史已经进入预防、保健医学时代，我国也提出了健康养生长寿与治未病的号召，为提高人类生存质量，必须警惕药物治好甲病，又引发更严重的乙病、丙病……的毒副作用。膳食纤维是防治现代生活方式疾病具有特殊功效、又无毒副作用的物质，世界发达国家与我国均有膳食纤维最佳摄入量推荐标准，但这一举措并未引起大多数国人重视，我国城乡富裕居民尤其是发达城市人口膳食纤维摄入量远低于推荐标准。

世界上发达国家关于膳食纤维研究已非常充分，据欧美调查，发达国家人群平均摄入膳食纤维量仅为非洲土著人的 1/6，而结肠癌发病率却超过非洲土著人的 14 倍。我国全民生活水平已比二十世纪中期生活水平大幅度提高，但城市人口便秘率比二十世纪增加 10 倍以上。目前世界发达国家与我国城乡居民由于生活水平提高，蛋白质、脂肪、碳水化合物等主要营养素已全面得到满足，但膳食纤维却成为我国城市人口普遍缺乏的营养素。

据文献介绍，膳食纤维的主要保健功能如下。

（一）防治心、脑血管疾病

人体中的胆固醇是造成高血压、动脉硬化等心脑血管病的重要成因，血中胆固醇的主要代谢产物是胆酸，大豆膳食纤维具有吸附胆酸，加速胆酸与纤维吸附物一齐随粪便排出体外的功能，据报道摄入含 12% 大豆膳食纤维的食物后，人粪中胆汁酸含量增加，胆酸排出体外速度加快，从而使胆固醇代谢速率增大，血清和肝脏中的胆固醇水平下降。据试验，饲喂含有大豆膳食纤维的大鼠，血清中甘油三酯比对照组降低 30%。

大豆膳食纤维能够加强胃肠蠕动，吸附肠道糜状混合食物中的胆酸、胆固醇、甘油三酯以及无机盐类的阳离子，包括能引起血压升高的钠离子，加速形成粪便排出体外，在人体脂肪代谢过程中，使脂肪通过肠道时间缩短，减少肠道对脂肪的吸收。上述功能说明，大豆膳食纤维对于防治高血压、高血脂、动脉硬化易引起的心脑血管疾病具有可靠的生理功能。

（二）预防肥胖、防治肠道肿瘤

排除遗传与内分泌导致的肥胖的成因，后天外源性肥胖主要是由于过量摄入能源食物、缺乏运动以及吸烟，在新陈代谢过程转化为剩余脂肪沉积于各器官与皮下组织的结果。2013 年美国医学会（AMA）将肥胖定为基因与环境交互作用引发的疾病。

肥胖不仅是一种疾病，而且是引发其他疾病的根源。例如，①导致控制食欲的机能与内分泌失调，不孕不育、血压升高、脂肪肝、血脂异常、全身性炎症。②脂肪积累、关节疼痛、行动不便、睡眠呼吸暂停、自尊心受损。③并发 II 型糖尿病、心血管疾病、部分癌症、骨质疏松、多囊卵巢综合征等。关于肥胖的危害，至今尚未引起国人的足够重视，尤其生活富裕的人群仍在追求锦衣玉食的生活，人未及中年便已成为大腹便便的肥胖者，肥胖不仅危及个人，对于家庭、国家都是一项不可估量的负担。

大豆膳食纤维具有在代谢过程不被吸收，在胃中可起到填充作用，使人产生饱腹感，既可取代部分食物不使人饥饿，又可使食者不致摄入过量能源食品而肥胖，大豆膳食纤维具有极强的吸水性，吸水率可高达 200% 以上，人体摄入后，膳食纤维在大肠内吸水形成海绵状物，增大排泄物体积，含水量高、体积增加的湿润粪便，极易排出体外，所以大豆膳食纤维是一种可增加粪便体积与湿润度、性质温和、长期食用不会产生副作用的"泻药"。

膳食纤维是肠道细菌的能量主要来源，现代城市以由"肉蛋奶鱼""精米精面"为主要饮食来源的富裕人群，生命质量远低于农耕社会生活方式的人群的主要原因是肠道菌群膳食纤维营养供给不足的结果。

由于大豆膳食纤维具有促进胃肠蠕动、高吸水性、高吸附性，可吸附代谢产生的次生胆酸、吲哚、胺等有害致癌物，并能促进有益菌群增生，抑制腐败病原菌活性，产生具有诱导肿瘤细胞向正常细胞转化的丁酸等功能，所以长期服用大豆膳食纤维对于防治肠道肿瘤，预防肥胖、便秘、直肠脱垂、结肠扭转、肠梗阻、尿潴留、恶心、腹痛、痔疮、下肢静脉曲张、口苦、口臭、面容憔悴、色素沉着、精神萎靡，失眠等症状。

（三）预防糖尿病及其他保健功能

二十一世纪以来，我国糖尿病患者日益增加，我国糖尿病与血糖异常患者已超过 1.14 亿人，平均每天以增加 6000 人的高速度在增长，糖尿病的死亡率仅次于心脑血管病与癌症，糖尿病患病率急骤增加，与食物精细化、膳食纤维摄入量减少关系十分密切。

糖尿病是由于人体内分泌腺体——胰岛老化、功能减退、细胞受损甚至坏死，导致胰岛素分泌不足，转化葡萄糖的功能减退或者丧失，而产生的葡萄糖在血液中贮留的疾患。糖尿病又常与高血脂、高血压、肥胖相伴发生，大豆膳食纤维具有降血脂、降血压、防治肥胖的功能，在人体消化系统可以吸附葡萄糖、延缓胃肠对糖的吸收，减轻胰岛素转化糖的负担，所以大豆膳食纤维是一种天然无副作用的防治糖尿病的保健品。

据报道，大豆膳食纤维还具有防治肾结石、膀胱结石、阑尾炎、十二指肠溃疡、结肠炎、静脉血栓的功能。

由于膳食纤维可以减少血液中诱导癌变激素的比率，大豆膳食纤维还可有效预防乳腺癌、子宫癌、前列腺癌等病变的发生。

大豆膳食纤维的保健作用已成为近代营养学、医药学、食品学等多学科研究的重要课题。目前，世界上发达国家将老年食品列为保健功能食品的研究开发重点，我国是全世界老年人口数最多的国家，由于大豆膳食纤维具有多种保健功能，当前，以大豆膳食纤维为原料开发预防高血压、高血脂、动脉硬化、冠心病、糖尿病、便秘和恶性肿瘤的老年保健功能食品，已成为一项急待解决的关系民生大计的迫切任务。

综上所述，可见当前在国人急待补充膳食纤维，而又普遍忽视膳食纤维的重要生理功能的背景下，大豆膳食纤维由于资源丰富、综合生产成本低廉，进入工业化生产后，用于防治肥胖病、糖尿病、心脑血管病、癌症等现代生活方式疾病，将有极为广阔的应用前景。膳食纤维显著的功能以及应用对象的广泛性，决定膳食纤维产业巨大的潜在经济效益。据预测，近年我国膳食纤维将形成年均百亿元以上的新产业。

第三节

大豆膳食纤维预防现代生活方式疾病的动物试验

根据本章第二节介绍的膳食纤维保健功能，如进行人群试验，将是一项耗时长久、难以重复的巨大工程，为了验证上述论断，又能缩短验证时间，作者做了以下动物试验。

一、试验方法与内容

（一）试验材料

以长春大学国家大豆深加工技术研究推广中心提供的脲酶阴性、大豆种皮经细胞粉碎后粒度 $\phi \leq 60\mu m$、纯度 $\geq 70\%$ 的大豆膳食纤维粉为实验材料。

（二）试验动物

试验动物为体重 200～300g 的健康大鼠 20 只，随机分成高、中、低、对照组共四组。

（三）试验方法与内容

每天上午九时对大鼠禁食，13 时进行灌胃，分别灌胃给予大豆膳食纤维粉按 500、400、300mg/（kg·d）标准取代等量饲粮，对照组饲喂正常饲粮，饲喂量与实验组相等，连续饲喂 7d，研究大豆膳食纤维对大鼠血糖、血脂、血清尿素氮及排便情况的影响。

血液中葡萄糖含量高低，为糖尿病的主要指标。

血液中血脂含量浓度为心脑血管病的指标。

血清尿素氮含量高低，标志大豆膳食纤维对促进动物体内食物蛋白质分解速度与数量的功能指标。

增加排便次数、粪便体积等项指标，证明大豆膳食纤维具有促进胃肠蠕动、减少食物通过肠道时间、加速代谢生成有害物排出体外的功能。粪便含水率提高，证明粪便软化，有利排泄。

二、大豆膳食纤维对血糖的影响

由表 6-3 可知，试验组大鼠的血糖含量较对照组大鼠的血糖含量均有降低，而且差异显著（$p<0.05$），其中每日灌服 300mg/（kg·d）组，效果最为明显，可见大豆膳食纤维具有降血糖、预防糖尿病的功效。

表 6-3　大豆膳食纤维对血糖的影响

组别	给药量/（mg/kg）	药物浓度/（mg/mL）	血液中葡萄糖含量平均值/（μg/mL）	p
高	500	1.86	1003.5	$p<0.05$
中	400	1.36	981.83	$p<0.05$
低	300	1.07	876	$p<0.05$
对照	0	0	1418.5	—

三、大豆膳食纤维对血脂的影响

由表 6-4 可知，试验组大鼠的血脂含量较对照组大鼠的血脂含量明显降低，而且差异极显著（$p<0.01$），可见大豆膳食纤维具有降血脂、预防心脑血管病的功效。

表 6-4　大豆膳食纤维不同灌胃量对雄性大鼠血脂的影响

组别	给药量 /（mg/kg）	药物浓度 /（mg/mL）	血脂含量平均值 /（mg/100mL）	p
高	500	1.86	0.0874	$p<0.01$
中	400	1.36	0.1085	$p<0.01$
低	300	1.07	0.0976	$p<0.01$
对照	0	0	0.1325	—

四、大豆膳食纤维对血清尿素氮的影响

由表 6-5 可知，试验组大鼠的血清尿素氮含量均较对照组大鼠的血清尿素氮含量高，影响显著（$p<0.05$），证明大豆膳食纤维可促进动物体内食物蛋白质分解速度与分解数量。

表 6-5　大豆膳食纤维对血清尿素氮的影响

组别	给药量 /（mg/kg）	药物浓度 /（mg/mL）	血清尿素氮含量平均值 /（mg/dL）	p
高	500	1.86	20.786	$p<0.05$
中	400	1.36	18.365	$p<0.05$
低	300	1.07	16.046	$p<0.05$
对照	0	0	15.429	—

五、大豆膳食纤维对排便的影响

由表 6-6 可知，饲喂不同剂量大豆膳食纤维的各组大鼠排粪次数均有增加，与对照

组比较差异显著（$p<0.05$）；试验组大鼠的排出粪便的质量均高于对照组（$p<0.05$）；粪便的体积也高于对照组（$p<0.05$）；各组粪便的含水率均显著大于对照组（$p<0.05$），由于含水率高，硬度则小于对照组。

表6-6　大豆膳食纤维对排便次数、排便质量、排便体积与粪便含水量的影响

组别	给药量 /（mg/kg）	排便次数/次 ($\bar{x}\pm S$)	排便质量/g ($\bar{x}\pm S$)	排便体积/cm³ ($\bar{x}\pm S$)	粪便水分/% ($\bar{x}\pm S$)	p
高	500	14.5±0.8	13.1±1.6	14.5±1.2	42.3±3.3	$p<0.05$
中	400	14.8±0.7	13.8±1.8	12.4±1.0	55.7±4.2	$p<0.05$
低	300	14.6±1.2	14.7±1.3	13.4±1.5	60.8±6.9	$p<0.05$
对照	0	12.0±1.4	11.5±1.7	10.3±1.6	41.3±5.8	——

以上各试验组平均排便质量、排便次数、排便体积、粪便含水率的增加，证明大豆膳食纤维可促进胃肠蠕动、缩短排出物在胃肠停留时间，改善动物摄入食物与排泄物的平衡关系，防止脂肪与糖在体内的过度储存，粪便含水率高，可软化排泄物，有利于吸附各种代谢有毒物质的粪便排出体外。

第四节

大豆加工湿豆渣预测生成量的数学公式设计

豆渣是大豆加工最主要的副产物，除渣工艺生产大豆加工制品如豆腐、豆浆、速溶豆粉等生产过程，豆渣按干重计生成量不低于原料重的50%，豆渣包括有大豆种皮中的膳食纤维与子叶细胞中的非水溶性蛋白、与非水溶性碳水化合物等。

目前我国豆腐、干豆腐、千张、百页、豆腐干等大豆制品加工企业，尚未见有不除渣的工艺用于生产，因此豆渣仍是传统大豆加工行业普遍存在的大问题，豆渣在大豆加工过程生成量极大，上述所谓豆渣产生量不低于50%，系指按含水率≤14%的大豆原料而言，而大豆加工产生的豆渣均为含水率高达85%以上的湿豆渣，大豆加工产生的湿豆渣在环境温度高于18℃时，快速发生腐败发酵现象，严重污染环境，现代化的城市已不准在市区内生产大豆加工品，所以解决豆渣处理问题，是大豆加工的重要内容之一。

豆渣由于含水率高、生成量大，对环境污染最为严重，因此在工程设计之初即应根据原料大豆投入量、种皮所占比例、原料大豆含水率等参数，预测湿豆渣的生成量，作为工程设计的依据，为减轻食品加工咨询、设计部门的工作量，作者根据加工实践经验及大豆种子形态结构原理推算，现将大豆加工湿豆渣生成量预测分析数学公式设定如下：

$$W = \frac{M \times (1-\alpha) - M \times N \times (1-\beta)}{1-\gamma}$$

式中　W——湿豆渣每日生成量，t

　　　M——原料大豆每日投入量，t

　　　α——原料大豆含水率，正常商品大豆约 12%

　　　β——大豆加工产成品含水率，如北方豆腐含水率约为 85%，盒装豆腐约为 90%等

　　　γ——湿豆渣含水率，一般为 88%左右

　　　N——大豆加工产成品得率。例如，北方豆腐得率为 250%～300%（以原料大豆投入量为基数）

例题 1：年加工大豆 1500t 的豆腐加工厂，每年按 300 个工作日计，预测每日豆渣生成量。

将相关参数代入上列公式：

$$W = \frac{1500t \div 300d \times (1-12\%) - 1500t \div 300d \times 300\% \times (1-85\%)}{1-88\%}$$

$$= \frac{5t/d \times 88\% - 5t/d \times 300\% \times 15\%}{12\%}$$

$$= \frac{4.4t/d - 2.25t/d}{12\%}$$

$$= 17.9t/d$$

年加工原料大豆 1500t，生产豆腐，每日产成品量计算如下：

$$1500t \div 300d \times 300\% = 15t/d$$

即年加工原料大豆 1500t 的豆腐加工厂，每日可产含水率为 85%的豆腐 15t，产生湿豆渣量为 17.9t；年生成湿豆渣量为 17.9t/d×300d/a＝5370t/a。

例题 2：年加工原料大豆 1000t 的盒装豆腐加工厂，预测豆渣生成量。

$$W = \frac{1000t \div 300d \times (1-12\%) - 1000t \div 300d \times 400\% (1-90\%)}{1-88\%}$$

$$= \frac{2.93t/d - 1.33t/d}{12\%}$$

$$= 13.4t/d$$

年加工原料大豆 1000t 的盒装豆腐加工厂，按传统除渣工艺计，平均得率约为400%，每日生产盒装豆腐量计算如下：

$$1000t \div 300d \times 400\% = 13.3t/d$$

每盒豆腐重如为 400g，则可分装盒数为：

$$13.3t/d \times 1000000g/t \div 400g/盒$$

$$\approx 33000 盒/d$$

即年加工原料大豆 1000t 的盒装豆腐厂，每日可产 13.3t 盒装豆腐，年产盒装豆腐3990t（13.3t/d×300d），可分装每盒重 400g 的盒装豆腐 9900000 盒；每日产生湿豆渣13.4t，年产豆渣量为 4020t。

从以上大豆加工企业加工大豆产品产生的豆渣量可见，豆渣生成量与产成品量基本相当或高于产成品量，如何解决豆渣对环境污染以及有效合理利用豆渣中的膳食纤维已成为大豆加工的重要内容之一。

目前大量大豆加工企业尚未采取无废渣、无废水加工工艺，为了预测豆渣生产量工作方便，有关参数提供见表 6-7。

表6-7　传统除渣工艺对应不同大豆加工制品加工得率的有关参数

有关参数	豆腐	盒装豆腐	干豆腐	豆腐干	豆腐脑
含水率/%	85	90	55	65	92
得率/%	250~300	350~500	80~120	150~180	500~600

第五节

无废渣、无废水、超微纳米大豆制品的生产方法发明专利概述

为了有效利用大豆子叶与种皮中的膳食纤维，解决纤维口感粗糙与杀灭大豆有害活性因子（详见第五章）是无废渣、无废水大豆加工的技术关键，大豆细胞纵径、横径分别约为 70μm 和 30μm，剖面积约为 2000μm² （详见第二章），将大豆细胞粉碎人体摄入后，基本可消除食用粗糙感。

采取细胞粉碎、瞬时高温、纳米均质等工程技术措施，将大豆种皮加工成可供食用、$\phi \leqslant 60\mu m$、种皮细胞基本被粉碎、无粗糙感、脲酶反应阴性的大豆膳食纤维粉，大豆种皮每吨原料成本为5000元，加工后综合成本约9500元/t，我国城市人口每人每日从主副食中平均摄入膳食纤维约14g，按我国《中国居民膳食营养参考摄入量（DRIS）》每人每日摄入膳食纤维应为30.2g的要求，则我国居民平均还需每人每日另外补充的膳食纤维需约16g，补充的膳食纤维种类如为大豆膳食纤维，16g成本仅为0.21元/（人·d）（表6-8）。由此可见，以大豆种皮生产的大豆膳食纤维粉用于补充人体膳食纤维摄入量的不足，是一种廉价优质的、适于公众普及的预防现代生活方式疾病的保健食品。

表6-8　每人每日不同大豆膳食纤维粉补充量折合生产成本[1]一览表

每人每日膳食纤维补充量/g	10	15	16	20
每人每日摄入膳食纤维补充量折合含膳食纤维为70%的大豆纤维粉的量/g	14.28	21.42	22.85	28.57
每人每日摄入大豆纤维粉量相当于成本金额/元	0.13	0.20	0.21	0.27

动物实验证明，研制的大豆膳食纤维粉（纯度约70%），按500、400、300mg/（kg·d），对大鼠灌服，如折合成60kg体重成人食用量，则相当于补充摄入大豆膳食纤维量21.0、16.8、12.6g/（人·d）；大豆膳食纤维对于降低大鼠血糖、血脂，促进食物蛋白质分解、提高血清尿素氮含量，增加排便次数、粪便体积与含水量等项指标，与对照组相比，均有显著差异（$p<0.05$）与极显著差异（$p<0.01$）（详见本章第三节）。

表6-9　不同膳食纤维粉对小鼠日给药剂量试验换算成60kg体重的成年人给药剂量[2]对照表

动物试验的给药剂量/[mg/（kg体重·d）]	500	400	300
换算60kg体重成人日摄入剂量/[g/（人·d）]	30	24	18
换算成每人每日补充膳食纤维按成本价计算应支付的金额/[元/（人·d）]	0.285	0.228	0.171
按60kg体重成人每日摄入大豆膳食纤维粉换算成膳食纤维量/[g/（人·d）]	21.0	16.8	12.6

---

[1]　大豆膳食纤维粉每吨生产成本按9500元/t计。
[2]　大豆膳食纤维粉中含膳食纤维按70%计，每吨生产成本按9500元/t计。

　　大豆膳食纤维属于高分子碳水化合物，但它与普通碳水化合物不同，由于人体内没有纤维素酶，所以它在人体消化系统内不被消化吸收，只在大肠中可被微生物少量降解，大豆膳食纤维的开发，不在于它被人体消化吸收量的多寡，而是利用它的生理功能为人类健康长寿服务；为了发挥它的生理功能，必须实现大豆子叶全利用，对子叶全利用，必须解决种皮与子叶中所含膳食纤维食用粗糙感的问题。

　　针对上述问题，作者申报的无废渣、无废水超微纳米大豆制品的生产方法（ZL01106289.4）已获得发明专利授权。

图6-1　"无废渣、无废水、超微、纳米大豆制品的生产方法"发明专利证书

　　大豆加工形成的豆渣含膳食纤维为11%～15%，大豆种子的种皮中含膳食纤维约70%，种皮约占大豆整粒种子总质量的10%。由于膳食纤维在人类生命活动过程具有重要生理功效，所以如何有效利用大豆膳食纤维，对于提高大豆加工附加值，改善加工环境等均具有重要作用。

表6-10 加工用原料大豆种子不同部位膳食纤维含量

不同部位	整粒大豆种子	脱皮的大豆子叶	大豆种皮
膳食纤维含量	11%~15%	4%~7%	约70%

为生产无废渣、无废水大豆加工制品，必须对大豆种子中所含的膳食纤维与其他非水溶性成分进行加工利用，本节主要内容为对大豆种子子叶中膳食纤维的加工利用。

经过多年试验，采用无废渣、无废水，超微、纳米大豆制品的生产方法可以生产多种大豆加工制品，但与传统除渣加工技术相比，本项发明生产的豆腐、干豆腐等产品仍不如除渣工艺的产品口感细腻，在生产领域难以形成有价值的工业产品，不具备生产意义，所以在本书中不作阐述。

大豆蛋白质是人类生命活动不可或缺与不可取代的营养素，我国保健谚语曾有："宁可三日无肉，不可一日无豆"的说法。但是我国的大豆加工产成品无论是豆浆、豆奶，还是干豆腐、大豆腐，均因含水率高、易变质腐败而无法长期贮存与远途运输，至野外作战训练的部队，边防哨卡的战士，以及地质勘探人员、野外土壤普查工作者，成年累月难以摄入人体必需的大豆蛋白质营养素。

针对上述军事、野外者工作的社会需求，作者研发完成无废渣、无废水的超微、纳米大豆制品的生产方法（Zl01106289.4）发明专利（图6-1），采用该项发明专利生产的具有代表性的产成品为：豆腐脑粉与豆奶粉产成品由于含水率低（≤9%），可长途运输，长期贮存（≥12个月），食用加工方法简便（详见本章第六节），豆奶粉加热水冲高即可食用，为野战部队、地质勘探、土壤普查、远离港湾的海军摄取大豆蛋白营养素与膳食纤维营养素创造了物质保证条件。

第六节

无废渣、无废水、防粉尘爆炸速食豆腐脑粉的生产原理与工艺

采用无废渣、无废水，超微、纳米大豆制品的生产方法发明专利技术生产的速食豆腐粉与速食豆腐脑粉，产品口感细腻，经小试、中试、工业化试验，受到受试人群的一

致好评，具有工业化生产意义。现将有关产品生产方法介绍如下。

传统除渣工艺加工的豆腐脑中，膳食纤维含量接近为0，有益人体健康的膳食纤维全部进入豆渣之中，被用作饲料或肥料，甚至作为固体排放废渣排放，造成严重的营养资源浪费。

传统豆腐脑加工工艺分为清洗、泡豆、换水、石磨磨浆、过包除渣、煮浆、点脑、静置成脑，全部工艺完成需要二天左右。

本项发明是以脱皮大豆为原料，采用超微制粉技术，生产的一种50%≤蛋白质含量≤60%，4%≤膳食纤维含量≤7%，NSI≥70%的速食豆腐脑粉，以此种粉状大豆制品加工豆腐脑（豆花）、粉状原料粒度细于220目（φ约65μm），全部加工完成时间在20min左右，相对于过去传统豆腐脑加工时间大为缩短，所以将这种粉状大豆加工品命名速食豆腐脑粉。

伴随社会发展，农村城市化已成为我国一项大趋势，农民普遍住入楼房，石磨大部分被淘汰，家庭食用豆腐脑已成为不太可能实现的奢望。豆腐坊或超市出售的豆腐脑，由于排渣量大（约50%）、得率低（约50%）、加工单位少，价格常常偏高。另外，直接购买豆腐脑作为佐餐副食，不仅增加家庭生活支出，而且失去家庭加工菜肴的生活情趣。

针对上述问题，本项目生产的速食豆腐脑粉含水率≤9%。由于含水率低，为长期贮存与远途运输创造了先决条件，所以不仅适于家庭食用，而且可在超市、粮店出售，也适用于宾馆、饭店，学校、工厂的集体食堂食用，尤其适于野外工作的地质勘探单位、荒野作训或实战的部队、边防哨卡、远离港口的海军等需要补充食用大豆制品的，而又长期不能摄入大豆食品的特殊人群以及旅居海外的、喜欢中国传统豆腐脑而又难以家庭加工的海外同胞。

表6-11　快餐豆腐脑粉与传统豆腐脑理化与工艺性能对比

类别	膳食纤维含量	含水率	加工工艺
速食豆腐脑粉	4%~7%	≤9% 可长期贮存、远途运输	无废渣、无废水生成 20min可加工成产成品
传统豆腐脑	约0	≥92% 只能即磨即时加工食用	从泡豆、除渣、 到点脑成形需历时2d

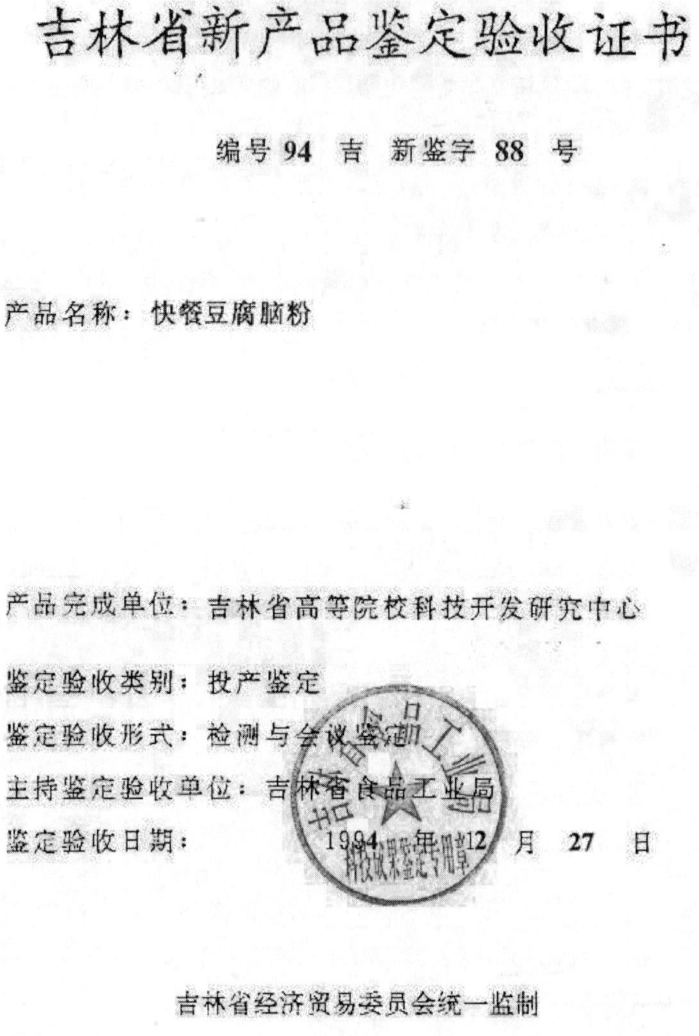

吉林省新产品鉴定验收证书

编号 **94** 吉 新鉴字 **88** 号

产品名称：快餐豆腐脑粉

产品完成单位：吉林省高等院校科技开发研究中心

鉴定验收类别：投产鉴定

鉴定验收形式：检测与会议鉴定

主持鉴定验收单位：吉林省食品工业局

鉴定验收日期：**1994** 年 **12** 月 **27** 日

吉林省经济贸易委员会统一监制

图6-2 长春大学研制完成的"快餐豆腐脑粉的"新产品鉴定证书

（一）原料大豆选择

速食豆腐脑粉的质量，取决于原料大豆的品质，大豆的蛋白质含量与 NSI 越高，就越适于快餐豆腐脑粉的生产，所以快餐豆腐脑粉生产应该选择蛋白质含量高的大豆品种。制作快餐豆腐脑粉的大豆以色泽光亮、籽粒饱满、无虫蛀和鼠咬的新大豆为佳。以新大豆为原料生产的快餐豆腐脑粉得率高，质地细嫩，弹性和口感好。不过由于大豆收获后都有一个后熟过程，因此，刚刚收获的大豆不宜使用，应存放 2~3 个月以上完成"后熟"后再用，比较理想的后熟时间是 3~9 个月，NSI 应≥75%。

（二）清选

大豆在收获、晾晒、运输和储藏过程中，往往混有部分杂质，一般在 1%～6%。这些杂质包括灰尘、砂石、铁钉、螺丝、大豆的茎叶、蒿草、麻绳、霉变粒等。清理过程就是要除去这些杂质，采用的方法主要有筛选、相对密度法去石、磁选等。经清选后的原料大豆最大含杂量应≤0.05%。

1. 筛选

筛选主要利用大豆与杂质在颗粒大小上的差异，借助含杂大豆和筛面的相对运动，并通过筛面上的筛孔将大于或小于大豆的杂质除去。常用于大豆筛选的通用设备有溜筛、振动筛、平面回转筛等。

溜筛用于清理杂草、麻绳等大型杂质，防止在机械输送过程对设备造成堵塞。振动筛主要用于清除中等杂质和小杂。为了得到粒度均匀的大豆，通过调整筛孔大小，用于大粒豆和小粒豆分离。平面回转筛主要用于豆皮与豆瓣、豆皮与碎豆、大豆胚芽等的分离。

为了更好地除去灰尘等轻型杂质，筛选设备通常都配有除尘风机，清除大豆中大杂采用约 ϕ8mm 筛孔，清除小杂采用约 ϕ2.4mm 筛孔。

2. 磁选

磁选是利用永磁铁或电磁铁、无动力磁选器等清除大豆中磁性金属杂质的清理方法。大豆在收获、运输等过程中经常会混入一些铁钉、螺丝和铁屑等金属杂质，虽然此类杂质的含量不高，但具有较大的危险性，容易造成设备的损坏，甚至造成严重的设备和安全事故。因此，大豆在进入脱皮机、粉碎机之前，要除去具有磁性的金属杂质。

常用的有永磁铁装置，它可分散或集中安装在输送大豆的斜管或垂直管道上，定期进行清理。永磁滚筒是采用固定磁铁和旋转滚筒组合，滚筒在旋转中能自动排除吸住的磁性金属杂质，其特点是磁力强，均匀持久，能自动吸铁排铁，避免已经被吸住的磁性杂质再次被大豆冲走带入原料豆中。

3. 去石

去石机主要是除去筛选后遗留在大豆中的"并肩石"，根据砂石和大豆的相对密度不同，利用具有一定运动特性的倾斜筛面和通过筛面鱼鳞孔的风力而使大豆呈悬浮状态，砂石沉降在筛面上，通过筛面的往复振动使大豆和并肩石得以分离。

去石机使用时应根据大豆流量经常注意调整风量大小，进入去石机的大豆应不再含有杂质，因为杂质堵塞鱼鳞孔，可使气流不均匀，降低去石效果。经常检查石中含大豆和大豆中含石情况，发现问题应及时调整风量控制。

（三）烘干

烘干是原料大豆脱皮前必须进行的一项工艺措施，烘干既要使原料大豆中水分适量散失，又要防止原料大豆发生过度的热变性。

烘干原理是在烘干机内，首先使大豆表层水分汽化，伴随引风装置将热湿汽排出机外，由于热交换，使大豆水分不断扩散到表层被汽化散失，而达到烘干目的。常用烘干机工作温度为 68~70℃、工作气压为 0.15~0.2MPa、处理时间为 45min。

烘干也可采取流化床烘干机对原料大豆在短时间内进行加热，由于大豆籽粒内外温度不同，豆皮受瞬间高温作用收缩而开裂，对豆皮分离起到很好的效果。一般热风温度 120~140℃（可调），出料水分 9.5%~10%，大豆温度 70~80℃，豆皮开裂率在 85% 以上。

不同的烘干设备其烘干条件是不相同的，操作时，根据大豆水分变化，烘干调整条件也应随之变化。在北方，冬季、夏季应适当调整风量、温度，保证被处理的原料大豆 NSI（水溶性 N/总 N×100%）≥70%。经常检查烘干效果并测定 NSI，当 NSI 变化较大时，要进行烘干机的温度调整。

（四）脱皮破碎

将烘干处理后含水量≤10%的原料大豆，送入脱皮分离机中，经磨盘搓动和风机分选，使大豆脱皮率≥95%。脱皮后的大豆进行破碎，采用破碎机将脱皮大豆破成 6~10 瓣。

（五）制粉

制粉是加工速食豆腐脑粉最关键的工序，脱皮破碎后的大豆需进行粉碎，国内外制粉机种类很多，年加工速食豆腐脑粉在 5000t 以下的企业，可选用小型轻便、一机多用，机体小、结构简单、粉碎粒度可调的无筛锤片式风选制粉机为宜，此种制粉机在制粉过程可借助风力，将磨制细于 220 目的粉粒即时吹入集粉器中，避免普通制粉机由于反复磨制产生热量而使已生成细粉中的水溶性蛋白质变性成为非水溶性蛋白的不良后果，因为非水溶性蛋白含量提高后，直接影响后绪豆腐脑成型工序的完成。

无筛锤片式风选制粉机生产现场见图 6-3，超微制粉集粉装置生产现场见图 6-4。

经制粉机处理后，大豆原料的粉碎粒度可达到 220 目（相当于约 $\phi65\mu m$）、蛋白质含量≥50%、NSI≥70%、含水量≤9%，此种粉状大豆即称为速食豆腐脑粉。速食豆腐脑粉不仅可用于加工豆腐脑，也可用于加工豆浆、盒装豆腐等制品。

图 6-3　无筛锤片式风选制粉机生产现场

图 6-4　超微制粉集粉装置生产现场

大豆子叶细胞纵径约为 70μm（详见第二章），人体味觉在细胞被粉碎后、$\phi \leqslant$ 70μm 的量级水平（图 6-5、图 6-6），基本感受不到食物的粗糙感，作者采用上述技术加工成的商品速食豆腐脑粉，加水最佳比率为水：粉比为 13：1，加工成的豆腐脑，经 100 人以上的人群品尝试验，100%受试人群反映口感细腻与传统除渣豆腐脑相比，食用品质无明显差异。

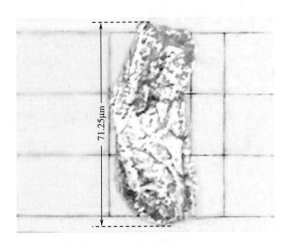

图 6-5　显微分光光度仪视野中大豆子叶细胞剖面照片（600×，细胞纵径 ϕ 约 71.25μm）

速食豆腐脑粉由于连续生产过程车间粉尘较多，所以生产企业均应注意采取粉尘防爆措施。如自行建厂，设计时一定要请当地的粉尘防爆研究院所进行先设计、后施工，过去以为能引起爆炸的粉尘仅限于金属（如镁、铝等）、煤炭等易燃、高传导性物质，但近代发现粮食类（如小麦粉、大豆粉等）粉尘也能产生静电，静电火焰同样能瞬间传播于整个混合粉尘车间，产生冲击波，形成高温高压，造成极强破坏力。粉尘防爆设计要注意以下几点：①采用引风装置降低室内粉尘密度，降低室内气压，防止高压粉尘摩擦，产生静电爆炸。②设置室内地线，接地电阻应≤4Ω将粉尘静电引入地下。③集粉器管路采用密闭性良好而又能使空气透出的材质，尽量减少产成品豆粉透出，定期清理管路，防止透气管堵塞。④豆腐脑粉车间，全部电器均应采用防爆设备，如防爆电机、防爆照明灯、防爆开关等。

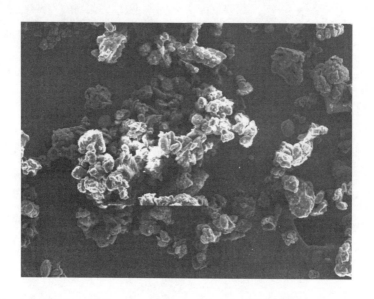

图6-6　在电子显微镜视野中，已无大豆子叶细胞，水溶后单层溶液颗粒均小于50μm，大豆子叶细胞纵径 φ≥70μm，此显微图像证明大豆子叶细胞已全部被粉碎，食用时无粗糙感（×400，标尺为50μm）

（六）包装

速食豆腐脑粉应根据不同消费对象进行不同包装，原则上要求应便于运输、适于销售、每份小包装开袋后加工成豆腐脑，一次能食用完，以防第二次重复加热，脑状物破碎，降低食用品质。

建议包装类型见表6-12。

表6-12　不同用途速食豆腐脑粉的建议包装规格

包装规格	家庭用	宾馆饭店用	学校、机关集体食堂用	野外工作与作训部队①	出口
质量/g	150	250	1000g/袋×5袋	1000g/袋×5袋	200g/袋×5袋

①　1000g/袋为一包装，5袋包装为一纸箱外包装，净含量5000g，按人性化标准要求，适于正常体力单人搬运；部队野外训练每个伙食单位以连计算，约为120人，1000g/袋×5袋，加水13倍，可制作65kg豆腐脑，去掉7%加工损耗，剩余产成品为60kg，连队成员为120人，平均每位指战员食用量为0.5kg。

（七）调浆

根据每次食用量不同，例如五口之家，可将一袋重150g的速食豆腐脑粉倒入锅内，加水13倍，同时搅拌，150g速食豆腐脑粉加水13倍，形成豆浆2100g。

其他食用单位根据加工豆腐脑量不同，用速食豆腐脑粉量也有差别，但加水量均应约为速食豆腐脑粉量的13倍，边加水边搅拌。家庭与食用单位加工时加水量很难准确掌握，可不必过分苛求，加水量少、生产的豆腐脑浓度高，加水量多，生产的豆腐脑稀，甚至有清水析出，加水时大致掌握约为豆粉量的约13倍即可。

（八）煮浆

将经过搅拌，但尚未均匀的豆浆在煮浆锅中加热，家庭、食堂、部队、学校由于加工豆腐脑量不同，加热锅的大小有所不同，加热方式也分为煤气、燃气、电热等，条件优越的单位也可采用连续自动煮浆机（图6-7）。凡是手工煮浆的家庭与单位，均应不停地边煮、边搅拌，防止产生泡沫、豆浆溢出锅外的现象发生。

图6-7　大城市生产量大的豆腐脑加工单位可采用连续自动煮浆机

煮浆是加工豆腐脑的重要工艺环节，大豆蛋白质被加热至80℃以上时，螺旋结构的球蛋白展开，豆浆黏度增高，为以下添加凝固剂，点脑成型创造技术基础（详见第三章第二节）。

煮浆还有以下几方面作用：

①提高凝固剂与大豆蛋白反应速率（温度每升高10℃，化学反应速率提高2~4倍），为点脑工序创造化学反应基础条件。②通过高温使豆浆中的大豆生物活性有害因

子——胰蛋白酶抑制素、凝血酶等钝化失活，使豆腥味和苦味消失。③增加大豆的香味。④提高蛋白质的消化率。⑤通过高温灭菌保证产品安全卫生。

目前大型食堂一次加工量较大的单位，常采用的煮浆方法是用高压蒸汽直接煮沸，其速度快、质量好。煮浆温度应控制在95~98℃，时间为2min。为保证蒸煮豆浆过程顺利进行，提高产量，在煮浆过程中常加入消泡剂（如油脚、油脚膏等）。

家庭、饭店、小型食堂制作豆腐脑，由于加工量少，可以采取边煮，边搅拌，开始涨锅时点入少许冷水或豆油消泡，然后大火煮沸，煮沸时间应不少于10min。营业性作坊由于加工量大，涨锅常影响豆浆熟化，为防止泡沫影响熟化，可采用高碳醇脂肪酸酯复合物（DSA-5）消泡，使用量应≤1.6g/kg。

无论采用何种煮浆方式，为保证食用安全，均应检测豆浆脲酶阴性方可食用；如无脲酶检测条件，则应以嗅觉品味，全无生豆腥味，并产生熟豆香味为度。以蒸汽锅煮浆为例，常采用"三起三落"的煮浆方式，即将蒸汽阀门在豆浆煮开时，及时关闭，泡沫消除后，再次开启，一共"三开三闭"，"三起三落"煮浆法既可保证豆浆实现以上加工理化指标，又可消除豆浆中生物活性有害因子。

（九）点脑

点脑分为传统点脑工艺与现代点脑工艺两种方式。

1. 无废渣、无废水速食豆腐脑粉传统点脑原理与工艺

传统点脑工艺，所用凝固剂为石膏，此种方法已沿用二千余年，是豆腐脑生产过程中的关键工序，石膏按豆浆重的0.2%~0.3%（或速食豆腐脑粉重的2%~3%）的比例加水5倍左右，调成石膏溶液乳，加入煮熟的豆浆中，使豆浆中的大豆蛋白质溶胶转变为凝胶，经过煮沸后的豆浆，蛋白质虽然发生热致变性，形成二硫键，使豆浆黏度提高，但不能自行沉淀，因为变性的大豆蛋白分子团有一层带电荷的表层，与水离解成的 OH^-、H^+ 吸引成为双电层水化膜，水化膜的隔离，障碍了蛋白质极性分子间的凝聚（详见第三章）。

当煮熟的豆浆加入 $CaSO_4 \cdot 2H_2O$（石膏）后，在溶液状态下，金属盐离解成带正电荷的金属阳离子 Ca^{2+} 和带负电荷的酸根阴离子 SO_4^{2-}，水分子虽为极弱电解质，但在煮浆过程温度升高至约100℃时，H_2O 的电离度（详见第三章）可提高10倍左右，电离度提高后的 OH^-、H^+ 更容易与金属阳离子、酸根阴离子结合，破坏蛋白质表面的水化膜，中和大豆蛋白分子离解后的表面电荷，蛋白分子间的阴阳离子直接接触，相互吸引，产生凝聚现象。加热虽然使大豆蛋白溶液产生热致变性，但不能相互凝聚，加入石膏，使大豆蛋白凝聚成脑。我国利用上述大豆蛋白盐凝生物学特性，生产豆腐脑已沿用几千年，成为一种最具生命力的大豆制品传统加工方法（详见第三章）。

速食豆腐脑粉中含蛋白质约40%，其余约有60%的脂肪、碳水化合物等成分，其中也包括4%~7%的膳食纤维素，这些非蛋白成分由于经过超微制粉措施处理，$\phi \leq 60\mu m$（250目），这些微小颗粒分布于蛋白凝固的网络之间，食用者在食用豆腐脑时，对这些微小非蛋白成分，味觉难以分辨，所以速食豆腐脑能给予食用者细腻的口感。

速食豆腐脑加工点脑是最重要的工艺过程，影响点脑质量好坏，主要有以下几方面因素：点脑时蛋白质的凝固速度与点脑温度高低密切相关。若点脑温度过高，易使豆浆中的蛋白质胶粒凝聚速度加快，所得到的凝胶组织易收缩，凝胶结构的弹性变小，保水性变差。同时，由于凝聚速度太快，加入凝固剂时要求的技术较高，稍有不慎就会导致凝固剂分布不均，成脑与不成脑的成分混杂，而使凝胶品质变差。若点脑温度过低时，凝聚速度慢，导致豆腐脑含水量增高，产品也缺乏弹性，易碎不成形。点脑温度一般控制在70~90℃。如果要求豆腐脑含水量高，点脑温度应适当降低；如果要求豆腐含水量低，点脑温度可适当提高。

豆浆浓度主要是指豆浆中的蛋白质浓度。豆浆浓度一般在7~9°Bé（波美度，测定液体相对密度的一种量值，其刻度为在20℃的标准温度下，蒸馏水的波美度为0，15%的食盐溶液为15°Bé），浓度不能过高也不能过低。浓度过低，点脑后形成的脑花太小，保不住水，产品发硬，出品率低；豆浆浓度过高，凝固剂与豆浆一接触，就会迅速形成大块脑花，造成凝固不均，甚至出现白浆（一部分蛋白质不凝固，形成白色浑浊液体，随黄浆水流出）。豆浆浓度高，产成品含水率低，生产出的豆腐脑老一些；豆浆浓度低，产成品含水率高，生产出的豆腐脑嫩一些。家庭或单位食堂不可能全部配备波美比重计，根据作者实际操作经验证明，豆粉加水量以质量计按1∶13左右为适宜加水比例。

凝固剂比例是影响点脑质量的最重要因素。凝固剂的量过少，则凝固不充分，使豆腐脑凝结度降低；凝固剂的量过多，则易发生凝固不均，黄浆水增加，得率下降。用石膏作凝固剂，用量为原料大豆的2.2%~2.8%。

凝固时间对凝胶特性有很大的影响。豆腐脑的凝胶在最初20min内变化最快，因此点脑后至少应放置在70℃的高温条件下，保温15min以上，保证凝胶过程的完成，切勿着急、反复验看，由于验看振动反而影响凝固成脑，这就是农谚中常说的"心急吃不了热豆腐"的科学原理。

豆腐脑成形后，即可根据食用者口味，加入不同的调味卤料食用。

2. 无废渣、无废水速食豆腐脑粉现代点脑原理与工艺

豆腐脑主要适用于家庭食用，近年来由于城镇化发展，农村一家一户的石磨几近全部淘汰，豆腐脑加工也由家庭扩展至饭店、宾馆、学校、野外作训部队、地质工作队、探险家营地食堂等，为了使点脑成形工艺更容易被加工者掌握，人们发现采用葡萄糖酸δ-内酯代替石膏作为凝固剂，加工豆腐脑，点脑时更易成形，点脑技术更易被加工者

掌握。

葡萄糖酸 δ-内酯简称 GDL，结构式为 （结构式）， 分子式为 $C_6H_6O_2(OH)_4$，

根据作者实验，每 150g 小包装的速食豆腐脑粉加水 13 倍，达到 1950mL，用 3.9g 葡萄糖酸-δ-内酯点脑，成脑效果最好，即添加市售纯度≥99%的葡萄糖酸-δ-内酯量应为速食豆腐脑粉重量的 2.6%。

不同家庭或加工单位根据不同口感要求，加水调制豆浆浓度常有差异，根据不同加水量，各豆腐脑加工单位可凭经验适当调整添加葡萄糖酸-δ-内酯的量，每个小包装中与速食豆腐脑粉匹配的葡萄糖酸-δ-内酯量均有过剩的余量，加工者根据添加效果，确定最佳比例后，多余部分的葡萄糖酸-δ-内酯可予淘汰处理（表6-13）。

表6-13 无废渣，无废水速食豆腐脑葡萄糖酸-δ-内酯建议添加量

豆腐脑粉加水倍数	10 倍	12 倍	13 倍	14 倍
建议添加葡萄糖酸-δ-内酯与豆浆的百分比例/%	0.26	0.30	0.325	0.34

以上提供的添加比例为经验参考值，因为葡萄糖酸-δ-内酯使豆浆成脑很容易完成，所以加工者只要按市售商品葡萄糖酸-δ-内酯包装袋上面标注的应添加的葡萄糖酸-δ-内酯量加入，即可成脑。至于如何提高成脑质量，可在加工实践过程，根据不同水质 pH、总结加工经验，逐渐提高。采用本项发明专利生产的速食豆腐脑粉商品，均在小包装中将应匹配添加的葡萄糖酸-δ-内酯用小袋装好，按以下加工"速食豆腐脑"的制作方法操作，即可获得理想的产品。

具体点脑操作方法如下：将计算定量应添加的葡萄糖酸-δ-内酯（市售商品包装袋中已匹配有小包装袋），加热水 5 倍，在保温容器中溶化，再将充分煮熟的豆浆沿保温容器桶壁快速倒入保温桶内。家庭制作豆腐脑，由于制作量少，不可能专设保温容器，可用高压锅代替保温容器，豆浆借助倒入的冲力与葡萄糖酸-δ-内酯溶液充分混合，热豆浆快速倒完后，也可稍加搅动，使葡萄糖酸-δ-内酯溶液与豆浆充分均匀混合，即时盖上保温容器盖（家庭制作可即时盖上高压锅盖），静置保温 15min 左右，利用葡萄糖酸-δ-内酯凝固大豆蛋白，需在 85~95℃环境下，完成凝固程序，夏季煮沸的豆浆本身在 85℃以上，可在高气温条件下保持 15min 以上，满足凝固高温条件需求，但在冬季低温条件下，家庭或宾馆、饭店以无废渣、无废水速食豆腐脑粉为原料，在完成本章第六

节（八）煮浆程序后，由于环境温度低，难以保持高温，可将盛有豆浆与葡萄糖酸-δ-内酯混合液的容器放入蒸锅或恒温蒸箱内，蒸 15min，蒸制过程与家庭蒸鸡蛋糕的方式相同。

无论冬季或夏季经高温凝固成形所得豆腐脑虽然含有膳食纤维成分，但 $\phi \leq 60\mu m$ 的膳食纤维粉粒已均匀分布于凝固的大豆蛋白网络之中，食用者依然在食用豆腐脑时，可产生细腻柔软的口感。

本项发明技术生产的无废渣、无废水速食豆腐脑粉每袋小包装中已匹配相对应量的葡萄糖酸-δ-内酯，葡萄糖酸-δ-内酯与石膏凝固大豆蛋白的原理不同，葡萄糖酸-δ-内酯不具备电解质的性质，凝固成形的豆腐脑不是由于大豆蛋白盐凝化学反应产生的凝聚物。

以葡萄糖酸-δ-内酯为凝固剂，加工豆腐脑的原理如下：

大豆蛋白质具有两性电解质性质，在 pH≥4.6 的溶液中带负电荷。

$$NH_2\text{—}\overset{\overset{H}{|}}{\underset{\underset{R_n}{|}}{C}}\text{—COOH} \xrightarrow[\text{pH}\geq4.6]{OH^-} NH_2\text{—}\overset{\overset{H}{|}}{\underset{\underset{R_n}{|}}{C}}\text{—COO}^- + H_2O$$

在 pH≤4.2 的溶液中带正电荷。

$$NH_2\text{—}\overset{\overset{H}{|}}{\underset{\underset{R_n}{|}}{C}}\text{—COOH} \xrightarrow[\text{pH}\leq4.2]{H^+} NH_3^+\text{—}\overset{\overset{H}{|}}{\underset{\underset{R_n}{|}}{C}}\text{—COOH}$$

大豆蛋白质在碱性溶液或酸性溶液中呈带电离子状态时，溶解度均有提高，而且溶解度与离子数量成正相关，传统大豆加工浸泡工艺常加入 NaOH，提高溶解度，通常所谓的"碱溶"，原理即在于此。但在 pH 4.2~4.6 时，蛋白质分子正负电荷相等，分子所带净电荷为零，蛋白质溶解度最低，水溶性蛋白呈沉淀析出，此时的溶液 pH 称为大豆蛋白等电点。

当温度达到 85~95℃的高温豆浆与葡萄糖酸-δ-内酯混合并保持高温在 15min 以上时，葡萄糖酸-δ-内酯在高温作用下水解成葡萄糖酸，使含有葡萄糖酸-δ-内酯溶液的豆浆 pH 处于 4.2~4.6，大豆蛋白在 pH4.2~4.6 溶液中，蛋白质分子正负电荷相等，分子所带净电荷为零，在电泳中不向正、负极任何一方移动，大豆蛋白质分子内部中和生成两性等离子（内盐）。

$$NH_2\text{—}\overset{\overset{H}{|}}{\underset{\underset{R_n}{|}}{C}}\text{—COOH} \xrightarrow{\text{pH 4.2~4.6}} NH_3^+\text{—}\overset{\overset{H}{|}}{\underset{\underset{R_n}{|}}{C}}\text{—COO}^-$$

形成内盐时蛋白质溶解度最小，而形成凝胶，大豆蛋白呈电中性存在，这时大豆蛋白处于大豆蛋白等电点状态。

以无废渣、无废水速食豆腐脑粉为原料，采用添加葡萄糖酸-δ-内酯现代豆腐成形工艺，是利用等电沉析原理制成，所以使用葡萄糖酸-δ-内酯时，必须加热，才能使葡萄糖酸-δ-内酯分解成葡萄糖酸，豆浆在 pH 4.2~4.6 等电点条件下，实现凝固成形的目标。

家庭或单位加工少量豆腐脑，只要将煮沸豆浆快速冲入装有葡萄糖酸-δ-内酯溶液的保温容器中（如厚壁高压锅），再盖严容器盖，不要再振动容器，即可使豆浆变脑成型。

豆浆经点脑成豆腐脑后应保温一段时间（≥15min），才能凝固完全。

家庭制作豆腐脑，如果没有理想保温容器，也可将与葡萄糖酸-δ-内酯混合后的豆浆放入蒸锅中，蒸 15min 左右（类似鸡蛋糕加工过程），豆腐脑即可成形食用。

野外工作或部队食堂由于加工量大，凝固用的容器可采用保温筒，保温筒容量大、保温效果好，熬开的速食豆腐脑浆倒入后以浆液自体的高温保温 15min 左右，在葡萄糖酸-δ-内酯作用下，速食豆腐脑即可凝固成形。

豆腐脑成形后，即可根据食用者口味，加入不同的卤汁调味食用，其他加工程序与本章第一节要求相同。

第七节

无废渣、无废水盒装豆腐（内酯豆腐）的生产原理与工艺

豆腐在我国已有两千多年的食用历史，无论社会饮食结构如何变迁，豆腐却经久不衰，一直是国人喜食的佐餐副食。二十世纪以来豆腐几乎传遍世界，甚至有人预言：未来世界最有前途的产品不是汽车，不是电视机，而是中国的豆腐制品。

但是豆腐加工由于豆渣生成量大、废水严重污染环境，一些现代卫生城市已明令禁止在市内生产豆腐，造成豆腐生产与大众需求的矛盾。

传统豆腐生产方法主要包括：清选、浸泡、磨浆、浆渣分离、煮浆、凝固、蹲脑、破脑、浇制、加压成形、冷却等工艺环节。上述工艺环节中造成环境污染的工序，主要包括：

（1）浸泡加水量是原料大豆重的 2.5~3 倍，而大豆吸水率仅为自身重量的 1.5 倍，

其余浸泡水则作为废水排放。

（2）加压成形工艺环节是将含水 90% ~ 92% 的豆脑压榨成含水为 85% 左右的成品，压榨排放的豆浆对环境造成污染。

（3）浆渣分离环节，如按干重计，豆浆与豆渣之比约为 48 : 52，即豆渣生成量高于豆浆，豆渣中含水约 89.2%，含非水溶性蛋白 3.2%，膳食纤维 2.6%，如以干基计，豆渣中含蛋白为 30%，含膳食纤维为 24%，见表 6-14。

表6-14　干、湿豆渣中蛋白质和膳食纤维含量

豆渣种类	含水率/%	蛋白质含量/%	膳食纤维含量/%
豆渣	89.2	3.2	2.6
干基豆渣	0	30	24

从表 6-14 可见，豆渣如仅作为饲料或肥料，或作为废料排放，不仅造成环境污染，而且严重浪费膳食纤维营养素资源。

作者的专利发明以速食豆腐脑粉为原料生产盒装豆腐。

具体生产工艺如下：

（1）将原料大豆进行清选，可以用筛选、磁选、风选、去石等设备去除杂物，然后用脱皮机脱皮。具体工艺条件详见第五章第六节（1）~（4），但脱皮工艺环节只进行脱皮而不破碎。

（2）脱皮后，加入大豆质量 10 倍的水，在室温下浸泡，如室温在 10℃ 左右时，浸泡 10~12h；室温 15℃ 时，浸泡 8~10h；室温 27℃ 时，浸泡 4~6h。

将完成浸泡工序的原料豆与泡豆水混合均匀，送至磨浆机中进行粗磨，粗磨后的浆状物，送入胶体磨中进行精磨。

（3）完成精磨的豆浆，再进行高压均质处理，如采用纳米均质机，所产豆浆中的固形物颗粒应 $\phi < 100 \times 10^{-9} cm$，如所用均质机为 40~60MPa 的普通均质机，则应反复均质处理 2~3 次。

（4）均质后的豆浆用波美比重计检验浓度，加水调节，以达到 10~11°Bé 为度。

（5）脱气　要想彻底排除豆浆中的气体，生产出质地细腻、表面光洁、口感细嫩的产品，需采用脱气装置。将 10~11°Bé 的豆浆通过扩散泵进入高度真空的脱气罐内，使豆浆内气体由真空泵抽出，脱气后豆浆经排浆泵送到灌装工序。

（6）灌装　盒装豆腐与普通豆腐不同，普通豆腐所用凝固剂为卤水（$MgCl_2 \cdot 6H_2O$），根据大豆蛋白盐凝原理，凝固成形。

无废渣、无废水盒装豆腐除不产生渣滓的特点外，所用凝固剂为葡萄糖酸-δ-内酯

（GDL），是在低于30℃的温度下，先与豆浆混合，豆浆与葡萄糖酸-δ-内酯按1000∶2.6比例混合，此时不起化学反应，混合后的浆料必须立即灌装，一般需要在15~20min分装完毕。内酯豆腐用的包装盒由耐热（100℃以上）材料制成，每个包装盒的容积不宜过大，一般为400g左右。

（7）凝固成形 将完成混合灌装的包装盒装入包装箱内，将装有包装盒的包装箱送入温度为85~95℃的高温库内加热15~20min，这时豆浆中的葡萄糖酸-δ-内酯分解成葡萄糖酸，使盒装豆腐凝固成形（原理详见本章第六节），同时完成杀菌程序。

内酯豆腐自动包装机见图6-8。

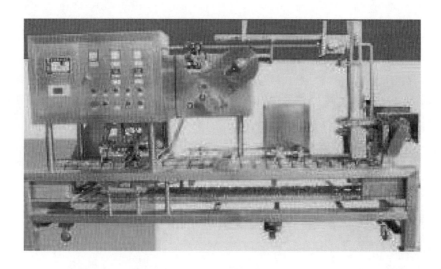

图6-8 内酯豆腐自动包装机

（8）冷却 热凝后的内酯豆腐为强化已形成的凝胶硬度，还需送入约5℃的恒温冷却槽中，进行冷却处理，冷却后的盒装豆腐，由于经过高温杀菌程序进入超市货架后，可保持2~3d不发生变质现象。

无废渣、无废水内酯豆腐的特点与不足：

（1）出品率高 用石膏或盐卤做豆腐，1kg原料大豆只能生产2.7~3.5kg豆腐，而用内酯生产盒装内酯豆腐无黄浆水流失，出品率得到提高，采用无废渣、无废水超微纳米大豆制品加工方法生产的盒装豆腐含有大豆子叶中的全部膳食纤维，由于本项发明全部生产工艺仅去除10%的种皮，其余无除渣过程，所以1kg大豆可生产出8~9kg内酯豆腐。

（2）延长产品的货架期 内酯豆腐生产采用加热凝固方法，有一定的杀菌作用，封闭式的包装也防止了二次污染。内酯豆腐在室温为25℃时可保存2~3d不变质，而普通豆腐一般要求当天生产、当天销售。

（3）生产效率较高　水浴加热凝固取代了传统凝固方法，生产工艺得到简化，机械化、自动化水平提高，劳动强度降低。

（4）大豆利用率高，环境污染小　由于无黄浆水的排出，可溶性成分损失少，提高了营养价值，同时工业废水减少，减少了环境污染。

（5）内酯豆腐等充填豆腐凝胶强度较低，容易破碎，不利于操作烹调　另外，内酯豆腐由于用葡萄糖酸-δ-内酯作凝固剂，在高温条件下，葡萄糖酸-δ-内酯分解成葡萄糖酸，所以口味发酸。虽然内酯豆腐的质地比较细腻，但口味不如传统豆腐。

内酯豆腐生产线现场如图6-9所示。

图6-9　内酯豆腐生产线现场

第八节

无废渣、无废水速溶豆奶粉的生产原理与工艺

豆奶（包括调制豆奶与豆奶饮料）是以大豆为主要原料、添加食糖、食盐或其他食品辅料，借鉴我国传统豆浆加工技术，采用现代加工设备生产（图6-10）的感官指标与动物奶相近似的液态大豆制品，市售的豆乳、豆奶均为同一食品。

图6-10　豆奶生产车间现场

一、无废渣、无废水、高蛋白速溶豆奶粉产生的背景

豆奶虽然已风靡世界，广为饮用，人们只注意到豆奶营养、健康的有益方面，很少考虑豆奶的缺陷。

当前国内外豆奶的最大缺陷是由于去渣工艺，导致膳食纤维含量几乎为零，寻求高溶解性与高膳食纤维含量的最佳平衡点，已成为研制无废渣、无废水、高蛋白速溶豆粉的关键技术。

在二十世纪末，吉林省作为"大豆行动计划"的组成部分——"学生豆奶计划"试点省份，长春大学国家大豆深加工技术研究推广中心为"学生豆奶计划"的技术依托单位，在"学生豆奶计划"实施过程，发现液态豆奶具有以下不足。

（1）含水率高达90%左右，高含水率饮品，在高温季节容易发生腐败变质，市售豆奶为防止腐败普遍添加防腐剂，长期饮用对健康不利（表6-15）。

表6-15　不同豆奶类制品含水率

不同类型的豆奶粉制品	豆奶	调制豆奶	豆奶饮料	果蔬汁风味配制豆奶
固形物含量（≥）	8%	6%~8%（不含8%）	4%~6%（不含6%）	2%~4%（不含4%）
含水率（≤）	92%	92%~94%	94%~96%	96%~98%

（2）蛋白质含量低，蛋白质是人体所需第一营养素，世界发达国家关于人均日摄

入蛋白质量均以政府名义提出量化要求，我国要求人均日摄入蛋白质不低于77g，其中以大豆蛋白为主的植物蛋白不低于总蛋白的70%，约合54g，而我国现有豆奶制品蛋白质含量极低，见表6-16。

表6-16 不同豆奶类制品中蛋白质含量

豆奶类型	豆奶	调制豆奶	豆奶饮料	果蔬汁风味配制豆奶
固形物含量（≥）	8%	6%~8%（不含8%）	4%~6%（不含6%）	2%~4%（不含4%）
蛋白质含量（≥）	3.8%	3%~3.8%（不含3.8%）	1.8%~3%（不含3%）	0.76%~1.8%（不含1.8%）

从表6-16可见，每日饮用200mL豆奶类饮品，仅相当于补充大豆蛋白量1.52g（200mL×1g/mL×0.76%）~7.6g（200mL×1g/mL×3.8%），按国家要求人均日补充量54g的标准，还有较大差距。

（3）豆奶类饮品在加工过程由于采取除渣工艺（图6-11），豆渣生成量≥52%，干物质得率≤48%，由于豆渣生成量大，易导致环境污染，而产成品中，不含膳食纤维，造成人体所需膳食纤维资源严重浪费。

图6-11 除渣豆奶生产线现场

（4）豆奶粉产品按我国豆制品安全卫生标准要求，产品脲酶反应阴性，即视为大豆中有害生理活性因子被杀灭，但我国在"学生豆奶计划"试点阶段曾发生数起豆奶中毒事件，针对"学生豆奶"脲酶阴性仍有发生中毒的现象，以高蛋白速溶豆粉为试材加水 10 倍，煮沸 20min，检测结果发现脲酶已呈阴性（图 6-12），但活性胰蛋白酶抑制素仍残留 0.47%。

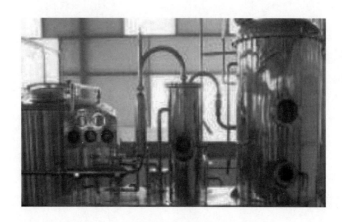

图 6-12　豆奶杀菌、灭酶、脱腥机组现场

作者又进一步以整粒原料大豆进行加热灭酶试验，结果见表 6-17。

表 6-17　不同加热处理方式脲酶与胰蛋白酶抑制素活性残留情况

加热方式	脲酶定性	胰蛋白酶抑制素活性/U
①干豆（含水 12%）、煮沸 20min	阴性	13
②干豆（含水 12%）、高压锅 120℃、煮 10min	阴性	3
③干豆（含水 12%）、浸泡 4h、100℃ 热蒸汽蒸 30min	阴性	0
④干豆（含水 12%）、在沸水中煮 20min	阴性	0

以上试验结果说明，我国目前关于大豆制品检测，均以脲酶反应阴性作为食用安全的国家标准标识的规定，尚有值得商榷之处，因为脲酶反应阴性的大豆制品中胰蛋白酶抑制素仍有活性残留的可能，长期食用此类产品必然损害胰脏，是否能成为我国糖尿病广泛发生的诱因，有待研究。

二、无废渣、无废水速溶豆奶粉的生产特点

目前国内外生产豆奶、豆奶粉的加工过程均有浆渣分离工艺环节，有益的大豆膳食纤维被排除至豆渣中作为废弃物淘汰，既浪费资源又污染环境。

豆奶粉类加工，在加工工艺过程将原料大豆磨成豆浆后，为消除大豆中的有害生理活性物质如脂肪氧化酶、脲酶，通常采取高温瞬时杀菌灭酶设备，杀灭细菌或大豆内源生理活性有害酶，一般在125~137℃高温下，处理5~10s，对浆液煮沸杀菌灭酶，但是大豆在浆液状态下加热，极易产生泡沫，看似沸腾、涨锅，但实际豆浆液温度并未达到100℃，尤其在气压低于标准大气压的环境条件下，在80℃左右时即可产生沸腾发泡现象，为了使豆浆真正熟化，如延长煮沸时间，又常产生泡沫外溢，容易引起大量豆浆流失，由于豆浆本身在加温煮沸条件下易产生泡沫的生物学特性，按照目前通用技术对大豆类浆液进行高温瞬时灭酶或煮沸灭酶，杀灭的仅是抗高温能力较弱的脂肪氧化酶、凝血素、脲酶等大豆生理有害因子，真正抗高温的、对人体胰脏危害较大的胰蛋白酶抑制素并未全部灭活，我国关于大豆加工制品的国家标准仅要求脲酶反应阴性，即视为灭酶工作完成（详见GB/T 18738—2006、GB 20371—2016）。但据作者试验证明：大豆浆液通过高温瞬时杀菌灭酶装置或煮浆灭酶处理的豆浆、豆奶、豆奶粉，如处理时间不足，虽然可达到脲酶反应阴性的要求，但胰蛋白酶抑制素仍有残留活性。例如，我国在实施大豆行动计划时，曾发生过豆奶中毒事件，经检测，学生饮用的学生豆奶经高温瞬时杀菌灭酶处理，虽然脲酶反应阴性，但胰蛋白酶抑制素残留活性却仍有4%。

国内外大量资料反映由于食用胰蛋白酶抑制素未被彻底灭活的豆制品，可引起消化不良、婴幼儿生长停滞、食用者胰脏遭受损害，甚至可能成为糖尿病患者日益增多的诱因之一。

针对上述现有豆奶粉的加工缺点，改变现有的加工工艺过程，不对浆液加温熟化，而是在磨浆工艺前，对整粒大豆种子进行加热熟化，整粒大豆种子间空隙大，气泡可通过空隙蒸发汽化，不产生涨锅外溢现象。由于改变了数千年豆制品加工煮浆熟化的传统工艺，可人为控制煮整粒原料大豆的时间。完全避免煮浆工艺、产生气泡、涨锅外溢、产生加热熟化的温度不够或加热时间不足的缺点，此种在磨浆前预熟化整粒大豆的措施，可使豆奶粉中的胰蛋白酶抑制素完全失活，彻底消除胰蛋白酶抑制素对人体的不利影响。例如，作者在实践中发现原料整粒大豆加水10~15倍，煮沸时间≥20min，可达到胰蛋白酶抑制素全部灭活的目的。由于全部生产工艺无除渣过程，大豆膳食纤维可保留于产成品之中。

三、湿法、去种皮、预熟化、无渣豆奶粉的生产工艺

（1）清选、脱种皮　采用经过常规清选措施，去除原料大豆中的杂质、磁性物、土石等杂物，再将清选后的大豆送入烘干机中，烘干后的大豆原料含水≤10%，烘干大

豆送入脱皮机中（图6-13）脱下大豆种皮，脱皮量约占原料大豆总重的10%；大豆种皮为本发明的第一种副产物。

（2）将步骤（1）脱下的大豆种皮送入通用制粉机中，制成细度 $\phi \approx 50 \sim 150\mu m$ 的大豆膳食纤维粉，此种粉状物为本技术生产的第一种副产物。据著者试验，本项大豆膳食纤维粉吸水、吸油能力虽然不如文献资料介绍的具有极高的吸附能力，但按体积计，均

图6-13 大豆前处理脱皮装置生产现场

超过大豆种皮膳食纤维粉本身体积的2倍以上（表6-18），所以本产品用于制作高纤维食品添加料、生产减肥、排毒保健食品或用于生产去油污粉均具有一定的利用价值。

表6-18 大豆种皮膳食纤维粉的吸水率与吸油率

试材	吸水率/%	吸油（豆油）率/%
大豆种皮纤维粉	230	200

（3）预熟化处理 将经过步骤（1）处理的脱皮整粒大豆加水10~15倍，由于整粒大豆之间空隙大，不会产生"涨锅"现象，煮沸20~30min，彻底杀灭大豆种子中有害生理活性因子实现预熟化目的。

（4）磨浆 将经过步骤（3）预熟化处理的、大豆有害生理活性因子全部彻底失活的整粒脱皮大豆籽粒与步骤（3）过程的煮沸用水一并送入砂轮磨中进行粗磨，完成粗磨流出的豆浆再送入胶体磨中完成精磨程序。

此项工艺的发明内容为整粒脱皮大豆熟化，彻底克服了古今中外对豆浆加热熟化易引起泡沫——溢锅、"假沸"现象，整粒脱皮大豆由于豆粒之间间距大，在水中煮沸时间可人为任意控制，不会产生泡沫溢锅、"假沸"等现象，使大豆中所有活性有害因子全部失活，克服杀灭大豆生理活性有害因子灭活不彻底的缺陷，这是本项发明的第一项关键技术。经加热水煮20~30min，彻底熟化的原料大豆籽粒与煮沸用水一并送入砂轮磨粗磨成豆浆，再将粗磨豆浆送入胶体磨完成精磨程序。此项工艺是先将原料大豆籽粒熟化，防止"假熟"现象发生，然后，再将熟化大豆磨浆，彻底改变了先磨浆、后煮浆的传统工艺。煮豆水全部进入豆浆中，无废水与废渣生产，这是本发明的第二项关键技术。

（5）配料　根据不同消费人群口味以及对营养素的不同需求，可在步骤（2）后添加牛奶、砂糖、饴糖、植物油、维生素、盐、香精、果汁、菜汁等配料中的一种或数种进行混合配料；本步骤也可不添加配料，直接由步骤（4）进入步骤（6）。

（6）超高温瞬时杀菌　将经过步骤（5）配料混合的豆浆送入超高温瞬时杀菌机，在135~150℃的高温条件下处理7~8s。

根据生产种类不同，在步骤（3）或配料后进入杀菌机前需加水对固形物浓度进行调整：生产豆奶，固形物应≥8%，生产调制豆奶，固形物含量应为6%~7.9%，生产豆奶饮料，固形物含量应为4%~5.9%，生产风味配制豆奶，固形物含量应为2%~3.9%。

（7）均质　将完成步骤（6）的豆浆送入均质机中，均质机压强为20~80MPa，均质温度为50~60℃，均质处理1~3次，在均质过程也可加入一次纳米均质机处理，但纳米均质机目前技术尚不成熟，易出故障，不论采用何种均质技术，均应使豆浆中的固形物$\phi \leqslant 60\mu m$，达到大豆细胞粉碎水平，使饮用者不致产生粗糙感为度。此工艺与第三章第三节技术条件相同，见图3-15。

图6-14　豆奶复合袋无菌软包装设备

细胞粉碎、均质处理，子叶中纤维素全部进入产品中，无废渣产生，为本项发明的第三项关键技术。均质后的豆浆直接灌装，即为液态的、湿法、脱皮、预熟化、无废渣、无废水豆奶、调制豆奶、豆奶饮料或风味配制豆奶，此项工艺环节所产的豆奶为本技术的第二种副产品。

（8）干燥　将步骤（7）从均质机流出的浆料泵入双效浓缩蒸发器中，在蒸汽压强180~200kPa、真空度80~100kPa、温度50~60℃的条件下，浆料浓缩至浓度为20%~40%，然后泵入喷雾干燥塔，在进风温度160~180℃，排风温度70~80℃、压强6~10MPa条件下喷雾干燥，干燥后所得粉状产品即为湿法、预熟化、无渣豆奶粉。以上浓缩与干燥工艺条件与第三章第三节相同，见图3-16和图3-17。

四、干法、无废渣、无废水豆奶粉的生产工艺

干法、无废渣、无废水豆奶粉生产工艺不仅适用于加工大豆，更适用于花生、松

仁、核桃、芝麻、榛仁等经炒制后能产生炒熟香味的植物种子；本项目涉及的奶只是类似"奶"的状态，在化学分类应属悬浊液、乳浊液与溶液的混合体。

（1）原料大豆选择　采用常规清选去除杂质、磁性物、土石碎块等杂物的大豆为原料。

（2）预熟化处理　将经过步骤（1）清选的原料大豆，送入烘烤箱或炒锅内，温度控制在105~150℃、烘烤或炒制时间为5~50min，最佳时间以检测胰蛋白酶抑制素完全失活、炒豆香味溢出、炒制或烘烤的整粒大豆表面无焦煳色泽褐变为度。此工艺环节为本项发明第一项关键技术，克服了传统熟化煮浆的所有不足。

（3）将步骤（2）完成的熟化大豆，用脱皮机将大豆豆皮脱下，脱皮率应达90%以上，再将脱下的大豆种皮用制粉机将豆皮粉碎至$\phi \leqslant 60\mu m$，此种粉状物即为大豆膳食纤维粉，是本工艺的第一种副产物。

（4）磨浆　将完成步骤（3）的原料大豆加水8~10倍，加入的磨浆用水全部进入产品之中，为本发明的第二项关键技术；送入粗磨机磨成豆浆状，再将粗磨豆浆送入胶体磨，完成精磨程序。

（5）配料　根据不同消费人群口味或对营养素的不同需求，可在步骤（4）后，加入牛奶、砂糖、饴糖、植物油、维生素、香精、果汁、菜汁等配料中的一种或数种进行混合配料，直接由步骤（4）进入步骤（6）。

（6）超高温瞬时杀菌　将经过步骤（5）的混合豆浆送入"超高温瞬时杀菌机"中，在125~150℃的高温条件下，处理4~8s。

（7）均质　将完成步骤（6）的豆浆送入均质机中，均质机压强为20~60MPa，均质温度为50~80℃，均质处理1~3次，完成均质处理的豆浆直接灌装成商品，即为"干法、预熟化、无废渣、无废水豆奶"；为本项技术工艺生产的第二种副产物。

（8）干燥　将步骤（7）从均质机中流出的豆浆泵入双效浓缩蒸发器中，在蒸汽压强180~200kPa、真空度80~100kPa，温度50~60℃的条件下，将浆料浓缩至浓度20%~40%，然后泵入喷雾干燥塔，在进风温度160~180℃，排风温度70~80℃、压强6~10MPa条件下喷雾干燥，干燥后所得粉状产品即为"干法、预熟化、无废渣、无废水豆奶粉"。

五、湿法、不去皮、无废渣、全质豆奶粉的生产工艺

湿法、不去皮、无废渣、无废水、全质豆奶粉生产方法不仅适于大豆奶粉加工，更适用绿豆奶粉的生产。绿豆清热解毒的功效已被国人公认，传统市售绿豆粉、绿豆

奶粉种类很多，但在上述产品加工过程，也是沿用大豆加工工艺，即先将绿豆磨浆，然后浆渣分离，再对绿豆浆液加热熟化，此种加工工艺由于绿豆浆液在加温至80℃以上时，即可产生大量泡沫，难以真正达到熟化程度，绿豆浆液加热沸腾后，如再持续加热，绿豆浆液泡沫大量流失，影响产品得率，而且绿豆浆液煮沸时间超过15min后，很容易造成绿豆天然色泽劣变，成为黄褐色，降低产品感官品质。如果加热时间不足，所得的绿豆奶或绿豆奶粉产品中的生绿豆腥味严重，影响商品口感和食用品质。

　　湿法、不去皮、无废渣、无废水、全质豆奶粉生产的绿豆奶粉可广泛作为食品工业原料，用于生产冰淇淋、绿豆馅料等，绿豆奶粉也可代替盐汽水用于工厂夏季防暑饮料，绿豆奶粉由于含水率≤7%，适于储运，也可作为地质、土壤等野外工作者或野外作训以及远航出海部队的消暑饮品。

　　豆（含绿豆）奶粉的具体生产步骤如下，鉴于此项工艺生产绿豆奶粉的价值比豆奶粉更高，因此以绿豆奶粉为实例予以说明。

　　（1）原料绿豆选择　采用常规清选措施去除杂质、磁性物、土石碎块的、贮存期不超过一年的新鲜绿豆为原料。

　　（2）预熟化处理　将经过步骤（1）选出的、贮藏期不超过一年的新绿豆原料（陈年绿豆，加热时易发生色泽褐变），加水5~10倍，煮沸10~40min；最佳煮沸时间，以消除原料绿豆的生绿豆腥味，而煮沸水色泽未发生褐变时为度。

　　（3）磨浆　将经过步骤（2）处理的原料绿豆与煮沸用水一起送入粗磨机磨成豆浆状，再将完成粗磨的绿豆浆送入胶体磨，完成精磨程序。

　　（4）配料　根据不同消费人群品味或对营养素的不同需求，可在步骤（3）后，加入牛奶、砂糖、饴糖、植物油、维生素、香精、果汁、菜汁等配料中的一种或数种进行混合配料；本步骤也可不添加配料，直接由步骤（3）进入步骤（5）。

　　（5）超高温瞬时杀菌　将经过步骤（4）的绿豆浆送入"超高温瞬时杀菌机"，125~150℃的高温条件下处理4~8s。

　　（6）均质　将完成步骤（5）的绿豆浆送入均质机中，均质机压强为20~60MPa，均质温度为50~80℃，均质处理1~3次，完成均质处理的绿豆浆直接灌装成商品，即为湿法、预熟化、无渣绿豆奶。

　　（7）干燥　将步骤（6）从均质机流出的绿豆浆泵入喷雾干燥塔，在进风温度160~180℃、排风温度70~80℃、压强6~10MPa条件下喷雾干燥，由于此种生产方法将绿豆种子营养物质全部利用，所以又冠以"全质"二字。干燥后所得粉状产品即为湿法、不去皮、无废渣、全质绿豆奶粉（图6-15）。绿豆的消暑、解毒功效已为全民共识，全质绿豆奶粉由于加入热水即可冲调饮用，加工简便，预测以全质绿豆奶粉取代盐汽水，用于工业企业高温作出消暑保健饮料，将有广阔的市场前景。

图 6-15　佳木斯冬梅豆制品食品公司采用作者发明技术生产的
湿法、不去皮、无废渣、无废水、全质绿豆奶粉

六、大豆种皮深加工技术原理与工艺

大豆加工领域工业生产的分离蛋白、浓缩蛋白以及部分豆奶与豆奶粉生产的前处理，均将大豆种皮剥离，剥离的种皮通常作为饲料，大豆种皮作为饲料虽然可解决固体排放物的处理问题，但附加值低下，造成企业经济效益损失。

现以速食豆腐脑粉生产企业为例，建议对剥离的大豆种皮采用下述综合加工利用模式。

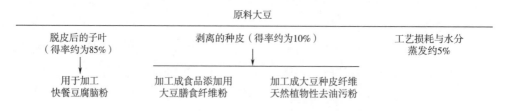

图 6-16　速食豆腐脑粉工业生产综合利用示意图

关于速食豆腐脑粉与大豆种皮纤维天然植物性去油污粉已在本章第六节和第八节四予以阐述，不在本节中重复介绍。以剥离的种皮为原料，采用超微制粉技术，可将种皮加工成食品添加用大豆膳食纤维粉（表6-19）。

表6-19 大豆种皮膳食纤维粉主要理化指标

成分	膳食纤维		水分	灰分	碳水化合物	蛋白质	脂肪	粒度① ϕ
含量	非水溶膳食纤维（IDF）57%	水溶性膳食纤维（SDF）13%	≤8%	≤5%	约4%	约10%	约1%	90~250 目（120~55μm）
	IDF：SDF = 81：19							

作者以大豆种皮膳食纤维粉为添加剂生产的挤压膨化高纤维休闲食品，具体工艺流程如下：

（1）配料 以市售玉米粉15%、大米粉15%、小米粉15%、小麦面粉25%混合为基料，添加30%"大豆种皮膳食纤维粉"，加入配料总量6%~10%的卫生指标达到饮用水级的水，混合投入拌粉机中搅拌均匀，时间3~5min，感官以手捏可成团，松手后，面团能散开为度。

（2）挤压膨化 将步骤（1）混合配制均匀的湿粉料，投入双螺杆膨化机中进行挤压膨化。开机前需要预热至设定温度。膨化机的不同区段温度控制设定第一区段为30~70℃，第二区段为65~150℃，第三区段为100~180℃，根据季节变换、车间内温度的不同，加工者可在高温环境下适当降低机体温度，在低温环境条件下运转时适当提高机体控制温度。

混合湿粉料受到机体热以及带动湿粉料与筒壁摩擦形成的剪切力作用，水分蒸发产生膨胀使机体内压强升高至2~6MPa（相当于20~60atm），在高温、高压作用下，混合湿粉料被挤压成整合高度可塑胶状体。

此种挤压膨化机，作者作为研制者之一，早在二十世纪七十年代末期曾将此项发明转让长春动力元件厂用于生产大豆组织蛋白，并在国内外售出该项设备800余台套，二十世纪七十年代末，市场随处可见的人造肉、大豆素肉等制品，均为此种设备加工生产（图6-17）。各地在此设备基础上不断改进，现已形成可生产多种组织化、不同形状的产品。

---

① 小麦面粉精粉级粒度 ϕ 为90目，本项产品大豆种皮膳食纤维粉细度 ϕ 为90~250目（通过物料直径55~120μm），细度细于小麦精粉，用于食品添加，可免于食用人群产生味觉粗糙感。

在食品加工领域经常看到物料粒度直径与滤网直径的概念，现将有关常识介绍如下：毫米（mm）：10^{-3} 米（m）；微米（μm）：10^{-6} 米（m）；微滤（MF）：10^{-7} 米（m）；超滤（UF）：10^{-8} 米（m）；纳滤（nF）：10^{-9} 米（m）；反渗透（RO），1埃（Å）= 10^{-10} 米（m）。

素肉条　　　　　　　　素鸡翅

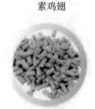

素牛排　　　　　　　　素肠丁

图6-17　作者于1982年在《东北师大学报》发表关于挤压膨化组织蛋白的论文，二十世纪七十年代末在长春动力元件厂生产的第一代大豆组织蛋白挤压膨化成型机及其产品。本篇论文证明，采用作者大豆组织化技术生产的产品早在40年前已形成产品问世。

（3）成型　在步骤（2）机体内形成的胶状融合体，调整通过锥形的模板开孔，进入不同形状的模具中，由于胶状融合体是从高温高压机体内喷至常压空间，压强骤然下降，水蒸气迅速蒸发散失，压强的骤降使模具中的梅花、条形、片状等成形物，变为体积膨大、口感酥松、表面多孔的膨化物，此种膨化物为本项发明生产工艺的半成品。

（4）烘干　将步骤（3）膨化成型的半成品送入烘干机中，温度控制在160～200℃，烘干时间为3～6min，烘干后半成品含水率≤6%。

经步骤（3）膨化成形的半成品，也可送入油炸机中，用植物油炸成微黄色。

（5）调味、包装 根据市场需求，可向烘干成形（或油炸成形）的大豆种皮高膳食纤维膨化休闲食品表面喷布甜或咸香味添加料，调成不同口味，进行包装后，即为合格的产品。包装时应控制净含量，尽量防止产生负偏差，外包装箱表面应注明膨化食品，以防在搬箱运输过程将膨化酥脆的产品震碎损耗。

上述工艺流程具体步骤见图 6-18。

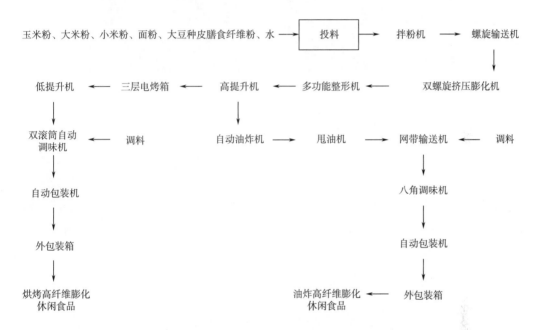

图 6-18 大豆种皮高膳食纤维膨化休闲食品生产工艺流程

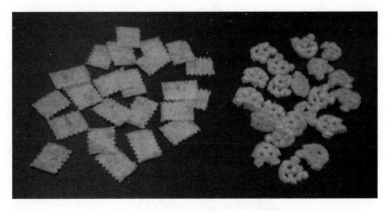

（1）大豆种皮高膳食纤维膨化休闲食品

（2）大豆种皮高膳食纤维膨化休闲食品生产现场

图6-19　长春吉科生物技术有限公司"大豆种皮高膳食纤维膨化休闲食品"产品与生产现场

　　按本章第六节生产工艺加工生产的大豆种皮高膳食纤维膨化休闲食品，经检测膳食纤维含量高达21.7%，如按联合国粮农组织（FAO）要求每人每日最低摄入膳食纤维应为27g（表6-2），我国目前人均日摄入膳食纤维约14g，国人如能补充摄入100g，含膳食纤维约20%的大豆种皮高膳食纤维膨化休闲食品，则相当于补充膳食纤维约20g，与成年人正常每日原摄入的14g膳食纤维相加，人均日摄入量达到34g，足以满足联合国粮农组织关于膳食纤维最低警戒线27g/（人·d）的要求（表6-20）。

表6-20　长春吉科生物技术有限公司生产的大豆种皮高膳食纤维膨化休闲食品的理化成分与卫生指标检测报告

样品名称	检测项目	检测结果
大豆种皮高膳食纤维膨化休闲食品	膳食纤维含量/%	21.7
	蛋白质含量/%	10.5
	脂肪含量/%	1.1
	碳水化合物含量/%	62.9
	水分/%	2.4
	灰分/%	1.4
	菌落总数/（CFU/g）	<10
	大肠菌群	<10
	沙门菌	未检出

续表

样品名称	检测项目	检测结果
大豆种皮高膳食纤维 膨化休闲食品	志贺菌	未检出
	金黄色葡萄球菌	未检出

注：谱尼测试集团检测报告。

参考文献

［1］郑建仙 . 功能性膳食纤维［M］. 北京：化学工业出版社，2005.

［2］陈仁淳 . 营养保健食品［M］. 北京：中国轻工业出版社，2002.

［3］高泓娟 . 国内食品领域膳食纤维应用空白多［N］. 中国食品报，2016-5-24（6）.

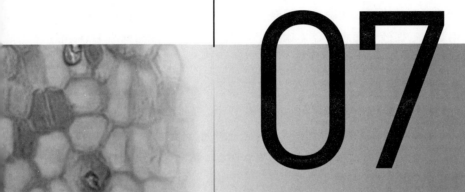

07

第七章

高纯度大豆低聚肽的
加工原理与技术

近年来，在研发大豆籽粒中的有效成分提取与利用的过程，发现大豆籽粒中除已被公认的营养成分外，还含有对人体具有保健作用的成分，这些成分统称为功能因子。本书介绍的大豆功能因子为非脂溶性功能因子，不包括大豆甾醇、大豆磷脂等脂溶性功能因子。

国内外关于大豆功能因子（包括大豆肽、异黄酮、皂苷、低聚糖等）加工生产技术研究均处于发展阶段，研发历史不超过一个世纪，但提取与利用的方案设计较多。本书第一章中已将大豆保健功能成分与加工有关的生物学特性，作了部分阐述，为读者提供研发大豆功能因子及其制品的技术理论基础依据。为与国内外大豆加工领域规范的名词术语相一致，本书将大豆保健功能成分统一称为大豆保健功能因子或简称为大豆功能因子。

根据我国现行法规规定，大豆功能因子既不属于营养素（蛋白质、脂肪、碳水化合物、维生素、微量元素、水、膳食纤维），又有别于食品或食物，更不属于药品的范畴。例如，大豆肽虽然具有快速吸收、迅速转化体能特殊的保健作用，但目前研究尚未证明人体不摄入大豆肽就能像不摄入蛋白质一样有蛋白营养缺乏，甚至死亡。

我国千百年来一直奉行"药食同源"的传承，但是现代法规要求"保健食品"一定要说明"本品不能代替药品"，保健食品说明中不得含有表述产品功能的相关文字如增强免疫功能、辅助降血脂等。

由于受到政策法规的限制，本书作者研制的高纯度大豆低聚肽自投产以来，只能作为中间原料出口。

经生产实践证明，高纯度大豆低聚肽综合生产成本约 150 元（人民币）/kg，产品出口，大连离港价为 380 美元/kg（约合 2508 元人民币/kg）（图 7-1），出口至东南亚国家，经改换包装，每盒重 50g，每盒售价为 75 新（加坡）元，相当于每千克高纯度大豆低聚肽售价折合人民币为 7960 元，高额附加值被外商获得。

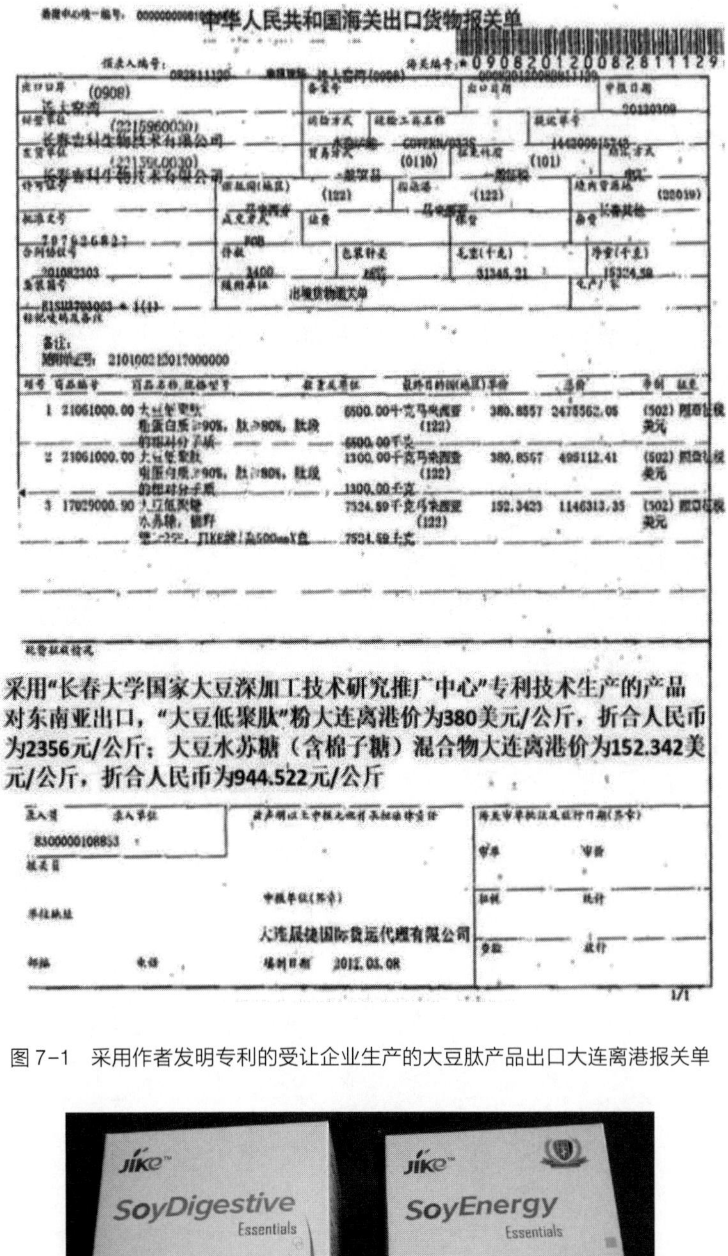

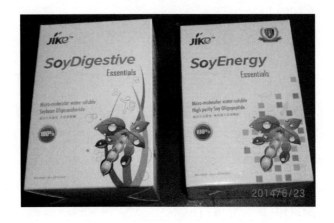

图7-1　采用作者发明专利的受让企业生产的大豆肽产品出口大连离港报关单

图7-2　长春吉科生物技术有限公司高纯度大豆低聚肽出口产品

第一节

大豆肽与高纯度大豆低聚肽的概念

根据我国《大豆肽粉》（GB/T 22492—2008）规定大豆肽是相对分子质量分布
≤5000 的小分子大豆蛋白（图 7-3）。

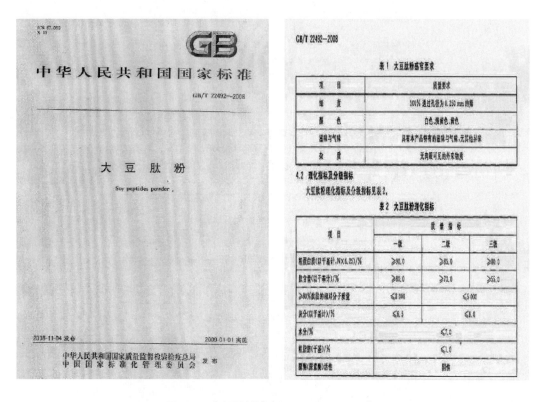

图 7-3　《大豆肽粉》（GB/T 22492—2008）

蛋白质是组成人体最主要的有机成分，正常人体蛋白质含量约占人体干重的一半、
高达 45% 以上，人体的生命活动、生长发育无不与蛋白质密切相关，所以蛋白质又被称
为生命素或第一营养素。

国内外关于大豆蛋白与大豆肽分类尚未形成明确标准规定。例如，QB/T 2653—
2004 将相对分子质量 ≤10^4 的大豆蛋白称为大豆肽，国家标准将相对分子质量 ≤5×10^3
的大豆蛋白称为大豆肽，《有机化学》统编教材将 ≤60 个氨基酸残基构成物称为肽。

$$H_2N-CH-\overset{\overset{\displaystyle O}{\|}}{C}-NH\cdots\cdots\overset{\overset{\displaystyle O}{\|}}{C}-NH-CH-\overset{\overset{\displaystyle O}{\|}}{C}-NH-CH-COOH$$

$$\underset{R_1}{\quad}\qquad\qquad\qquad\qquad\underset{R_{n-1}}{\quad}\qquad\underset{R_n}{\quad}(n\leqslant 60)$$

作者根据国家标准与现有文献整理建议将大豆蛋白类群按相对分子质量或氨基酸残基组成数量的不同，分为以下三类。

（1）大豆蛋白类群中，相对分子质量 $>5\times10^3$ 或由 >60 个氨基酸残基构成的有机高分子化合物称为大豆蛋白质。

（2）相对分子质量分布在 $1\times10^3\sim5\times10^3$ 的氨基酸残基构成物称为多肽（多聚肽）（Polypeptide）。

（3）相对分子质量 $<10^3$ 的氨基酸（不包括单一氨基酸）残基构成物称为短肽（低聚肽、寡肽）。

大豆蛋白质中由肽键联结形成的相对分子质量 $\leqslant5\times10^3$ 的物质称为大豆肽，组成肽的各个氨基酸单位称为氨基酸残基，习惯地将含有两个氨基酸残基的肽称为"双肽"，含三个氨基酸残基的肽称为"三肽"。依次类推，其他如人工合成胰岛素为 51 肽、降血压肽为 26 肽、美国最新研制的鲁纳申抗癌肽（Lunasin）为 43 肽等。

采用作者发明的专利技术生产的大豆肽，蛋白纯度 $\geqslant92.00\%$，相对分子质量分布 $\leqslant5\times10^3$ 的肽的成分含量 $\geqslant90.00\%$，相对分子质量分布 $\leqslant1000$ 的低聚肽成分含量 $\geqslant85\%$，溶解度 $=100\%$，NSI $=100\%$，灰分 $\leqslant2.0\%$。药物代谢动力学试验结果证明，动物口服摄入 5min 后可进入血液，10min 转化体能，半衰期为 12h。经查新证明：国内外未见有指标相近的产品与生产技术。为区别于国内外同类大豆肽产品，作者将以其发明专利技术生产的，并达到上述理化指标的大豆肽暂命名为高纯度大豆低聚肽（其质量指标与相关国家标准比较见图 7-6、图 7-7、表 7-1 和表 7-2）。

第二节

大豆肽保健功能

大豆种子中含有 35%～45% 的蛋白质，大豆与肉、蛋、奶、鱼等动物性食品相比，由于必需氨基酸组分齐全，含量丰富，所以被称为人类所需的、最主要的优质蛋白营养源。据文献介绍天然蛋白质被人体摄入后，经蛋白酶水解，约 1/3 水解为氨基酸、2/3

水解为肽，通过胃肠消化、肠壁吸收进入血液，从蛋白质摄入人体到进入血液的时间，一般需要 4~6h。对于急需补充蛋白质营养素的重症垂危病人，处于竞技状态下需要快速提高体能而又禁服兴奋剂的运动员，胃、肠大面积切除和吸收功能衰减的患者，考前学生，需要补充蛋白营养素而又应尽量减少排泄的航天员和飞行员，需要摄入营养又要防止发胖的运动减肥者，临战前的战士，消化吸收功能不健全的老人与婴幼儿，大量的亚健康人群，体、脑劳动过度的企业家、高管、白领，戒毒期需要补充高能蛋白营养素的患者，手术后伤口等待良好愈合的病人等需要快速吸收蛋白营养素、高效转化体能的特殊人群，无论摄入何种优质蛋白（如肉、蛋、奶、鱼等）均因普通蛋白质吸收转化周期长，难以实现补充人体体能消耗后、对蛋白营养素快速吸收的需求，只有摄入肽，才是快速补充蛋白营养素的理想措施。

国外于二十世纪九十年代，伴随社会人群由贫困走向富裕，健康食品、功能食品陆续兴起，健康、长寿、美容已成为社会人群的生活时尚，肽具有营养、保健、医疗三重功效已在发达国家得到普遍证实。根据现有文献资料介绍，肽的主要功能如下。

（1）抗衰老　人体衰老的主要原因是体内激素（荷尔蒙、HGH）分泌减少，小分子蛋白肽既是激素的组成部分，又是激素的营养，通过补充肽，可以刺激脑垂体分泌激素的功能，改善和提高细胞新陈代谢，加速体内废物排泄，缓解疲劳，延缓衰老。

促进人体衰老的另一个因素是超氧自由基与人体组织结合、氧化，促进人体衰老进程，相对分子质量<2000 的肽具有提高超氧化物歧化酶（SOD）活性的功能，超氧化物歧化酶具有抑制脂质氧化，清除超氧自由基，使细胞免遭氧化破坏，防止体表与血管壁癥块形成，使人体由内向外延缓机体衰老。亚健康人群、身患慢性疾病的中老年患者摄入超氧化物歧化酶有益于健康长寿。

（2）提高人体免疫力　人体免疫系统必须不断补充以蛋白为主的营养，才能抵抗入侵的病菌与病毒的为害，肽是人体免疫系统最容易吸收的蛋白营养，具有改善人体细胞代谢的功能，为免疫系统制造对抗病菌和消灭病毒的抗体，从而提高人体免疫功能。

（3）促进蛋白营养素消化吸收　蛋白质是人类第一营养素，但是人体摄入后，必须到达肠道，经肠蛋白酶降解消化成肽或氨基酸，才能被吸收，而肽由于在人体外已由人为措施完成酶解程序，人体摄入后，可在各消化系统，通过渗透进入血液，进入肠道后，不经酶解，即可被吸收，而且吸收率高于氨基酸，因此可作为蛋白营养剂，或以流质食物形式提供给急需蛋白质，并要求快速转化体能的特殊人群。

（4）降血压　高血压是危害人类健康最危险的疾病之一。据不完全统计，我国高血压患者占总人口的 13.6%，人数超过 2.0 亿，而实际患病人数已远远超过统计数值，高血压常引发心、脑、肾等器官的并发症。目前用于治疗高血压的药物种类繁多，但毒副作用也在严重影响人类生命质量。肽具有抑制血管紧张素转化酶的活性功能，肽作为一种血管紧张抑制剂应用后，已被医疗实践证明肽不仅具有降血压的作用，而且无毒副作用，同时对于防治心、脑、肾等并发症均起到极为显著疗效。

由于肽具有多种保健作用，目前在发达国家已开发出低抗原食品、无过敏婴幼儿食品、运动食品、促钙吸收食品、降压食品、醒酒防醉食品等，取得了显著的经济效益与社会效益。

根据来源不同，肽又可分为：

（1）人体内源肽　人体内源肽是人体内自然存在的特殊成分。如酶、激素、抗体、神经递质等，按相对分子质量分布分类，均应属于肽的范畴，这些特殊物质（如性激素、胰岛素、甲状腺素等）虽然种类繁多，但数量有限，因此人类对肽的补充，需要从外源获得，外源补充的途径是摄入肉、蛋、奶、鱼等含蛋白质丰富的食品，摄入后，再经消化、酶解、吸收、转化、补偿形成人体所需的生物活性肽，但此种补偿方式由于消化速度慢、吸收效率低，仍不够理想。

（2）重组 DNA 与人工化学合成肽　通过重组 DNA 与人工化学合成，已完成多种动物活性肽的人工合成，如牛胰岛素等，并广泛应用于保健领域。

（3）人工生物技术降解蛋白、工业提取肽　对大豆蛋白质采用生物蛋白酶进行人工控制性水解，以工业手段提取肽。作者采用在人体外以生物蛋白酶水解大豆蛋白，可使结构复杂的高分子大豆蛋白，降解为基本结构不变的、相对分子质量显著降低的小分子大豆蛋白——肽，本书介绍的工业化生产的高纯度大豆低聚肽即为人工生物技术降解蛋白的典型产品。

第三节

NSI =100%大豆肽的生产方法

市售的大豆肽商品种类繁多，用途广泛，但无论是以豆粕为原料，还是以分离蛋白为原料生产的大豆肽目前尚存在以下三大缺陷。

（1）酶解蛋白产生的不良异味，影响食用品质　大豆蛋白质酶解后，常产生的特殊的腥、苦、臭味，大豆肽在生产过程，由于无机盐脱除不彻底，残留的 NaCl 等盐类使大豆肽产品还保留有一定咸味，作为食品或食品添加料，腥、苦、臭、咸等异味，严重影响大豆肽本身的食用品质以及被添加食品的产品质量，不具备食品供人类食用、引发人体味觉愉悦的特点。

（2）肽纯度低，妨碍肽功效的发挥 我国《大豆肽粉》（GB/T 22492—2008）规定：肽含量（以干基计）为 55%~80%（图 7-2），即相对分子质量 ≤5000 的氨基酸残基化合物含量达到 55% 以上，即可称为肽，可见我国大豆肽类产品，由于纯度不高，在食用剂量相同的情况下，必然影响大豆肽的功效的发挥。

（3）色泽欠佳，使商品品质下降 大豆肽纯品，色泽应为纯洁白色，但目前市售商品，由于在生产工艺过程分离其他物质不彻底，残留的呈色物质常使商品大豆肽呈淡褐色或浅黄色，由于色泽欠佳，而使商品形象下降。

作者发明的 NSI＝100% 大豆蛋白肽（粉）生产方法（ZL200510137871.9 号）是一项提高大豆肽纯度与水溶解度的生产技术，该项技术 2010 年 10 月 27 日获得发明专利授权（图 7-4）。

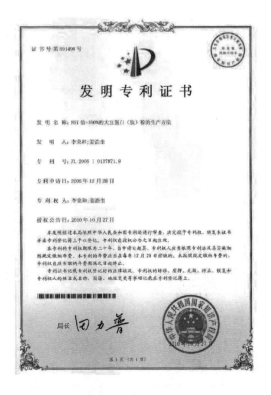

图 7-4 NSI =100%大豆蛋白肽（粉）生产方法发明专利证书

本发明适用于以大豆粕为原料，加工大豆肽的大豆深加工技术，也适用于玉米胚、花生胚、葵花籽胚等含油作物种子的深加工。

国内外大豆分离蛋白优级产品的蛋白质含量指标为 ≥90%、NSI（水溶性 N/总 N×100%）≥90%。但是，目前没有任何一种大豆分离蛋白产品的 NSI 能达到 100%。我国《大豆肽粉》（QB/T 2653—2004）关于蛋白质含量规定如表 7-1 所示。

表 7-1　蛋白质含量规定

项目		Ⅰ型	Ⅱ型	Ⅲ型
总蛋白质（以干基计）	%	90.0	88.0	85.0
大豆肽（以干基计）	%	80.0	70.0	55.0
90%以上的大豆肽相对分子质量分布	≤		10000	

大豆肽属于小分子蛋白，按上述国家轻工行业标准规定：Ⅰ型大豆肽含有 10%（90%～80%）、Ⅱ型大豆肽含有 18%（88%～70%）、Ⅲ型大豆肽含有 30%（85%～55%）未发生降解的蛋白质；在分子质量分布方面，产品中有≤10%的、分子质量>10⁴ 的蛋白成分。即在 2005 年 1 月 1 日前，我国将分子质量≥10000D 的氨基酸残基组成的有机物称为蛋白质。行业标准是行业先进生产力指标的代表，从《大豆肽粉》行业标准分析，我国大豆肽粉产品，仍然含有 10%～30%的大豆蛋白[①]，大豆蛋白包括有：水溶性蛋白和非水溶性蛋白，即按 QB/T 2653—2004，我国的大豆肽粉中含有非水溶性蛋白，NSI 必然<100%。从上述材料分析，国内外的大豆蛋白与大豆肽产品尚没有 NSI＝100%、溶解度＝100%、灰分≤2.5%的产品。因此在 2005 年前后的技术历史背景条件下，研制一种 NSI＝100%的大豆蛋白（肽）粉的生产方法一直是国内外亟待解决的课题。

本发明的目的是提供一种 NSI＝100%、溶解度＝100%、卫生指标符合国家标准的 NSI＝100%的大豆蛋白（肽）粉的生产方法。

一、通过蛋白高温变性原理生产 NSI＝100%大豆肽的方法

第一种方法以低温脱溶豆粕为原料，通过蛋白煮沸变性，生产 NSI＝100%的大豆肽。

（1）磨浆　将脂肪残留≤1.5%的原料大豆粕加水 10 倍，采用通用磨浆机磨浆，磨浆后，浆液泵入煮沸搅拌罐中，煮沸温度为 80～100℃，煮沸时间为 30～120min，边煮、边搅拌，搅拌速度约 80r/min。

---

① 我国在 2008 年 1 月 1 日、《大豆肽粉》国家标准未颁布实施前，按轻工行业标准，大豆肽Ⅰ型含总蛋白质为 90%、肽含量为 80%，即未降解肽的大豆蛋白＝90%-80%＝10%，Ⅲ型总蛋白含量为 85%、肽含量为 55%，未降解肽的大豆蛋白＝85%-55%＝30%。因《大豆肽》轻工行业标准颁布时，我国尚未采用相对分子质量概念，所以仍沿用分子质量称谓，单位为"D"（道尔顿、1D＝1.67×10⁻²⁴g）。

（2）去除泡沫　磨浆与煮沸时产生大量泡沫，将泡沫吸入装有相当于脱脂原料豆粕重5倍的水中，泡沫溶解干物质浓度达到≥6%时，将溶有泡沫的液体进行浓缩，浓度达到≥20%时，进行喷雾干燥，干燥后的产品为本项发明的第一种副产物大豆发泡蛋白粉。

（3）分离　将完成煮沸的豆浆，泵入到转速为约8500r/min的卧式离心机中，离心处理30min，流出液为水溶性碳水化合物与水溶性其他有机成分与无机成分。离心沉析物为非水溶性纯化、热变性蛋白与其他非水溶性成分。

（4）过滤　将离心流出的清液，泵入板框压滤机，压力0.1~1.0MPa，流速为1000L/h，将经过板框压滤机，去除大颗粒砂、石、污物的流出液泵入50nm的纳滤机，经检测流出液COD≤25mg/L时，流出液可作为生产循环用水。

（5）生产复合功能因子　纳滤机截留物为含有低聚糖、核酸、多种大豆维生素、异黄酮、皂苷等的大豆复合功能因子，复合功能因子经浓缩杀菌后，可作为口服液。液体复合功能因子经喷雾干燥后，可作为药品或保健食品的粉状中间体。大豆复合功能因子为本发明的第二种副产物。

（6）酶解　将经过步骤（3）离心处理得到的凝乳放入带有搅拌器的保温酶反应器中，加水，搅拌、解碎，加水量以加水后的物料浓度为10%为宜，再按蛋白底物重的1%~3%加入碱性蛋白酶，边加入，边搅拌，搅拌速度约60r/min，酶解温度保持在55℃左右，酶解时间为60min。

（7）分离　将酶解后的混合液进行离心分离，采用15000r/min管式分离机固液分离，进料泵流量控制在0.5t/h，流出物为水溶性小分子大豆蛋白（肽），固相物为非水溶性其他成分。将固相物烘干，即为本发明的第三种副产物豆渣纤维饲料。

（8）脱盐、浓缩、干燥　将离心流出的大豆蛋白（肽）清液，泵入电渗析装置①，进料泵压力为0.2MPa、电流18~20A，脱盐后，电导率≤35μS/cm。将步骤（7）流出的水溶性大豆蛋白（肽）通过杀菌灭酶装置（135℃、7s）后，再泵入双效浓缩装置，蒸汽压力为180kPa，真空度为90kPa，温度55℃、浓缩后的大豆蛋白液浓度为40%。将浓缩后的大豆蛋白液，泵入压力式喷雾干燥塔中，塔的进口温度为170℃、出口温度为80℃，料液经喷雾干燥塔处理后，即为NSI=100%、溶解度=100%、灰分≤2.5%的大豆蛋白（肽）粉。

---

① 电渗析是利用离子交换膜去除水溶液中无机盐的方法，离子交换膜，分为阳离子膜和阴离子膜，阳离子膜只允许阳离子通过，阴离子膜只允许阴离子通过，利用此原理可去除水溶液中的无机盐。

经过电渗析除盐后，电导率越低，除盐效果越好，电导率单位为S/m（西门子/米）或μS/cm（微西门子/厘米）。

二、通过蛋白酸沉变性原理生产 NSI =100%大豆肽的方法

第二种方法以低温脱溶豆粕为原料，采用蛋白酸沉变性原理，生产 NSI = 100% 大豆肽的方法。

（1）磨浆　将脂肪残留≤1.5%的原料大豆低温粕，加水 12 倍，采用市售普通磨浆机磨浆，向产生的豆浆中加入盐酸，边加酸，边搅拌，搅拌速度 60r/min，调 pH 4.0 ~ 4.5，温度保持在约 60℃，搅拌时间约 30min，此时蛋白质发生沉析，呈凝乳状，将产生凝乳的混合料液泵入离心机中（离心机转速为 8500r/min），流出液为水溶性非蛋白成分。沉析物为纯化酸沉蛋白及其他非水溶性成分。

（2）过滤　将流出液加 NaOH，调 pH 7.0 ~ 7.2，泵入板框压滤机，压力为 0.5MPa，板框压滤机截留物作为固体排放物处理。流出液泵入 50nm 的纳滤机，经纳滤处理的流出液为 COD≤25mg/L 的水，可作为生产循环用水。截留物为含有低聚糖、核酸、异黄酮、皂苷及多种大豆维生素的大豆复合功能因子。

（3）酶解　将经过步骤（1）离心处理得到离析凝乳，放入带有搅拌器的保温缸中，加水、搅拌、解碎、加水量以加水后的物料浓度为 10%，再加 NaOH，调 pH 7.0 ~ 7.2，泵入酶反应罐中加入碱性蛋白酶，蛋白酶的添加量按蛋白底物重的 5% 加入蛋白酶，边加入，边搅拌，搅拌速度约 80r/min，酶解反应温度保持在 55℃，酶解时间为 60min。

（4）分离、脱盐、浓缩、干燥

酶解完成后，按第一种方法的步骤（7）、步骤（8）生产工艺过程进行，即可得到 NSI = 100%、溶解度 = 100%、灰分≤2.5%的大豆蛋白（肽）粉。

第四节

无异味、高纯度大豆低聚肽的生产方法

作者于 2014 年申报的无异味、高纯度大豆低聚肽的生产方法[①]是在 NSI = 100%的大

---

① 作者发明的无异味、高纯度大豆低聚肽生产方法发明专利也适用以玉米粕、花生粕，葵花籽粕等油料种子的胚粕或以分离蛋白、浓缩蛋白为原料生产蛋白肽粉。

如欲提取无色、无异味、高纯度大豆低聚肽，也可在与作者取得联系指导的前提下，参照第九章实施。

豆蛋白肽的生产方法基础上有所改进的一项发明技术，生产工艺简明、工业工程化水平提高，于2016年9月获发明专利授权（图7-5）。

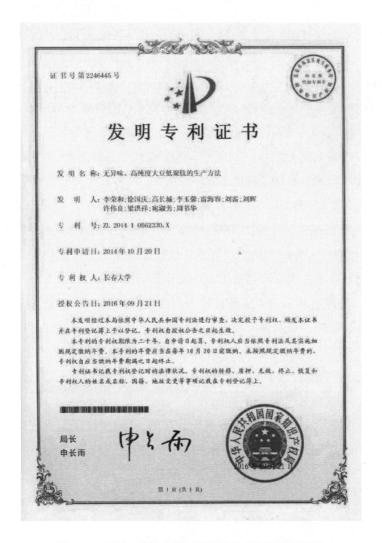

图7-5　无异味、高纯度大豆低聚肽生产方法发明专利证书

一、以豆粕为原料生产无异味、高纯度大豆低聚肽的方法

以豆粕为原料生产无异味、高纯度大豆低聚肽的方法包括以下步骤：

（1）脱除呈异味和呈色物质　将脂肪残留≤2.5%、蛋白含量≥50%、NSI≥80%的豆粕粉碎成40~60目的粗粉，送入带搅拌器的浸提罐中，再加入浓度在55%~60%的乙醇水溶液，加入量为粗料重7~10倍，保持温度为50~60℃，搅拌速度30~60r/min，搅拌时间2~8h。

（2）大豆蛋白与呈色、呈异味物分别提取　将完成步骤（1）加入乙醇溶解的混合料液送入离心分离机中，在转速3500~4500r/min条件下，进行离心分离，流出的液相物为含大豆复合功能因子的溶液，分离留存主要成分为醇不溶蛋白（以干基计蛋白含量≥65%）及少量为非醇溶性纤维素等高分子碳水化合物的固相物，弃有异味、有色液相物或留存深加工提取副产品。

（3）回收溶剂乙醇　将步骤（2）经分离机分离所得以醇不溶蛋白为主的潮湿料送入真空干燥器中，真空干燥器的真空度为77.3kPa，温度为70~90℃，处理时间1~1.5h，经真空干燥器所得蒸发乙醇回收至乙醇储罐中，继续循环用于生产。

（4）风味蛋白酶酶解　将步骤（3）所得干物质浓度约20%的混合料液［步骤（3）所得不含乙醇的干物质加水调成］，送入带搅拌器的酶解罐中，加水稀释，稀释干物质浓度为3%~7%，边加水，边搅拌，搅拌速度30~60r/min，搅拌均匀后，加入风味蛋白酶，加酶时搅拌速度减至25~35r/min，加酶量为固形物总量的1%~5%，水温保持50~60℃，pH保持7.2，酶反应时间为3~6h，经过此步骤酶解所得混合液中主要成分为呈溶液状态的肽溶液。

（5）去除未酶解的蛋白及其他非水溶性固形物　将步骤（4）所得的不具有腥、臭、苦等异味的酶解蛋白混合液迅速升温至≥80℃，加热处理20~40min，进行酶失活处理。

（6）酸沉析出未酶解蛋白　将步骤（5）所得酶失活混合液泵入酸沉槽中，加食品级盐酸，边加酸，边搅拌，搅拌速度为30~60r/min，混合液pH调至4.2~4.5，在大豆蛋白等电点条件下，使少量未酶解蛋白呈凝乳状析出。

（7）分离酶解后的固、液成分　将步骤（6）经酸沉处理的混合液在搅拌过程泵入离心分离机或过滤分离机将以肽为主的大豆肽水溶液与非水溶性的固形物分离，采用板框压滤机时，压强为0.1~1.0MPa，流速800~1200L/h，助滤剂为硅藻土，滤过液应达到透明的程度，留滤液，弃滤饼或转作肥料、饲料。

（8）电渗析去除无机盐　将步骤（7）获得的透明清液加水调至浓度为2%，泵入离子交换设备，使溶液中的酸根离子与金属离子分别吸附于离子交换设备，使用电渗析装置时进料泵压强为0.15~0.25MPa、电流18~20A，溶液通过后，物料的电导率应≤300μS/cm。

（9）树脂提纯与反渗透浓缩　将经步骤（8）电渗析除盐得到的电导率达到100~300μS/cm的料液送入非极性CAD40树脂柱中，通过CAD40树脂柱的液相物为高纯度大豆低聚肽溶液，泵入$\phi \leqslant 10^{-10}$m反渗透（RO）装置，流出液为纯水，可循环用于生产，截留液为浓度约10%的高纯度大豆低聚肽浓缩液。

（10）活性炭脱色、脱味　将步骤（9）所得大豆低聚肽浓缩液加入活性炭脱色，活性炭粒加入量为浓缩液的 1%~3%，经活性炭吸附脱色后的浓缩液，再经板框压滤机过滤，可得到无色的浓浆液。

（11）喷雾干燥　将步骤（10）得到的无色、无异味、透明溶液，经 $\phi \leq 10^{-7}$ 微孔（MF）过滤后送入压力式喷雾干燥塔中，塔的进口温度为 170~180℃、出口温度为 70~80℃，料液经喷雾干燥塔处理后所得产品，即为无异味、肽纯度 $\geq 90\%$、相对分子质量 ≤ 1000 的肽成分含量 $\geq 85\%$ 的无异味、高纯度大豆低聚肽粉。

二、以大豆分离蛋白为原料生产无异味、高纯度大豆低聚肽的方法

以大豆分离蛋白为原料生产无异味、高纯度大豆低聚肽的方法包括以下步骤。

（1）溶解蛋白　将大豆分离蛋白投入带搅拌器的溶解罐中，边投入边搅拌，搅拌速度为 30~60r/min，分离蛋白与水比例为（3~5）：（90~100），水温保持在 50~60℃，搅拌 30~120min。

（2）加风味蛋白酶，水解大豆蛋白　向经步骤（1）处理、呈溶解状态的混合液体中加入风味蛋白酶，加酶量为分离蛋白重量的 1%~5%，水温度保持在 50~60℃，继续搅拌 4~6h。

（3）杀菌灭酶　将经步骤（2）完成酶解的蛋白液，进行加热处理，加热温度为 80~90℃，同时进行搅拌，搅拌时间约 30min。

（4）过滤、提纯　将经步骤（3）的酶解蛋白液降温至 40℃ 以下，加食品级盐酸调至大豆蛋白等电点 pI 4.2~4.5，在搅拌 40~60r/min 条件下使未酶解的大豆蛋白沉析；再将经等电酸沉处理的混合液送入板框过滤机或离心过滤机，使用板框过滤机时，压强为 0.1~1.0MPa，流速为 1000L/h，助滤剂为硅藻土，使混合液经过滤分离或离心分离所得的液相物（酶解大豆肽液）均以达到透明水平为限度，留滤液，弃截留的固相物或转作饲料或肥料。

（5）电渗析除盐　将步骤（4）得到的无色透明液体送入电渗析装置，进料泵压强为 0.15~0.25MPa，电渗析装置电流为 18~20A，除盐后物料的电导率应 100~300μS/cm。

（6）树脂提纯　将经过步骤（5）除盐后电导率为 100~300μS/cm 的淡黄色液体泵入非极性树脂柱装置中。

（7）反渗透浓缩　将步骤（6）经树脂吸附后流出的液体泵入 $\phi \leq 10^{-10}$ 的反渗透装置（RO），通过反渗透处理，流出液为纯水，可在车间内循环使用，经反渗透处理后的、以大豆肽为主要成分的溶液浓度 8%~12%。

（8）活性炭脱色　将步骤（7）所得液体泵入带搅拌器的脱色罐，按溶液量的2%加入活性炭，搅拌 20~30min，再将混有活性炭的溶液送入板框压滤机，在压强≤3.5kg/cm² 的条件下循环过滤，至滤液呈无色，留取滤液，载满活性炭吸附物的滤饼可混入锅炉用煤中，一并烧掉。

（9）喷雾干燥为产成品　将步骤（8）所得的溶质为大豆肽的浆液，经 $\phi \leq 10^{-7}$ 微孔（MF）过滤后，所得滤液送入压力式喷雾干燥塔，塔的进口温度为 170~180℃，出口温度为 70~80℃，料液经喷雾干燥塔干燥所得的纯白色的粉状物，为相对分子质量≤1000 的成分分布≥85%、肽的成分总含量≥90% 的无异味、高纯度大豆低聚肽粉。

第五节

高纯度大豆低聚肽的产品理化指标评价

采用大豆功能因子连续提取发明专利也可获得高纯度大豆低聚肽产品。本项发明（大豆功能因子连续提取技术详见第九章）1999 年进行实验室小试；完成实验室研究后，2001 年申报专利，历时六年审查，2007 年获专利授权；再经中试放大与工业工程化实验，2008 年转让长春吉科生物技术有限公司生产，经三年建设，2010 年至 2013 年正式投产，历经 14 年，在实验室小试与工业工程化生产过程不断发现新问题，不断进行技术改造，使发明内容得到充实、完善（详见第九章）。

产品质量指标是专利技术水平的直观量化表述，为对作者发明专利生产的高纯度大豆低聚肽产品给予客观、定量评价，曾将高纯度大豆低聚肽委托多家权威检测部门对产品进行检测，结果如下：

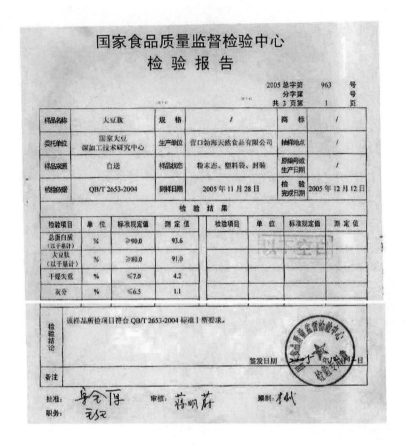

图 7-6　国家食品质量监督检验中心检验报告

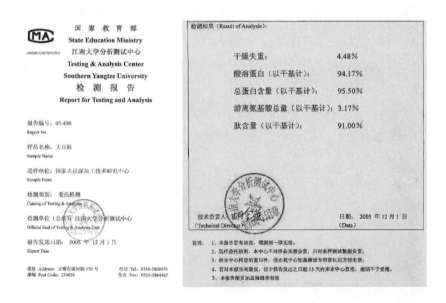

图 7-7　国家教育部江南大学分析测试中心检验报告（作者作为第一发明人生产的高纯度大豆肽，肽纯度≥90%、蛋白含量≥92%，80%以上的肽段相对分子质量≤1000）

图7-8　国家科委（国科成字 ［1995］009号）批准依托长春大学组建国家大豆深加工技术研究推广中心①

表7-2　高纯度大豆低聚肽实测指标与《大豆肽粉》（QB/T 2653—2004）对比

对比指标	《大豆肽粉》 （QB/T 2653—2004）	采用作者发明专利生产的 高纯度大豆低聚肽实测指标
粗蛋白质	85%~90%	94.17%
相对分子质量≤10000[②]的肽含量	55%~80%	91.00%
相对分子质量≤1000[②]的肽含量	无规定	87.07%
游离氨基酸	无规定	3.17%
溶解度	无规定	100%

① 1995年国家科委（国科成字［1995］009号）批准依托吉林省高等院校科技开发研究中心组建"国家大豆深加工技术研究推广中心"，该"中心"行政隶属长春大学，李荣和为该中心主任，营口渤海天然食品公司为国家大豆深加工技术研究推广中心中试与工程化试验基地，本书作者姜浩奎为该公司法人代表，按隶属关系，本书中出现的吉林省高等院校科技开发研究中心、国家大豆深加工技术研究推广中心、营口渤海天然食品公司均应归属于长春大学。

② 2008年我国最新颁布的《大豆肽粉》（GB/T 22492—2008）明确采用"相对分子质量"概念。

根据上述文献规定，本书凡涉及分子质量概念一律采用"相对分子质量"规范称谓，但《大豆肽》国家轻工行业标准采用分子量单位为Dalton，表7-2所示为与国家轻工行业标准统一，表中关于分子量称谓仍沿用"D"（道尔顿，$1D=1.67\times10^{-24}g$）。

续表

对比指标	《大豆肽粉》 （QB/T 2653—2004）	采用作者发明专利生产的 高纯度大豆低聚肽实测指标
NSI	无规定	100%
灰分	≤6.5%	1.5%
感官指标	无异味，白色或淡黄色	色泽纯白、粉状、无苦、涩、腥、臭异味

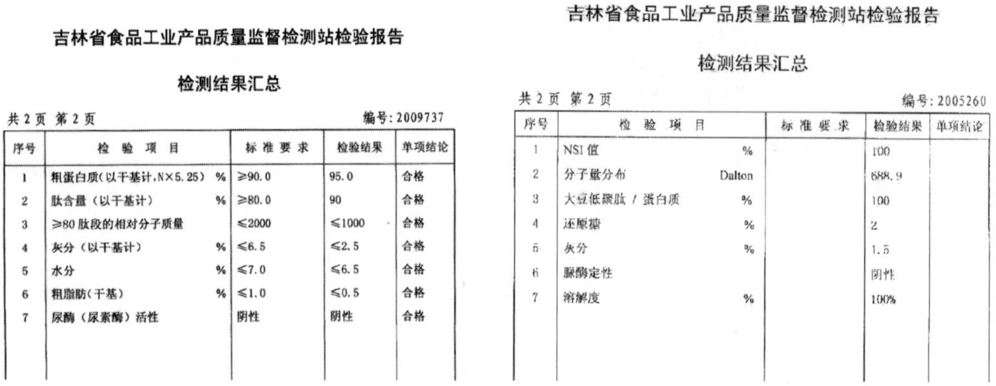

吉林省食品工业产品质量监督检测站检验报告

检测结果汇总

共2页 第2页　　　　　　　　　　　编号：2009737

序号	检 验 项 目		标准要求	检验结果	单项结论
1	粗蛋白质（以干基计，N×5.25）	%	≥90.0	95.0	合格
2	肽含量（以干基计）	%	≥80.0	90	合格
3	≥80肽段的相对分子质量		≤2000	≤1000	合格
4	灰分（以干基计）	%	≤6.5	≤2.5	合格
5	水分	%	≤7.0	≤6.5	合格
6	粗脂肪（干基）	%	≤1.0	≤0.5	合格
7	尿酶（尿素酶）活性		阴性	阴性	合格

吉林省食品工业产品质量监督检测站检验报告

检测结果汇总

共2页 第2页　　　　　　　　　　　编号：2005260

序号	检 验 项 目		标准要求	检验结果	单项结论
1	NSI值	%		100	
2	分子量分布	Dalton		688.9	
3	大豆低聚肽/蛋白质	%		100	
4	还原糖	%		2	
5	灰分	%		1.5	
6	脲酶定性			阴性	
7	溶解度	%		100%	

图7-9 吉林省食品工业产品质量监督检测站对高纯度大豆低聚肽检测结果汇总

综合上述分析检测结果证明，采用作者发明专利生产的产品高纯度大豆低聚肽量化指标归纳如下：①蛋白纯度≥92.00%；②相对分子质量分布≤5000的肽成分含量≥90.00%；③相对分子质量分布≤1000的低聚肽成分含量≥85%；④溶解度=100%；⑤NSI=100%；⑥灰分≤2.0%（图7-6、图7-7、图7-9、表7-2）。药物代谢动力学试验结果证明，动物口服摄入5min后可进入血液、10min转化体能，半衰期为12h（详见本章第六节），高纯度大豆低聚肽与蛋白质比较，口服蛋白质需经4~6h，通过消化系统消化吸收过程（免消化），口服摄入后，直接通过内表皮渗透，进入血液、转化体能。其产品质量指标明显优于国家标准与国家轻工行业标准（图7-9、表7-3），由于采用本项发明专利技术生产的产品具有以上理化指标特征，所以暂命名为"高纯度大豆低聚肽"。

一个国家、一个行业，某种产品先进生产力水平的代表应集中反映在国家标准或行业标准中，现将作者发明专利实施投产后生产的高纯度大豆低聚肽与我国大豆肽粉的国家标准对比如下：

表 7-3　高纯度大豆低聚肽实测指标与《大豆肽粉》(GB/T 22492—2008)① 对比

项目	质量指标			高纯度大豆低聚肽实测指标
	一级	二级	三级	
粗蛋白质（以干基计，N×6.25）/%	≥90.0	≥85.0	≥80.0	94.17
肽含量（以干基计）/%	≥80.0	≥70.0	≥55.0	91.00
≥80%肽段的相对分子质量	≤2000	≤5000		≤1000
灰分（以干基计）/%	≤6.5	≤8.0		≤1.10
水分/%		≤7.0		≤4.48
脲酶（尿素酶）活性		阴性		阴性
溶解度/%		无规定		100
NSI/%		无规定		100
游离氨基酸/%		无规定		1.57

为查明本项专利在国际同类技术中所处的地位水平，2006 年作者委托吉林省科学技术情报研究所进行国际查新，经检索查阅美国 DIALOG 国际联机数据库系统及其他相关技术资料，查新结论为高纯度大豆低聚肽的理化特点，在所检国外文献中未见提及（图 7-10）。

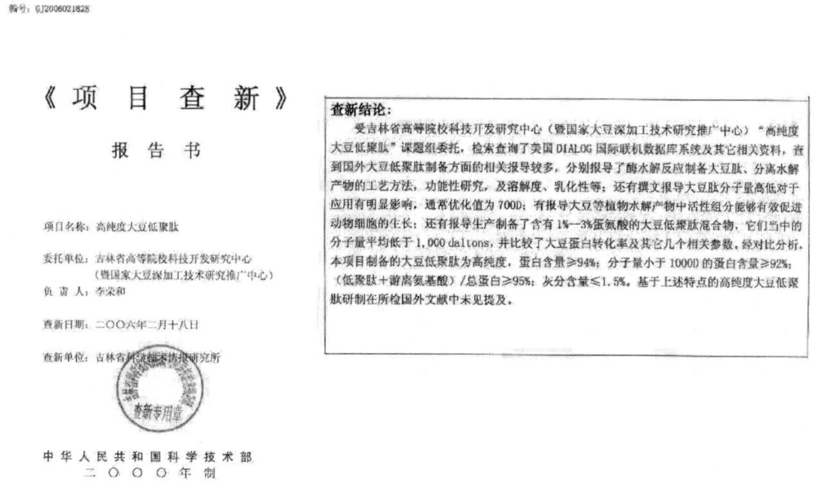
编号：GJ2006021828

《项　目　查　新》

报　告　书

项目名称：高纯度大豆低聚肽

委托单位：吉林省高等院校科技开发研究中心
（暨国家大豆深加工技术研究推广中心）

负 责 人：李荣和

查新日期：二〇〇六年二月十八日

查新单位：吉林省科学技术情报研究所

查新专用章

中华人民共和国科学技术部
二〇〇〇年制

查新结论：

受吉林省高等院校科技开发研究中心（暨国家大豆深加工技术研究推广中心）“高纯度大豆低聚肽”课题组委托，检索查询了美国 DIALOG 国际联机数据库系统及其它相关资料，查到国外大豆低聚肽制备方面的相关报导较多，分别报导了酶水解反应制备大豆肽、分离水解产物的工艺方法，功能性研究，及溶解度、乳化性等；还有撰文报导大豆肽分子量高低对于应用有明显影响，通常优化值为 700D；有报导大豆等植物水解产物中活性组分能够有效促进动物细胞的生长；还有报导生产制备了含有 1%--3%蛋氨酸的大豆低聚肽混合物，它们当中的分子量平均低于 1,000 daltons，并比较了大豆蛋白转化率及其它几个相关参数。经对比分析，本项目制备的大豆低聚肽为高纯度，蛋白含量≥94%；分子量小于 1000D 的蛋白含量≥92%；（低聚肽＋游离氨基酸）/总蛋白≥95%；灰分含量≤1.5%。基于上述特点的高纯度大豆低聚肽研制在所检国外文献中未见提及。

图 7-10　吉林省科学技术情报研究所关于高纯度大豆低聚肽的国际查新报告书

① 《大豆肽粉》（GB/T 22492—2008）颁布时间为 2008 年，此时国家关于“量和单位的使用”明确为“相对分子质量”，因此本书一律不采用“道尔顿”“Dalton”（Da）“分子量”的单位称谓。“Da”（道尔顿）是英国化学家 John Dalton 于 1803 年创立的旧单位符号（$1D=1.67\times10^{-24}g$），根据我国法定计量《国家标准》要求，该称谓已属于“非法定计量单位”。

相对分子质量是指化学分子式中各个原子的相对原子质量的总和与 1 个碳 12（^{12}C）原子质量的十二分之一的比值称为相对分子质量，相对分子质量是相对比值，不是绝对量值，其单位为“1”。

本书凡涉及分子质量概念一律按 GB/T 22492—2008 采用相对分子质量称谓。

第六节

高纯度大豆低聚肽保健功效的动物试验

为查明高纯度大豆低聚肽的生物学特性及保健功效，作者以蛋白纯度≥92%、肽纯度≥90%、相对分子质量分布≤1000 的肽成分含量≥85%、溶解度＝100%、NSI＝100%、灰分≤2%的高纯度大豆低聚肽为试材，委托吉林农业大学马红霞教授科研团队进行以下动物试验。

一、高纯度大豆低聚肽代谢动力学试验

为查明高纯度大豆低聚肽经口服后吸收的速度和达到血液峰值的时间，及其在血液中衰减的过程，进行了高纯度大豆低聚肽对实验动物代谢动力学的试验，现将结果报告如下。

（一）试验动物

健康猪8头，体重60kg（与人体重相近），公母各半，由长春市净月区种猪场提供，猪的品种为长白纯种育成猪。

（二）试验仪器

离心机，振荡器，751分光光度计，离心管，棉球，剪刀，手术刀，镊子，抗凝血玻璃管。

（三）试验试剂

10%三氯醋酸溶液，肝素钠（抗凝剂）100mL。

（四）试验方法

试验猪禁食0.5h后，灌胃给予100mg/kg体重的高纯度大豆低聚肽，灌胃后不同时间采血，采用三氯乙酸溶液除去血中的蛋白质，用分光光度计测定无蛋白血滤液的吸光度并计算血中的大豆低聚肽浓度（图7-11）。

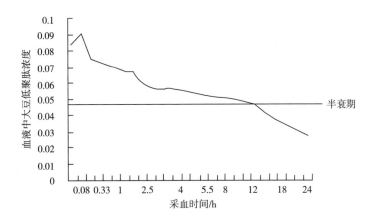

图7-11　试验动物口服高纯度大豆低聚肽后血液中的浓度与采血时间相关曲线

（五）试验结论

（1）猪灌胃给高纯度大豆低聚肽后，大豆低聚肽可不经生物消化程序，直接通过渗透，在灌胃后5min进入血液，灌胃10min左右血中大豆低聚肽浓度达到最高峰值。

（2）高纯度大豆低聚肽在猪体内的半衰期约为12h。

表7-4　试验猪摄入大豆低聚肽后不同时间的血液中大豆低聚肽浓度变化值

采血时间		血液中大豆低聚肽
min	h	浓度/（mg/100mL）
5	0.0833333	0.0841304
10	0.1666667	0.0901304
18	0.30	0.0750543
23	0.38	0.0730543
33	0.56	0.0710321
48	0.80	0.0697473
63	1	0.0670513
93	1.5	0.0659782
123	2	0.06
153	2.5	0.0573643
183	3	0.0557623
213	3.5	0.0564065

续表

采血时间		血液中大豆低聚肽
min	h	浓度/（mg/100mL）
243	4	0.0553643
273	4.5	0.0543025
303	5	0.0535563
333	5.5	0.0521459
363	6	0.0513214
423	7	0.0503985
483	8	0.0499021
543	9	0.0485633
603	10	0.0475769
723	12	0.0465321
843	14	0.0403533
963	16	0.0371055
1083	18	0.0345612
1203	20	0.0326288
1323	22	0.0296358
1425	24	0.0265733

国家大豆深加工技术研究推广中心提供的高纯度大豆低聚肽，经试验动物猪口服后，表现为吸收的速度迅速，5min 即可在血液中测出，10min 后，即可达到高峰值，半衰期约为 12h。上述试验结果证明，动物口服摄入大豆低聚肽进入消化道，无需经过消化酶解程序，而是通过渗透直接进入血液，高纯度大豆低聚肽属于免消化蛋白类型。

二、服用高纯度大豆低聚肽后试验动物负重游泳试验

为查明动物长期服用高纯度大豆低聚肽对提高体能的作用，进行试验动物负重游泳试验，现将结果报告如下。

（一）试验动物

健康雄性小鼠 40 只，体重 18~22g，购自吉林大学医学部实验动物室。

（二）试验方法

健康雄性小鼠40只，按体重随机分为4组，每组10只，设高、中、低剂量组，对照组（蒸馏水等容量灌胃），除对照组外，高、中、低剂量组分别灌胃给予高纯度大豆低聚肽150、100、50mg/（kg·d），连续灌胃给药30d，于末次受试动物灌服30min后，放入水深30cm、水温（25±0.5）℃的游泳箱内。记录小鼠自游泳开始至沉没的时间，作为小鼠游泳时间。

（三）试验结果

试验结果见表7-5。

表7-5　服用大豆低聚肽对小鼠体重及游泳时间的影响（$\bar{x} \pm s$, $n = 10$）

组别	平均体重/g						平均游泳时间/s
	灌服前	灌服1周	灌服2周	灌服3周	灌服4周	灌服5周	
高剂量组	27.7	26.1	30.0	30.6	29.5	29.2	496.22±479.14
中剂量组	27.5	27.6	29.2	32.6	31.8	32.0	448.00±179.09
低剂量组	29.5	27.8	29.5	32.5	32.8	32.6	2981.83±3480.25
对照组	23.4	25.2	25.8	27.5	39.4	29.8	445.33±252.56

（四）试验结论

试验小鼠在给药1周内体重有所降低，可能是由于应激反应所致。灌服30d后，低剂量组的小鼠的游泳时间明显延长，其余各组的游泳时间与对照组相比虽然略有增长，但经统计（$p < 0.05$）无明显差异。

说明给予低剂量 ［50mg/（kg·d）］ 大豆低聚肽可明显提高小鼠的体力与抗疲劳能力，负重游泳时间约49min，是对照组负重游泳时间约7.4min的7倍（$p < 0.01$），为高纯度大豆低聚肽人群服用有效适宜剂量提供参考值为：口服50mg/（kg·d）。

三、服用高纯度大豆低聚肽短时间内抗疲劳效果试验

在试验动物负重游泳试验的基础上，将口服剂量确定在效果显著的50mg/（kg·d）范围内，观察灌服后不同时间的抗疲劳效果，现将结果报告如下。

（一）试验动物

健康雄性小鼠 80 只，平均体重（26.35±0.78）g，购自吉林大学医学部试验动物室。

（二）试验方法

小鼠 80 只，随机分为 8 组，每组 10 只，剂量为：各组均灌服每千克体重 50mg 剂量的高纯度大豆低聚肽、对照组（蒸馏水等容量灌胃），灌服 5、10、20、30、45、60、90min 后，将小鼠分别放入水深 30cm，水温（25±0.5）℃的游泳箱内。连续观察并记录小鼠自游泳开始至沉没的时间，作为小鼠游泳时间（表 7-6，图 7-12）。

表 7-6 灌服每千克体重 50mg 剂量的高纯度大豆低聚肽的小鼠在 5～90min 游泳时间

$（\bar{x}±S，CV\%，n=10）$

	灌服 5min 后			灌服 10min 后			灌服 20min 后			灌服 30min 后	
$n=10$	体重/g	游泳时间/min	$n=10$	体重/g	游泳时间/min	$n=10$	体重/g	游泳时间/min	$n=10$	体重/g	游泳时间/min
$\bar{x}$	27.40	7.01	$\bar{x}$	25.20	25.06	$\bar{x}$	26.20	32.35	$\bar{x}$	25.60	22.40
S	1.14	1.26	S	1.78	5.33	S	1.48	3.19	S	3.00	
CV%	4.16	18.06	CV%	20.59	12.28	CV%	7.09	9.68	CV%	11.72	16.69
	灌服 45min 后			灌服 60min 后			灌服 90min 后			未灌服对照组（CK）	
$n=10$	体重/g	游泳时间/min	$n=10$	体重/g	游泳时间/min	$n=10$	体重/g	游泳时间/min	$n=10$	体重/g	游泳时间/min
$\bar{x}$	26.0	11.84	$\bar{x}$	27.2	12.24	$\bar{x}$	27.0	11.35	$\bar{x}$	26.2	6.08
S	1.73	2.93	S	2.78	6.50	S	1.22	3.80	S	3.0	2.21
CV%	6.67	24.75	CV%	10.2	53.13	CV%	4.52	33.48	CV%	11.45	36.34

（三）试验结论

（1）试验小鼠在灌服每千克体重 50mg 剂量的高纯度大豆低聚肽后，各组小鼠游泳时间明显长于对照组，说明大豆低聚肽具有明显的短期内提高抗疲劳的作用。

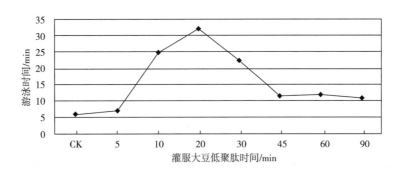

图 7-12　灌服每千克体重 50mg 剂量大豆低聚肽，灌服后不同时间（5 ~90min）组别的小鼠游泳时间曲线

（2）抗疲劳作用效果最好的是给药 10min 与 20min，此处理组的游泳时间最长。游泳时间呈类抛物曲线，5min 开始起效，10min 出现第一高峰（25min6s），在 20min 时间达到了最高峰（32min35s），游泳时间比对照组高 432.07%（32min35s/6min8s×100%-100%）；30min 降至第三个峰值（22min4s），45min 后逐渐下降，90min 时降至（11min35s），但仍较对照组高 68.68%（11min35s/6min8s×100%-100%）。

（3）经统计分析，除灌服 5min 后的游泳时间与对照组（$P>0.05$）无明显差异外，其余各组与对照组均达到了显著（$P<0.05$）和极显著（$P<0.01$）的水平。说明给予 50mg/kg 体重剂量的大豆低聚肽，在短时间内即可明显提高小鼠的体力，增加抗疲劳的能力。

四、高纯度大豆低聚肽对血清尿素氮的影响试验

作者研发的"高纯度大豆低聚肽"经过动物与人群试验均证明具有快速缓解疲劳的功效，为查明"高纯度大豆低聚肽"缓解疲劳的机理，进行了高纯度大豆低聚肽对试验动物血清尿素氮的影响试验，试验内容如下：

（一）试验动物

健康雄性小鼠 40 只，体重 18~22g，购自吉林大学医学部实验动物室。

（二）试验仪器

离心机，振荡器，751 分光光度计，离心管，棉球，剪刀，手术刀，镊子，匀浆器等。

（三）试验试剂

生理盐水，5%三氯乙酸（TCA），95%乙醇，蒽酮，葡萄糖溶液，空白试剂等。

（四）试验方法

小鼠随机分成四组：高，中，低剂量组、对照组，每组 10 只。分别灌胃给予大豆低聚肽 50、100 和 150mg/(kg·d)，连续灌服 30d 后，末次灌服 30min 后采用二乙酰-肟法测定血清中尿素氮的含量。

（五）试验结果

试验结果见表 7-7。

表 7-7　高纯度大豆低聚肽对小鼠血清中尿素氮的影响

组别	剂量/[mg/(kg·d)]	血清尿素氮含量平均值/(μg/mL)	p
对照组	0	51.23	
低剂量组	50	27.96	$p<0.01$
中剂量组	100	23.69	$p<0.01$
高剂量组	150	26.37	$p<0.01$

（六）试验结论

由表 7-7 可见，试验组小鼠的尿素氮的含量明显低于对照组，中剂量组的血清尿素氮降低最为显著，大豆低聚肽不是促进动物体内蛋白质的分解而发挥其抗疲劳作用，而是动物体直接吸收高纯度大豆低聚肽而转化形成的体能。

五、口服高纯度大豆低聚肽对小鼠肝糖原影响的试验

目前，我国 Ⅱ 型糖尿病患者日益增加，而且普遍表现为空腹血糖高于正常值，晨起空腹血糖高低主要取决于肝糖原，为查明高纯度大豆低聚肽对试验动物肝糖原的影响，现将有关情况报告如下：

（一）试验动物

健康雄性小鼠 40 只，体重 18~22g，购自吉林大学医学部实验动物室。

（二）试验仪器

离心机，振荡器，751 分光光度计，离心管，棉球，剪刀，手术刀，镊子，匀浆器等。

（三）试验试剂

生理盐水，5%三氯乙酸（TCA），95%乙醇，蒽酮，葡萄糖溶液，空白试剂等。

（四）试验方法

小鼠随机分成四组：高剂量组、中剂量组、低剂量组、对照组，每组 10 只。分别灌胃给予大豆低聚肽 50、100 和 150mg/（kg·d），连续给药 30d 后，采用蒽酮法测定肝糖原的含量，同时测定动物的体重。

（五）试验结果

试验结果见表 7-8。

表 7-8　高纯度大豆低聚肽对小鼠肝糖原的影响

组别	剂量/[mg/（kg·d）]	葡萄糖含量平均值/（μg/mL）	p
对照组	0	4013.82	
低剂量组	50	3043.332	$p<0.01$
中剂量组	100	1997.055	$p<0.01$
高剂量组	150	1105.65	$p<0.01$

（六）试验结论

由表 7-8 可见，试验组小鼠的肝糖原的含量明显低于对照组，且随灌服剂量的加大，肝糖原的降低的程度越大，表明高纯度大豆低聚肽具有促进肝糖原的分解代谢的功效。

六、高纯度大豆低聚肽对小鼠血糖的影响试验

为查明高纯度大豆低聚肽经口服，对动物血糖含量的影响，进行了以下试验。

（一）试验动物

健康雄性小鼠 50 只，体重 18~22g，购自吉林大学医学部实验动物室。

（二）试验仪器

离心机，振荡器，751 分光光度计，离心管，棉球，剪刀，手术刀，镊子，肝素

钠等。

（三）试验试剂

邻甲苯胺试剂，葡萄糖标准储存液 100mg/mL，空白试剂等。

（四）试验方法

小鼠随机分成五组：普通对照 1 组，模型 4 组，每组 10 只。

用药物人工制造高血糖动物模型组（糖尿病模型组）分为模型对照组与给药试验 3 组，试验组分别灌胃给予高纯度大豆低聚肽 50、100 和 150mg/（kg·d），连续给药 30d 后，对各组小鼠腹腔注射四氧嘧啶，注射剂量为 100mg/kg 体重，处死前 12h 禁食，颈静脉取血检空腹血糖。

（五）试验结果

试验结果见表 7-9。

表 7-9　高纯度大豆低聚肽对小鼠血糖的影响

组别	剂量/[mg/（kg·d）]	葡萄糖含量平均值/（μg/mL）	p
普通对照组	0	1636.5	
模型对照组	0	2811.444444	
低剂量组	50	1547	$p<0.05$
中剂量组	100	1590.928571	$p<0.05$
高剂量组	150	1419.916667	$p<0.05$

（六）试验结论

由表 7-9 可见，试验组小鼠的血糖含量明显低于模型对照组，差异显著，但与未患病的正常对照组血糖含量差异不显著，说明大豆低聚肽可在一定程度上降低糖尿病模型动物组的血糖浓度，而与未患病的正常动物对照组相比，对血糖含量影响差异不显著。

针对此项试验，曾有人提出高纯度大豆低聚肽是否影响碳水化合物在动物体内转化能量水平的发挥；本项试验说明大豆低聚肽只对患糖尿病的模型组小鼠有降血糖作用，而服用大豆低聚肽的各剂量组，血糖变化与普通对照组相比，无统计学意义。因此可证明服用大豆低聚肽产生的缓解疲劳的功效是由于大豆低聚肽在代谢过程快速转化体能的结果所致。

七、高纯度大豆低聚肽对小鼠血液黏度的影响试验

近代心脑血管疾病已成为危及人类生命的第一疾患，而心脑血管疾病无不与血液黏度有关，为查明口服大豆低聚肽对试验动物血液黏度的影响，现将有关试验内容报告如下所示。

（一）试验动物

健康 wister 大鼠 50 只，体重 200～250g，雌雄各半，购自吉林大学医学部实验动物室。

（二）试验仪器

全自动血液黏度仪，离心机，振荡器，分光光度计，离心管，棉球，剪刀，手术刀，镊子，抗凝血玻璃管。

（三）试验试剂

1%盐酸肾上腺素注射液，规格 1mL/mg；乙醚；肝素钠（抗凝剂）100mL。

（四）试验方法

大鼠随机分成五组：高，中，低剂量组、对照组和空白组，每组 10 只。低、中、高剂量组大鼠分别灌胃给予高纯度大豆低聚肽 50、100、150mg/（kg·d），连续给药30d 后，于末次给药 2min 后，除对照组外，其余各组分别皮下注射 1% 肾上腺素0.06mL/100g，共两次，间隔 4h，中间将大鼠置于-10℃环境中冷刺激 30min（低温冰箱），处理停食，于 18h 后乙醚麻醉，双侧颈动脉取血，血样用肝素钠抗凝，并充分混匀不得凝血（每 1250u 抗凝 3～4mL 全血），进行全血黏度测定。测定结果用 SPSS. v1. 2软件版统计，进行方差分析；多组间比较用单因素方差分析。

（五）试验结果

试验结果见表 7-10。

表7-10　高纯度大豆低聚肽对大鼠全血黏度的影响

组别	平均体重/g	全血黏度值/(mPa·s)				血浆黏度值/(mPa·s)
1	284	4.20±0.51 **##	6.00±0.63 **#	11.57±1.15 **##	29.13±0.51 **##	1.63±0.51 **##
2	284	4.28±0.93 **#	5.93±1.01 **#	10.94±1.33 **##	26.40±3.17 *##	1.52±1.07 *#
3	279	4.62±0.61 *#	6.68±0.70 *	13.07±1.36	33.36±4.41	1.69±0.07 *#
4	262	5.34±0.30 **	7.47±0.32	16.90±1.16 *	33.81±4.81 *	1.61±0.35
5	278	4.84	6.80	13.01	32.89	1.42

注：①1. 高剂量组；2. 中剂量组；3. 低剂量组；4. 模型组；5. 对照组。

②与模型组相比较：$p*<0.05$，$p**<0.01$；与对照组相比较：$p\#<0.05$，$p\#\#<0.01$。

（六）实验结论

由表7-10可见：

（1）模型组与空白对照组，各项数据经统计学处理后，其结果有显著性差异（$p<0.05$），说明造模成功。

（2）药物组全血黏度（高切，中切）均低于空白对照组，而且由高剂量到低剂量全血黏度逐渐升高，说明高纯度大豆低聚肽对生理状况下动物的全血液黏度有明显的降低作用。

（3）说明高纯度大豆低聚肽能改善急性血淤的血液流变学状态，有降低血液黏度的作用。

八、高纯度大豆低聚肽对小白鼠的急性毒性试验——LD50测定

（一）材料与方法

1. 试验动物

昆明种小白鼠，由吉林大学实验动物中心提供，批准证号10-10230。

2. 试验方法

预试验前三天进行观察，自然死亡淘汰，未淘汰留存小白鼠确定为健康小白鼠，前三天每天空腹称重，求平均值，平均体重为（19.5±0.5）g。采取随机分配法，将小白鼠分成4组，每组8只，灌胃给药，通过预试验，找出致死作用范围具有价值的三个试验组。

正式试验时将健康小白鼠随机分成 10 组，每组 10 只，雌雄各半，灌胃法给药，观察记录各组小白鼠死亡数，记录给药后出现的临床症状，及时剖检死亡小鼠记录剖检症状。

（二）试验结果

大豆低聚肽对小白鼠急性毒性试验预试验结果见表 7-11。

表 7-11　高纯度大豆低聚肽对小白鼠急性毒性预试验结果

组别	小白鼠只数	给药剂量/[mg/（kg 体重·d）]	死亡数
1	8	6000.00	0
2	8	7500.00	0
3	8	10000.00	0
4	8	12500.00	0

从表 7-11 可见，预试验给药剂量为 6000~12500mg/（kg 体重·d），相当于适宜剂量 50mg/（kg 体重·d）的 120~250 倍，未见临床症状与死亡现象，因此确定高纯度大豆低聚肽无毒，具有食用安全性。

经预试验发现高纯度大豆低聚肽无毒副作用，进入正式试验时，将灌胃剂量放大至 10000~30000mg/（kg 体重·d），相当于适宜应用剂量 [50mg/（kg 体重·d）] 的 200~600 倍。

高纯度大豆低聚肽灌胃给予昆明种小白鼠高剂量组为 26000~30000mg/（kg 体重·d），急性毒性试验结果表明，小鼠无中毒现象出现。

高剂量组（8、9、10 组）中，试验小鼠个别出现精神沉郁、喘息，但无一只死亡，中、低剂量试验组小鼠无任何异常表现。实验结束后，经剖检检查高剂量组小鼠的肝脏暗红色，心脏有轻微淤血，其他未见异常。根据急性毒性试验证明高纯度大豆低聚肽无毒性，未测出半数致死量（LD50）（表 7-12）。

表 7-12　高纯度大豆低聚肽对小白鼠急性毒性正式试验结果

组别	给药剂量/ [mg/（kg 体重·d）]	动物数	死亡数	存活数	死亡率
1	10000.00	10	0	10	0/10
2	12000.00	10	0	10	0/10

续表

组别	给药剂量/ [mg/(kg 体重·d)]	动物数	死亡数	存活数	死亡率
3	14000.00	10	0	10	0/10
4	16000.00	10	0	10	0/10
5	18000.00	10	0	10	0/10
6	20000.00	10	0	10	0/10
7	22000.00	10	0	10	0/10
8	24000.00	10	0	10	0/10
9	26000.00	10	0	10	0/10
10	28000.00	10	0	10	0/10
11	30000.00	10	0	10	0/10

第七节

高纯度大豆低聚肽的生物学特性

一、高纯度大豆低聚肽的快速吸收、高溶解性、高 NSI 理化特性在保健方面的应用前景

高纯度大豆低聚肽与蛋白质虽然均由氨基酸构成，但高纯度大豆低聚肽具有与蛋白质完全不同的理化性质。例如，高纯度大豆低聚肽与大豆球蛋白相比，不存在明显的等电点，球蛋白在约 pH 4.5 的酸性条件下，可产生沉析现象，而高纯度大豆低聚肽在酸性溶液（pH 4.2~4.6）中仍可保持约 100%的溶解度与 NSI=100%的生物学特性。上述生物学特性将为今后以高纯度大豆低聚肽口服辅助球蛋白、白蛋白以输液方式用于提高人体免疫功能、补充患者蛋白营养素，促进术后伤口愈合提供新的物质条件。

二、高纯度大豆低聚肽的氨基酸组成与预防高血压的关系

高血压病是一种常见的多发病，全世界每年因高血压病而死亡 1200 万人以上，在发达国家和比较发达国家，患病率高达 20% 以上，在发展中国家，近年的患病率也在不断增长。我国高血压患病率达到 13.6%，患病人数估计超过 2.0 亿，每年死于高血压及相关疾病的人数达 200 万人。由于高血压还是引起冠心病、心肌梗死、脑卒中和肾功能衰竭的主要原因，所以高血压已成为我国十分严重的社会公共卫生问题。

最近营养保健领域发现食源性大豆肽具有与人体胆酸结合降低血清胆固醇、降低血压、降低甘油三酯的功能，按每人每日 30~40g 的摄入标准，可用于生产功能性降血压保健食品。而且对人体无毒副作用，安全性极高；对血压正常者无降压作用；大豆肽除降压功能外，往往同时具有免疫促进、减肥及易消化吸收等优点。随着对降血压肽作用机制、生理效果及制备方法研究的深入，来源于食物大豆蛋白肽的降血压肽已显示出良好的应用前景。

实践证明，使用降压药不可能完全治愈高血压，而且长期用药，均对患者产生不同程度的毒副作用，所以近年来高血压患者与医药界均倾向于采用非药物方法进行高血压病治疗。

近代研究发现高血压是通过人体高血压素原、血管紧张素、血管紧张素转移酶共同作用结果，使血压上升。大豆蛋白经蛋白酶水解，可生成血管紧张素转移酶抑制素（ACEI），ACEI 的主要成分为肽，食用安全性极高，长期服用，既可达到降血压的目的，又无任何毒副作用。

目前关于降血压肽尚未发现有人提出明确的氨基酸组成与排序，但在相对分子质量分布要求大致趋向 1500 以下，同时要求应以疏水性氨基酸与芳香族氨基酸含量高的低聚肽为原料生产降压肽较为适宜。

疏水性氨基酸包括酪氨酸、色氨酸、苯丙氨酸、缬氨酸、亮氨酸、异亮氨酸、脯氨酸和丙氨酸；芳香族氨基酸包括苯丙氨酸、酪氨酸。

作者研制的高纯度大豆低聚肽经权威第三方检测结果证明，游离氨基酸与组分搭配构成成分如下：

高纯度大豆低聚肽经实测结果（图 7-13、图 7-14）证明所含游离型疏水氨基酸与组分疏水氨基酸，以及游离型芳香族氨基酸与组分芳香族氨基酸含量如下（表 7-13）。

图 7-13　高纯度大豆低聚肽中游离氨基酸种类及含量①

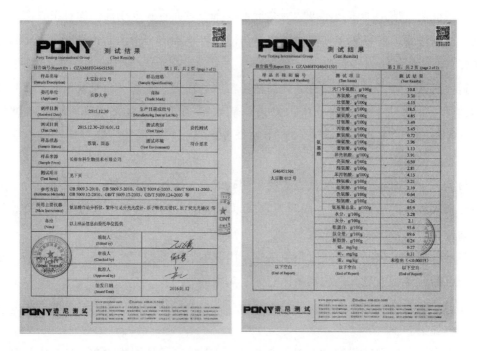

图 7-14　高纯度大豆低聚肽产品中氨基酸组成成分测试结果

---

①　游离氨基酸为高纯度大豆低聚肽产成品中所含的非大豆肽组成成分的氨基酸；组分氨基酸为构成高纯度大豆低聚肽的组成成分的氨基酸残基。

表7-13　高纯度大豆低聚肽中疏水氨基酸与芳香氨基酸①含量统计

氨基酸种类与含量/%	游离疏水氨基酸/%							
	酪氨酸	色氨酸	苯丙氨酸	缬氨酸	亮氨酸	异亮氨酸	脯氨酸	丙氨酸	合计
	0.274	0.024	0.361	0.119	0.776	0.101	0.047	0.136	1.838

组分疏水氨基酸/%								
酪氨酸	色氨酸	苯丙氨酸	缬氨酸	亮氨酸	异亮氨酸	脯氨酸	丙氨酸	合计
2.81	0.64	4.15	3.96	0.50	3.91	4.85	3.45	24.27

游离芳香氨基酸/%		
酪氨酸	苯丙氨酸	合计
0.274	0.361	0.635

组分芳香氨基酸/%		
酪氨酸	苯丙氨酸	合计
2.81	4.15	6.96

高纯度大豆低聚肽产品游离氨基酸中疏水氨基酸总和（24.27%＋1.838%）为26.108%，芳香氨基酸总和（0.635%＋6.96%）为7.595%，即高纯度大豆低聚肽中芳香氨基酸与疏水氨基酸总和（26.108%＋7.595%）为33.703%；相对分子质量分布主要在1000以下。至于降血压的功效原理，尚有待于进一步研究。

三、高纯度大豆低聚肽的解酒功效

高纯度大豆低聚肽经众多食用者饮用发现，在饮酒前如服用高纯度大豆低聚肽5～10g后再饮酒，饮酒量按平素经验摄入值可增加1倍以上，未发生醉酒状态。

酒精具有麻痹和毒害中枢神经、呼吸中枢、心脏、肝脏的不良作用，过量饮酒后表现为兴奋、共济失调、昏睡等三个生理反应时期。饮酒后，胃与肠吸收酒精量分别为25%与75%，被吸收的酒精迅速积聚在血液和人体组织中，脑组织酒精浓度是血液的10倍，血液中酒精浓度如超过300mg/100mL可导致昏迷或死亡。人体内的丙氨酸与亮氨酸具有解酒防醉的功效。人体丙氨酸浓度的提高，有助于提高肝脏中的乙醇脱氢酶和乙醛脱氢酶活性，加速将乙醇（酒精）分解转化为乙酸，在人体正常循环过程（三羧酸循环）中，被贮存或排出体外。亮氨酸比丙氨酸更具解酒的功能，因为快速、过量饮酒

---

① 表7-13所示的疏水氨基酸与芳香氨基酸分类内容为文献引用，二者均包括酪氨酸的原因尚未解释清楚。

能影响脑中的氨基酸正常平衡，而产生骨骼肌异常收缩反应，亮氨酸补充至脑中，可使脑中受影响的氨基酸组成恢复正常，降低酒精毒害作用，改善骨骼肌反应，防止异常收缩，起到防醉、解酒的功能。

生产解酒防醉大豆肽，应选择丙氨酸和亮氨酸含量高的大豆粕或大豆分离蛋白为原料，故产成品解酒防醉大豆肽以相对分子质量分布为 200~600，防醉解酒功效为显著。

大豆肽摄入人体后，经代谢产生丙氨酸与亮氨酸，丙氨酸可提高乙醇脱氢酶与乙醛脱氢酶的含量与活性，在辅酶Ⅰ参与下，加速酒精降解为乙酸排出体外，未降解的乙醇与乙酸反应生成乙酸乙酯，乙酸乙酯的香气还可消除或减轻呼吸酒臭味，反应式如下：

$$\underset{\text{乙醇}}{CH_3CH_2OH}+NAD^+ \xrightarrow[\text{辅酶Ⅰ}]{\text{乙醇脱氢酶}} \underset{\text{乙醛}}{CH_3CHO}+NADH+H^+$$

$$\underset{\text{乙醛}}{CH_3CHO}+NAD^++H_2O \xrightarrow[\text{辅酶Ⅰ}]{\text{乙醛脱氢酶}} \underset{\text{乙酸}}{CH_3COOH}+NADH+H^+$$

$$\underset{\text{乙醇}}{CH_3CH_2OH}+\underset{\text{乙酸}}{CH_3COOH} \longrightarrow \underset{\text{乙酸乙酯}}{CH_3COOCH_2CH_3}+H_2O$$

高纯度大豆低聚肽相对分子质量≤1000 的成分在 85% 以上，由于相对分子质量小，所以经代谢降解为丙氨酸与亮氨酸的周期要小于普通大豆蛋白与肽，肽降解生成的亮氨酸与丙氨酸可维持人体氨基酸正常平衡，起到防醉醒酒的作用（表7-14）。

表7-14　高纯度大豆低聚肽中丙氨酸与亮氨酸含量

氨基酸种类	游离氨基酸		组分氨基酸		合计
	丙氨酸	亮氨酸	丙氨酸	亮氨酸	
含量/%	0.136	0.776	3.450	6.30	10.662

面对社会人际交往日益频繁的现实，以高纯度大豆低聚肽为原料，开发解酒防醉饮料、大豆肽酒等，对于减轻因饮宴产生的酒精对人体伤害、防止酗酒具有实际意义。人群饮用经验证明，宴会前，摄入 5~10g 高纯度大豆低聚肽可使饮酒上限值提高 1.5~2 倍。

四、大豆肽中不同氨基酸排序、组合与抗癌功效

最近美国发明一种由 43 个氨基酸残基构成的鲁纳申（Lunasin）大豆肽，具有全新的抗癌作用。鲁纳申抗癌大豆肽氨基酸残基排序组合见图7-15。

目前发现所有的大豆种子中都含有鲁纳申大豆肽，美国食品与药物管理局（FDA）推荐每人每天食用 25~50g 大豆蛋白，约相当于含有 250mg 鲁纳申大豆肽；据研究，大

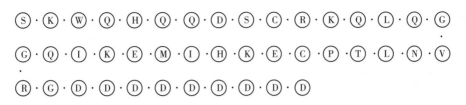

Ⓢ—丝氨酸　Ⓚ—赖氨酸　Ⓦ—色氨酸　Ⓠ—谷氨酰胺　Ⓗ—组氨酸　Ⓓ—天冬氨酸　Ⓒ—半胱氨酸　Ⓡ—精氨酸
Ⓛ—亮氨酸　Ⓖ—甘氨酸　Ⓥ—缬氨酸　Ⓝ—天冬酰胺　Ⓣ—苏氨酸　Ⓟ—脯氨酸　Ⓔ—谷氨酸　Ⓘ—异亮氨酸
Ⓜ—甲硫氨酸

图 7-15　鲁纳申大豆肽结构图

豆胰蛋白酶抑制素能抗癌的机理在于胰蛋白酶抑制素（BBIC）具有保护鲁纳申大豆肽不被消化分解，进入血液后发挥抗癌的作用。

Galvez 等将编码鲁纳申的基因导入癌细胞后，发现鲁纳申基因能抑制癌细胞分裂，促进癌细胞凋亡；外源鲁纳申具有防治化学致癌物（DMBA、MCA）或病毒致癌基因（EIA、ras 基因）诱变哺乳动物细胞癌变的功能，在化学致癌物浓度为 10nmol/L ~ 10μmol/L，Lunasin 对癌变细胞抑制率达 62% ~ 90%。

现代医疗保健实践证明，抗癌药物的理想重要特性是能否顺利口服。动物实验证明，鲁纳申大豆肽被小鼠或大鼠摄入体内后，具有抵抗胃肠分解消化的能力，试验动物摄入 6h 后，35%的鲁纳申大豆肽仍残留于血液与肝脏等部位，仍具有抗癌的生物活性，18h 后在细胞核内聚集，选择性地杀死新近转化或正在转化的癌细胞。

国外研究人员 Jeong Hyung Jin 等发明鲁纳申大豆肽的生产工艺。根据相关资料整理，鲁纳申大豆肽分离纯化工艺见图 7-16。

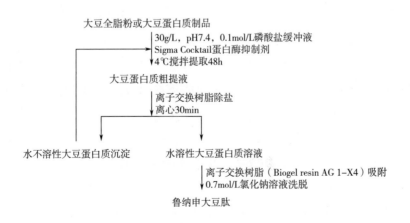

图 7-16　鲁纳申大豆肽分离纯化工艺

上述工艺条件虽然阐述并不十分清楚，但是对于研制抗癌大豆肽却是一种极好的参考。

第八节

高纯度大豆低聚肽的应用前景

一、高纯度大豆低聚肽的免消化快速吸收、高溶解性、高 NSI 理化特性在保健方面的应用

高纯度大豆低聚肽与蛋白质虽然均由氨基酸构成，但高纯度大豆低聚肽具有与蛋白质完全不同的理化性质。例如：高纯度大豆低聚肽与大豆球蛋白相比，不存在明显的等电点，球蛋白在约 pH 4.5 的酸性条件下，可产生沉析现象，而高纯度大豆低聚肽在酸性溶液（pH 4.2~4.6）中仍可保持约 100% 的溶解度与 NSI＝100% 的生物学特性。上述生物学特性将为今后以高纯度大豆低聚肽口服取代球蛋白、蛋白以输液方式用于提高人体免疫功能、补充患者蛋白营养素，促进术后伤口愈合提供新的物质条件。

根据高纯度大豆低聚肽的快速吸收、快速进入血液的生物学特性，可直接口服摄入，作为康复期病人、消化功能衰退的老人及消化吸收功能未成熟的婴幼儿等特殊人群的营养剂，对于患者恢复蛋白正常营养状态可比服用氨基酸取得更廉价和更显著的效果。

经动物试验证明，高纯度大豆低聚肽可以快速吸收（摄入后 5min 进入血液）、10min 转化体能、20min 达到峰值，半衰期可延至 12h，而且在食用量增大至人体正常摄入量 600 倍时，未发现有异常情况，未测出半数致死剂量（LD50），食用安全。所以本产品作为小分子免消化蛋白，对于兴奋考前学生精神、提高临战前战士体能均具有特殊功效；对于垂危病人、亚健康人群、厌食综合征病人、重病恢复期患者，以及消化吸收功能不健全的老人、儿童、体脑劳动过度的企业家、白领等人群也是一种理想的抗疲劳、免消化蛋白营养补充剂。

由于高纯度大豆低聚肽具有快速吸收、迅速转化体能的特点，经国家兴奋剂检验研究中心检测，不含目前已发现的、国际禁用的 181 种兴奋剂中的任何成分（图 7-17）。本品预测在戒毒领域利用其快速转化体能的功效，减少戒毒人员在戒毒期的痛苦，将发挥积极地配合治疗作用。

二、高纯度大豆低聚肽快速吸收快速转化体能的特性在运动营养食品方面的应用

高纯度大豆低聚肽是蛋白质纯度≥92%、相对分子质量<5×10^3、相对分子质量分布≤1000 的低聚肽且成分≥85%的小分子蛋白，具有快速被人体吸收（<5min）、快速转化体能（10min 转化体能、20min 达到峰值、半衰期约 12h）的生物学特性。

作者为发明人，长春大学为专利权人的高纯度大豆低聚肽已转让长春吉科生物技术有限公司实施生产，吉科生物技术有限公司将工业化产成品委托军事医学科学院生物医学分析中心检测，结果证明蛋白纯度≥92%（图 7-17）。

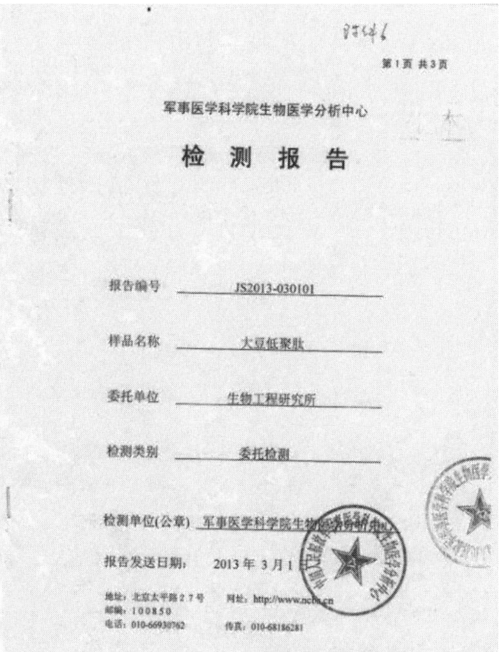

第1页 共3页

军事医学科学院生物医学分析中心

检 测 报 告

报告编号 JS2013-030101

样品名称 大豆低聚肽

委托单位 生物工程研究所

检测类别 委托检测

检测单位(公章) 军事医学科学院生物医学分析中心

报告发送日期： 2013 年 3 月 1 日

地址：北京太平路27号　网址：http://www.ncba.cn

邮编：100850

电话：010-66930762　传真：010-68186281

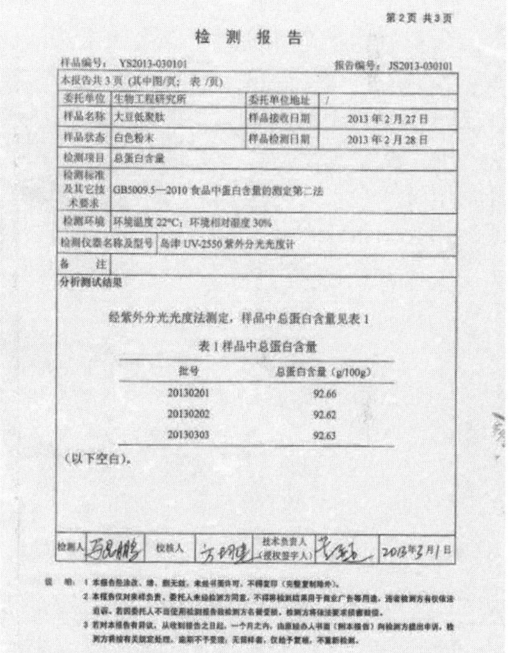

第2页 共3页

检 测 报 告

样品编号： YS2013-030101　报告编号：JS2013-030101

本报告共 3 页 (其中图/页；表 /页)			
委托单位	生物工程研究所	委托单位地址	/
样品名称	大豆低聚肽	样品接收日期	2013 年 2 月 27 日
样品状态	白色粉末	样品检测日期	2013 年 2 月 28 日
检测项目	总蛋白含量		
检测标准及其它技术要求	GB5009.5—2010 食品中蛋白含量的测定第二法		
检测环境	环境温度 22°C；环境相对湿度 30%		
检测仪器名称及型号	岛津 UV-2550 紫外分光光度计		
备　注			

分析测试结果

经紫外分光光度法测定，样品中总蛋白含量见表 1

表 1 样品中总蛋白含量

批号	总蛋白含量（g/100g）
20130201	92.66
20130202	92.62
20130303	92.63

（以下空白）。

检测人　校核人　技术负责人（授权签字人）　2013年3月1日

图 7-17　吉科生物技术有限公司生产的大豆低聚肽委托军事医学科学院生物医学分析中心检测结果

目前国内外大豆蛋白运动营养制品琳琅满目，种类繁多，其中大豆蛋白质粉与大豆肽粉同属大豆蛋白粉状制品，大豆蛋白质粉能否代替大豆肽粉用于运动营养食品生产，作者曾对市售大豆蛋白质粉相对分子质量分布进行测定，结果见表 7-15。

表 7-15　市售大豆蛋白质粉与高纯度大豆低聚肽相对分子质量分布对比

项目		市售大豆蛋白质粉	高纯度大豆低聚肽
相对分子质量	<1000 组分含量	6.56%	87.07%
	<5000 组分含量	13.44%	91.00%
	含量最高的组分	相对分子质量为 175958 组分占 70.40%	相对分子质量<1000 组分占 87.07%

从表 7-15 可见，市售大豆蛋白质粉相对分子质量主要分布范围在 17 万左右，仍属于高分子化合物，与相对分子质量主要成分分布范围≤1000 的高纯度大豆低聚肽相比较，不属于相近的数量级别，所以目前国内外大豆蛋白制品虽然产品极多，但不能取代高纯度大豆低聚肽用于人体保健。据报道我国大豆蛋白质粉年销售额在 30 亿元以上，大豆蛋白质粉与高纯度大豆低聚肽虽然同属大豆蛋白范畴，但产品质量并非同一数量级别，预测高纯度大豆低聚肽将以小分子、高溶解度、快速吸收、高效转化等生物学特性，形成具有自主知识产权的特色产品市场。

高纯度大豆低聚肽经多年专业体育运动员实际食用，均证明具有明显缓解运动疲劳的作用，国家体育总局已将长春吉科生物技术有限公司生产的高纯度大豆低聚肽粉授权为国家体育总局训练局运动员专用食品（图 7-18）。

图 7-18　国家体育总局批准长春吉科生物技术有限公司大豆低聚肽产品为
"国家体育总局训练局运动员专用食品"颁发的荣誉证书

作者发明的高纯度大豆低聚肽经国家兴奋剂检测中心检验证明，不含任何兴奋剂成分（图 7-19）。

图 7-19　国家兴奋剂检测中心对采用作者发明专利技术生产的高纯度大豆低聚肽进行检测证明，
该产品不含目前国内外禁用的 181 种兴奋剂中的任何成分

2012 年国家体育总局鉴于高纯度大豆低聚肽既可快速吸收、迅速转化体能，又不属于违禁的兴奋剂范畴（图 7-19），曾将其列为备战奥运会专用产品（图 7-20）。

图 7-20　国家体育总局训练局将高纯度大豆低聚肽列为备战伦敦奥运会运动员专用产品

我国目前国家级专业运动员约 4000 人、各省市专业运动员约 30 万人、全国参加健身馆的健身人群约为 3000 万人、学习体育课程的在校学生 3 亿人。据统计我国每周参加体育锻炼超过三次，每次持续时间 30min 以上的人群约 3.4 亿，占总人口比率的 28.2%。对于以上庞大的需要运动营养食品的人群，高纯度大豆低聚肽是最理想的外源蛋白运动营养源，具有快速吸收、迅速转化、防止肌肉蛋白消耗、保证运动员肌肉蛋白平衡、增加运动体能与耐力等功能特性。

世界上发达国家运动营养食品已形成一项朝阳产业，在美国运动营养食品已经成为美国食品行业中最年轻而又发展最快的行业，每年以 10% 的速度在增长，2015 年美国运动营养食品年销售总额约为 200 亿美元。由此可见，不断提高我国运动营养食品产业水平，高纯度大豆低聚肽将成为支撑运动营养食品高速发展的最重要的理想物质保证之一。

三、高纯度大豆低聚肽在食品工业和轻化工工业的应用

近年来，国内外关于大豆肽在食品加工方面研究较多，作者发明专利生产的高纯度大豆低聚肽属于大豆肽类群中的小分子组成物，所以预测高纯度大豆低聚肽在食品工业与轻化工工业的应用可能会取得比普通大豆肽更为理想的效果。

（一）促进微生物生长发育

大豆肽是小分子蛋白，不仅人体易于吸收，在发酵工业中，大豆肽是微生物的理想蛋白源，大豆肽具有促进微生物生长发育的功能，用于生产酸奶、干酪、醋、酱油、发酵火腿和酶制剂等，均具有提高生产效率、改善品质的作用。

（二）吸湿、保湿和改善豆制品、肉制品品质的功能

大豆肽具有良好的吸湿和保湿功能，添加于豆制品中，可使产品风味改善，蛋白营养强化，产品口感软化，易于吸收。

添加于鱼、肉制品中，可软化各种肉类蛋白，强化肉类风味，增加弹性，改善食用品质。

（三）改善面包品质，延长货架期功能

用于面包添加，可增加面团黏弹性，增加持水性、体积与香气，使产品柔软、保鲜期与货架期延长。

（四）大豆肽的热稳定性，可降低糖果黏度与甜度，提高蛋白吸收速度

大豆肽在高温条件下，不像蛋白质产生热致变性而沉淀，可保持溶解状态，在生产上为将肽与蛋白分离创造了可靠的技术依据。

大豆肽不具有大豆分离蛋白、大豆浓缩蛋白、大豆蛋白粉在溶液状态下，伴随温度升高黏度相应提高的特性，以大豆肽为原料生产高蛋白流体食品，浓度达到≥30%时，温度≥80℃也不会产生食用黏稠感，用于巧克力、糖果添加，可降低黏度、甜度，使糖果成为快速吸收蛋白的载体。

（五）高水溶性与发泡性可以改善啤酒与冰制品的功能

由于大豆肽具有高水溶性、高发泡性、溶液黏度低，大豆肽将成为生产蛋白营养啤酒、冰淇淋、雪糕、奶制品等食品的最佳添加原料。

（六）酸溶特性、乳化性与发泡性在食品加工方面的应用

大豆肽在酸性溶液（pH 4.2~4.6）中可保持100%的溶解度，大豆肽的高溶解性为生产高蛋白酸性透明饮品提供了可靠的原料基础。

（七）抗氧化性

相对分子质量<2000的大豆肽具有清除羟基自由基、强抗氧化作用。实验证明，以8%的比例向食品中添加，抗氧化效果最佳。

乳化性能以分子质量分布为 5~30ku（$1u = 1.67×10^{-24}g$）或肽链长度在 20 个氨基酸残基左右的大豆肽效果最为显著。大豆肽与大豆蛋白的发泡能力与分子大小密切相关，伴随相对分子质量降低，大豆肽起泡能力增强，大豆蛋白相对分子质量为 $5×10^3 ~ 1×10^4$ 时，发泡力达到峰值，但泡沫稳定性呈持续下降趋势，相对分子质量为 $1×10^4 ~ 3×10^4$ 的大豆蛋白发泡力与泡沫稳定性处于最佳平衡点。

（八）高吸水性在化妆品方面的应用

大豆肽吸水性极强，不受 pH 变化而影响其吸水性，伴随温度变化大豆蛋白在升温至30℃以上时，吸水能力下降，大豆肽在0~90℃吸水性反而伴随温度升高而增强，利用大豆肽的强吸水、高溶解性、高渗透等生物学特性开发护发保湿、增强皮肤弹性等功能性化妆品。

第九节

高纯度大豆低聚肽产业化的应用效果

高纯度大豆低聚肽自 2005 年获得发明专利授权后，分别对长春吉科生物技术有限公司、内蒙古科然高技术生物公司转让生产，实现产业化（图 7-21）。

本项发明产业化后，取得了显著的社会效益与经济效益。生产实践证明，大豆肽作为原料出售，综合成本约为 200 元/kg，市售价格参差不齐，高至 10000 元/kg 左右，低至 50 元/kg，目前可为凭证的官方证明是 2012 年对东南亚出口"大连离港报关单"（图 7-1），每千克为 380 美元/kg，按汇率为 1：6.6 计，折合人民币为 2508 元/kg，成本按 200 元/kg 计，年产量按 300t 计，则年产值约 7.2 亿，年利税约 6.9 亿元，投入产出比≈1：12。

高纯度大豆低聚肽运至东南亚，经重新包装后，每盒重 50g，售价为 75 新元（当时汇率为 1：5.3），折合人民币为 397.5 元，相当于每千克高纯度大豆低聚肽售价为人民币 7950 元/kg，高纯度大豆低聚肽对于提高我国大豆产业链效益具有显著效果，以大豆为初始原料，每吨价 5000 元/t→第一层次浸油，豆粕得率为 60%→第二层次以豆粕为原料，加工分离蛋白得率为 40%→第三层次以分离蛋白为原料，加工大豆低聚肽，得率为 36%，即 1t 大豆经三层次加工可得大豆低聚肽 86.4kg，按大连出口离港报关价计，86.4kg 大豆低聚肽总产值为 380 美元/kg×6.2 元人民币/美元×86.4kg＝20.4 万元人民币，大豆购入价按 5000 元/t 计，则每吨大豆与第三层次加工大豆低聚肽产值的投入产出比＝0.5 万元/t：40 万元/t＝1：40，远超过国际关于高新技术产品投入产出比应≥1：20 的惯例规定。

目前，高纯度大豆低聚肽虽然尚未形成稳定的国内外市场，但上述实际销售情况可证明，本产品具有广阔的利润空间。

高纯度大豆低聚肽发明专利受让企业吉科生物技术有限公司已被评为吉林省农业产业化省级重点龙头企业、吉林省农产品加工业百强企业等荣誉称号（图 7-22）。

合同编号：

技术转让（技术秘密）合同

采用(1)ZL200510137871.9 号(2)ZL03110825.3 号发
明专利，年加工豆粕 1800 吨（每日 5 吨），生产①

项目名称：高纯度大豆低聚肽、②大豆异黄酮与皂苷复合功能
因子、③大豆低聚糖、④豆渣饲料

受让方（甲方）：长春吉科生物技术有限公司

让与方（乙方）：长春大学吉林省高等院校科技开发研究中心
（暨国家大豆深加工技术研究推广中心）

签订时间：　　2007 年 7 月 18 日

签订地点：　　长　春　市

有效期限：　　2007 年 7 月 18 日——2015 年 7 月 18 日

中华人民共和国科学技术部印制

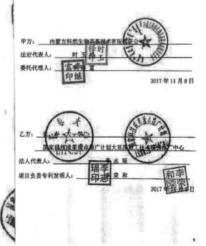

许可方签章　　　　被许可方签章

许可方法人代表签章　　被许可方法人代表签章

2013 年 10 月 25 日　　　2013 年 10 月 25 日

技术转让（专利实施许可）合同

采用授权发明专利

(1)ZL200510137871.9 号、(2)ZL201410562330.X 号及

项目名称：2016 年科学技术文献出版社出版的《大豆深加工的原
理发现与技术发明》专著的技术内容，经调整、优化、
组合，用于生产"大豆肽粉"

受让方（甲方）：内蒙古科然生物高新技术有限责任公司

让与方（乙方）：长　春　大　学
国家科技成果重点推广计划大豆深加工技术
研究推广中心

签订时间：　　2017 年 11 月 8 日

签订地点：　　长　春　市

有效期限：　　2017 年 11 月 8 日——2021 年 11 月 8 日

中华人民共和国科学技术部印制

利为普通专利使用权，属于合法、正统专利使用人，所有生产事宜由甲
方自行负责，组不得超出乙方专利内容的权利要求之外。

第二十四条　本合同一式 12 份，具有同等法律效力。在本合同
之前所签与本合同内容有关的合同一律作废，以本合同为准。

第二十五条　本合同经双方签字盖章后生效。

甲方：　内蒙古科然生物高新技术有限责任公司

法定代表人：　时玉祥

委托代理人：

2017 年 11 月 8 日

乙方：　长　春　大　学
国家科技成果重点推广计划大豆深加工技术研究推广中心

法人代表人：

项目负责专利发明人：李荣和

2017 年 11 月 8 日

图 7-21　长春大学与吉科生物技术有限公司、内蒙古科然生物高新技术有限责任公司签订的技术转让合同

　　发明专利高纯度大豆低聚肽受让企业内蒙古科然生物高新技术有限责任公司产业化
后，由于经济效益与社会效益显著，被政府有关部门授予：内蒙古自治区农牧业产业化
重点龙头企业、高新技术企业等荣誉称号，产品大豆肽被中国国宾礼评审委员会评为中
国国际外事国宾礼品。

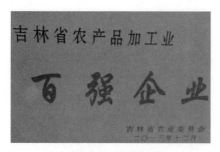

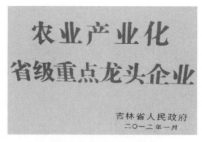

（1）农产品加工业百强企业　　　　　　　（2）农业产业化省级重点龙头企业

图7-22　长春吉科生物技术有限公司的荣誉称号

（1）内蒙古科然生物高新技术有限责任公司被评为　　　　（2）内蒙古科然生物高新技术有限责任公司被评为
"内蒙古自治区农牧业产业化重点龙头企业"证书　　　　　　　　"高新技术企业"证书

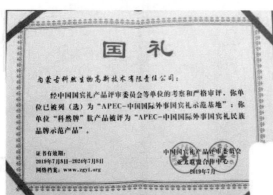

（3）内蒙古科然生物高新技术有限责任公司生产的大豆肽粉
被中国国宾礼评审委员会评为中国国际外事国宾礼品

图7-23　内蒙古科然生物高新技术有限责任公司的荣誉证书

参考文献

［1］李勇，蔡木易．肽营养学［M］．北京：北京大学医学出版社，2007.

［2］Hernández-Ledesma B，Hsieh CC，de Lumen BO. Chemopreventive properties of Peptide Lunasin：a review［J］. Protein Pept Lett，2013，20（4）：424-432.

［3］de Mejia EG，Bradford T，Hasler C. The anticarcinogenic potential of soybean lectin and lunasin［J］. Nutrition Reviews，2003，61（7）：239-246.

［4］高长城，胡锐，李煜馨．大豆肽对增强体能的作用［J］．大豆通报，2001（2）：24.

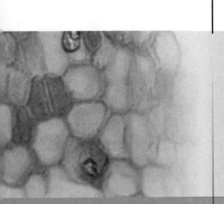

08

第八章

大豆异黄酮与高染料木苷含量大豆异黄酮的加工原理与技术

大豆异黄酮是人类发现较早、应用范围广泛、争议较大的一种具有保健生理活性的大豆功能因子类群。

早在 1931 年，Walz 用 90% 甲醇从大豆中首次分离提取得到 4', 5, 7-三羟基异黄酮-7-糖苷（Genistin），距今已 85 年，在 80 余年的研发过程中，人类陆续发现结构不同的大豆异黄酮异构体为 12 种，也有的文献介绍为 15 种。

大豆异黄酮与黄酮均具有由苯基与吡喃连接构成的、色原酮的基本核心结构［图 8-1（1）］，异黄酮与黄酮的差别在于黄酮的结构为苯基环 B 连接于吡喃环邻位 C-2，异黄酮的苯基环 B 连接于吡喃环的间位 C-3，见图 8-1。

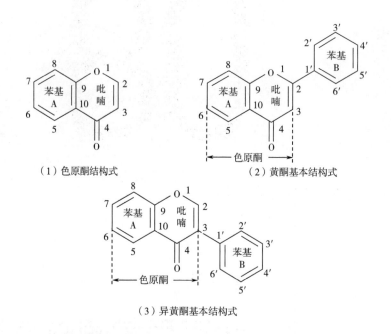

（1）色原酮结构式　　　（2）黄酮基本结构式

（3）异黄酮基本结构式

图 8-1　黄酮与异黄酮均具有由色原酮联结苯基 B 的基本结构，区别仅在于连结部位不同

大豆有机成分中，凡是具有由色原酮的中央吡喃邻位 C-9、间位 C-10 连结 A 苯环、由中央吡喃间位 C-3 连接 B 苯环形成基本结构的、不同的有机化合物均称为大豆异黄酮异构体。

伴随对大豆异黄酮的研发进展，在理论与生产应用领域，关于大豆异黄酮异构体的命名、保健功能等方面产生诸多的分歧意见，根据文献参考与应用实践结果，提出本书的学术观点与生产技术方案。

第一节

大豆异黄酮异构体种类与命名

根据文献介绍，已发现的大豆异黄酮在大豆子叶中由于苯基 A 的间位 C-6、对位 C-5 结合的基团不同，而形成三种游离苷元形式，见图 8-2 和图 8-3。

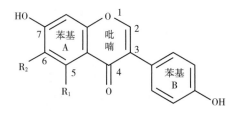

图 8-2　大豆异黄酮苷元结构式

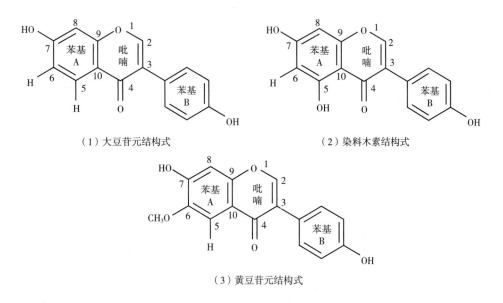

（1）大豆苷元结构式　　　　　　（2）染料木素结构式

（3）黄豆苷元结构式

图 8-3　三种大豆异黄酮游离苷元的结构式

大豆异黄酮的另外一种存在形式为大豆异黄酮糖苷，是由大豆异黄酮苷元的羟基与糖类半缩醛的羟基由苷羟基（缩醛键）联结、脱水缩合而成的糖苷类有机化合物，各种大豆异黄酮糖苷在酸、碱或葡萄糖苷酶作用下，均可水解为大豆异黄酮苷元与葡萄糖

（或其他单糖），现以 $R_3 = H$ 为例，水解可以按照图8-4反应式进行。

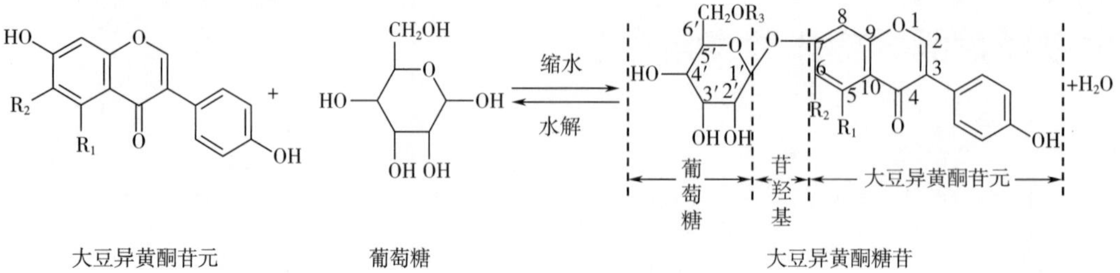

$$C_{21}O_{10}H_{20} + H_2O \xrightleftharpoons[\text{缩水}]{\text{水解}} C_{15}O_5H_{10} + C_6H_{12}O_6$$

图8-4 大豆异黄酮糖苷水解与大豆异黄酮苷元缩水示意图及化学反应式

（反应式是以 R_1、R_2 均为 H 时的结构为例）

由于大豆异黄酮糖苷的葡萄糖的 C-6' 上的羟基可被其他基团（如乙酰基、丙二酰基）取代，所以又可形成9种以上的大豆异黄酮糖苷。9种以上的大豆异黄酮糖苷加上三种游离苷元（图8-3），共可形成12~15种大豆异黄酮异构体。

根据作者在科研与工程实践过程，发现具有生产意义的大豆异黄酮异构体仅有染料木苷（Genistin）、染料木素（Genistein）、大豆苷（Daidzin）、大豆苷元（Daidzein）四种（图8-5）。其他种类大豆异黄酮异构体由于含量低，在实践过程尚未发现其实际应用价值。

从图8-5可见，以豆粕为原料，提取的大豆异黄酮并不像某些文献所载，天然豆粕提取的异黄酮应为糖苷类一族，摄入人体进入小肠后经细菌分泌物酶解，才能使染料木苷酶解成染料木素与葡萄糖，大豆苷酶解成大豆苷元与葡萄糖，酶解后的苷元被肠壁吸收。

本项试验证明，以天然豆粕为原料提取的大豆异黄酮族群中无须经人体摄入后，进入小肠经酶解，才能生成染料木素（染料木苷元）与大豆苷元，而是在生产过程的加工提取物中就已包括有染料木素与大豆苷元。

作者在研发大豆异黄酮的实践工作中，虽然只发现有染料木苷、染料木素、大豆苷、大豆苷元四种大豆异黄酮异构体，见图8-5。目前此4种异构体的中文翻译名词术语已出现高度混乱的局面，给科研与生产领域造成相当的障碍，现列表举例说明如下：

以上四种大豆异黄酮异构体仅为作者在科研与生产实践工作中经常发现的，并具有实际应用价值的成分，在中文翻译名词术语中据不完全整理已发现上述诸多称谓，上述专用名词术语与"染料""金雀"等有特定含义的意译原始出处，至今未查到。

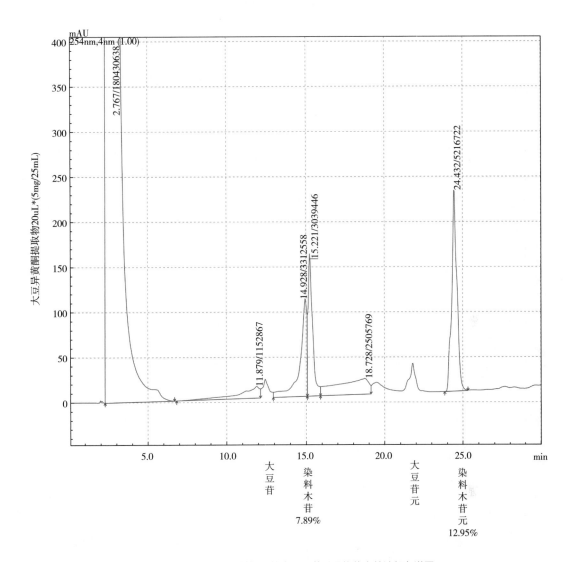

图 8-5　以豆粕为原料提取的大豆异黄酮异构体高效液相色谱图

又如 Daidzein 与 Glycitein 本来是两种异构体，结构与性质不同，但现在业内大部分文献将 Daidzein 译为大豆苷元，Glycitein 译为黄豆苷元（图 8-3），在我国大豆种植领域，黄豆与大豆历来属于同物异名，如译为两种成分岂不是更混乱。

又如，《食品科学》2002 第 23 卷第 2 期将 Glycitein 译为大豆黄素；《食品科学》2002 年第 23 卷第 4 期将 Daidzein 也译为大豆黄素。Glycitein 与 Daidzein 是不同的两种异构体，均译为大豆黄素，更易造成应用时的混乱。

表8-1 大豆异黄酮异构体的同物异名与同名异物的中文翻译名词术语①

英文名称	结构式	化学命名	分子式	相对分子质量	同物异名	建议统一名词术语
Genistein		$4',5,7$-三羟基异黄酮	$C_{15}H_{10}O_5$	270	①染料木因 ②金雀异黄素 ③染料木素 ④染料木武元	键妮雌婷 婷元（在未获权威部门认定前，仍称为染料木素）
Genistin		$4',5,7$-三羟基异黄酮-7-糖苷	$C_{21}H_{20}O_{10}$	432	①染料木苷 ②染料木武 ③金雀异黄酮	键妮雌婷（在未获权威部门认定前，仍称为染料木苷）

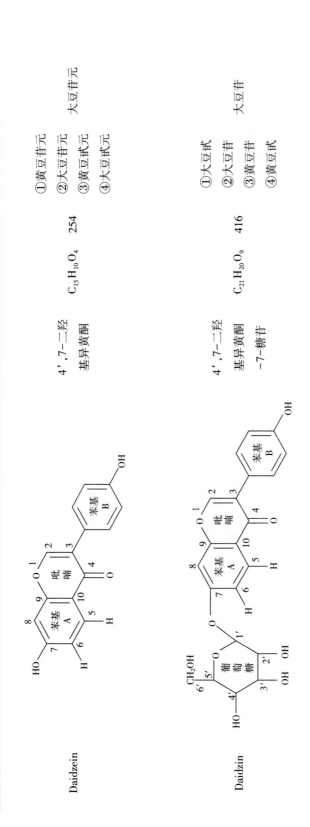

Daidzein　4',7-二羟基异黄酮　$C_{15}H_{10}O_4$　254

①黄豆苷元
②大豆苷元
③黄豆武元
④大豆武元

大豆苷元

Daidzin　4',7-二羟基异黄酮-7-糖苷　$C_{21}H_{20}O_9$　416

①大豆武
②大豆苷
③黄豆苷
④黄豆武

大豆苷

①2009年9月2日国家原食品与药品监督管理局（国食药监许［2009］567号）关于含大豆异黄酮保健食品产品注册申报与审评有关规定的通知中，将大豆异黄酮测定成分包括大豆苷，大豆苷元，染料木素和染料木苷四种。其中，染料木素不如命名为婕妮婷婷疑雌婷雌料木苷元或染料木苷元，但上述通知为我国政府权威机构文件作命名，所以在没有权威部门统一命名前，本书还以上述通知为准，一律称为染料木素。

　　为尽早克服在大豆异黄酮异构体中中文翻译名词术语的混乱现象，建议：①关于"苷"与"甙"一律按全国自然科学名词审定委员会的规定，将"甙"改为"苷"；②按大豆功能因子加工领域已被多数研究者习惯使用名词继续沿用，例如，将 Daidzein 称为大豆苷元，Daidzin 称为大豆苷；③对同物译名较多、分歧较大的异构体，建议采用音译，将称谓统一。例如，Genistin 译为婕妮雌婷，Genistein 译为婕妮雌婷元，这样则可将多译名的同一异构体，统一为一种称谓，而且与原英文发音相近，易于国际交流。

第二节

大豆异黄酮保健功能的文献综述

　　在大豆发展史上，大豆的作用一直被认为是供给人类蛋白质和脂肪的营养源。二十世纪三十年代，大豆传至国外种植后，欧美一些国家又陆续发现大豆中含有有益于人体健康的功能成分。例如，大豆异黄酮、大豆皂苷、大豆低聚糖等。由于这部分生化成分具有保健功能，所以又统称为大豆功能因子，其中对大豆异黄酮研发较多，发现大豆异黄酮具有类雌激素、抗癌细胞扩散、抗白血病、降胆固醇，对心脏病、女性副性征发育不良、女性更年期综合征、女性老年骨质疏松症、身高萎缩、老年痴呆等方面均具有预防的特殊功效，所以大豆异黄酮又被誉为慢性病的克星、人类健康的保护神等。

　　自 1995 年 11 月第一个以大豆异黄酮为主要原料的功能性食品在芬兰上市以来，大豆异黄酮类雌激素功能性食品在几年之内迅速风靡西方发达国家。目前美国市场上已经有 300 多种大豆异黄酮功能食品，并且销售额日益上升，二十世纪末，约为 1 亿美元，二十一世纪初升至 4.7 亿美元，2005 年美国大豆异黄酮制品销售额达 60 亿美元。大豆异黄酮销售额快速飙升现象，被经济学家称为"大豆奇迹"。

　　随着人们生活水平的提高，大豆异黄酮作为保健食品的原料或添加剂，国际市场的需求稳步增长。据统计，1998 年世界大豆异黄酮生产能力仅为 30t/a。目前，全球年需求量达到 800t，近期市场需求量将超过 1000t，相当于吉林省大豆年总产量 2 倍（200 万 t）的大豆中的异黄酮含量。

　　美国营养学家艾尔·敏德尔曾预言，二十一世纪女性服用大豆异黄酮将像二十世纪服用维生素一样普遍，这一预言已在欧美许多发达国家成为现实。

世界著名的长寿之乡日本冲绳县的人均寿命和健康老人比率均居世界之首，据报道那里的居民人均日摄入大豆及其制品中的异黄酮平均达到 32mg。

目前，国际市场对大豆异黄酮年需求量已达 1500t，但实际全球总产量仅为 300t，我国大豆异黄酮实际年产量约为 50t。

综合整理国内外有关大豆异黄酮文献资料，其功能如下。

一、大豆异黄酮的类雌激素作用

大豆异黄酮具有类似于人体雌性激素的作用，因此又称为植物动情激素、天然植物雌性荷尔蒙。已发现的类雌激素作用，包括以下内容。

（1）女性进入青春期后，雌激素分泌必须处于人体微妙的生理平衡之中，雌激素一方面促进生殖器官发育成熟，另一方面可增进皮下脂肪了聚集、丰满乳房发育。30岁以后妇女雌激素分泌功能减退、自体雌激素分泌下降，常造成性功能减退，性器官萎缩，外观表现为皮肤暗淡无光泽、皱纹与色斑增加、乳房下垂，由于容颜早衰，40岁左右妇女常承受较大的心理压力。服用大豆异黄酮可增加性腺分泌，提高与雌性激素有关的健康生活质量，改善因性腺分泌不足的妇女皮肤对水分的吸收能力，提高女性皮肤弹性、使皮肤柔润、光滑，起到美容、养颜、延长青春魅力期、推迟绝经期来临的作用。

（2）对于 50 岁左右绝经期妇女，或因手术摘除卵巢的妇女，服用大豆异黄酮可起到代替雌激素，改善雌激素分泌不足与缺失的相关症状。

女性卵巢雌激素分泌减少是妇女更年期综合征的主要成因，50 岁左右的妇女普遍出现过心烦、狂躁、失眠、潮热、副性症萎缩、分泌物减少、腰痛等一系列更年期综合征。由于大豆异黄酮具有类雌激素活性，却没有化学合成雌激素的毒副作用，不会造成药物依赖症，对于推迟更年期、避免产生人体对雌激素的依赖、预防更年期综合征取得了良好的作用。

绝经期前的妇女，每天摄入 45mg 大豆异黄酮，可延长妇女月经周期。更年期妇女每天食用含染料木苷（含染料木素）的大豆异黄酮 20～30mg，可使更年期综合征发生率显著降低。

（3）对于 60 岁以上老人，摄入大豆异黄酮可防止老年性雌激素分泌不足或完全缺失而造成的骨质疏松、身高萎缩、老年痴呆等症状。

伴随社会进步，人类寿命延长，高龄而生存质量低下的现象，已成为全球社会普遍亟待解决的问题，因骨折而卧床女性老人日益增多，如在绝经前食用大豆异黄酮，可防止骨质流失，至少在 75 岁以前不会产生身高萎缩、骨折等骨质疏松的症状。

绝经后的妇女卵巢分泌雌激素的功能急剧衰减，而使骨骼中钙流失量增加。老年女性骨质疏松远比男性高，骨折发生率是男性的 6~10 倍，65 岁以上女性 1/2 人患骨质疏松症，绝经后的女人即使不发生骨折，60 岁以后身高萎缩已成为老年妇女普遍发生的生理现象，全世界骨质疏松患者中老年女性占 80%。现代研究证明，雌激素具有与成骨细胞雌激素受体结合、降低破骨细胞活力的功能，可有效防治绝经后老年妇女骨质疏松、骨折、身高萎缩，尤其是服用大豆异黄酮的作用更为明显。

世界卫生组织（WHO）曾对女性尿液进行检测，发现骨密度与人体内大豆异黄酮含量成正相关，高骨密度群体，尿液中大豆异黄酮含量为（28±8.9）μmol/d，而低骨密度群体尿液中大豆异黄酮含量仅为（9.7±2.2）μmol/d，可见为防治骨质疏松、身高萎缩、骨折等病患的发生，老年妇女摄入大豆异黄酮是一项安全、积极的保健措施。

女性从 35 岁以后，内源雌激素分泌逐渐减少，与雌激素分泌成正相关的性征与副性征日益衰退，进入老龄后常发生女性老年痴呆症，二十世纪中期前，医药保健界采用人工合成雌激素补充，实行"雌激素替代疗法"治疗女性痴呆，但长期使用化学合成雌激素又给人体带来有害健康的毒副作用。因此在二十世纪五十年代后，为预防女性痴呆，利用大豆异黄酮等天然植物雌激素作用实行植物性雌激素替代疗法，以与人类亲缘关系最近的猴为试材，进行为期 1 年的动物试验证明，饲喂大豆异黄酮的雌性老年猴，无老年痴呆症发生，证明大豆异黄酮对灵长类动物大脑痴呆化变性，具有干预功能。其他研究证明更年期后的妇女若能长期服用大豆异黄酮等植物性雌性激素，可减少脑部神经元损伤，降低老年失智症发生，预测大豆异黄酮将成为预防女性老年痴呆、延缓女性衰老、最有开发前途的安全保健食品。

二、大豆异黄酮的抗肿瘤作用

（一）预防女性肿瘤

流行病学统计表明，经常食用含有大豆异黄酮食品的妇女乳腺癌罹患率仅为不常食用大豆食品妇女的 1/2。以动物营养为主的美国人乳腺癌与前列腺病罹患率是经常食用大豆食品的日本人的 3 倍。各种肿瘤病变中对妇女威胁最大、罹患率最高的是乳腺癌。据调查，经常食用含异黄酮大豆与大豆加工品的日本妇女乳癌发病率为十万分之三，而移居美国的日本妇女乳癌发病率高达十万分之四十四至十万分之七十三。凡是每天能摄入大豆食品的妇女，乳腺癌发病率与大豆进食量呈负相关，用乙醇将大豆异黄酮从大豆中提取后，成为不含异黄酮的大豆食品，即使摄入这种不含异黄酮的大豆食品也不具有抑制肿瘤的作用，可见大豆异黄酮是预防肿瘤病变的主要因子。

日本东京国立癌症医疗中心研究所对 2.5 万名年龄在 40~60 岁的妇女跟踪调查 10.5 年，对 144 名患乳腺癌的女性与 288 名未患乳腺癌的女性血液染料木素浓度对比结果发现，经常食用豆制品，血液中染料木素浓度高的女性患乳腺癌的概率，仅为染料木素浓度低的女性的 1/3。

（二）大豆异黄酮预防男性前列腺癌的作用

日本东京大学建议成年男子每日摄入 40~50mg 大豆异黄酮，可以达到有效预防前列腺癌在国外利用大豆异黄酮对于防止前列腺癌转移，降低前列腺癌死亡率的研究取得了明显的效果，对 40 名前列腺癌已无法控制的重症患者，给予每日摄入 120mg 大豆异黄酮的剂量，取得良好疗效的患者占 50%~70%。前列腺癌在以肉食为主要副食的美国已成为最常见的男性癌症。而经常食用含有大豆异黄酮豆制品地区的男性人口，前列腺癌发病率明显少于西方国家。美国癌症学会认为食用大豆异黄酮是防治男性前列腺癌的重要措施之一。

（三）大豆异黄酮抑制致癌诱变因子活性的作用

2004—2006 年我国曾围绕牛奶能否致癌的问题，形成一次大争论。有的学者提出：牛奶中含有酪氨酸蛋白激酶（Protein Tyrosine Kinase，酪氨酸蛋白激酶），酪氨酸蛋白激酶能刺激肿瘤新生血管的形成，新生血管对处于转移增殖阶段的癌细胞不断输送氧气和营养，因而酪氨酸蛋白激酶具有促进癌细胞分裂与增生的功能。牛奶中含有酪氨酸蛋白激酶，因此推断牛奶容易诱导癌症的发生。

2006 年，美国 T. Colin Campbell 教授在《中国健康调查报告》中，明确指出牛奶中酪蛋白具有极强的促癌效果，它能促进各阶段癌的发展。

上述论点提出后，在乳品业引起激烈争论。对于上述争论未作过任何试验，不能发表任何评论，在研发过程已提取的四种大豆异黄酮异构体（表 8-1）均含有酚羟基，酚羟基的氢离子容易解离，发挥还原效应，捕捉氧自由基，形成抗氧化作用，在大豆加工领域已公认大豆染料木苷是酪氨酸蛋白激酶的抑制剂，具有阻碍酪氨酸蛋白激酶促进新生血管形成的作用，断绝癌变细胞供氧来源的功能，对于因酪氨酸蛋白激酶诱导的肿瘤细胞分裂和肿瘤病灶转移具有重要的防治作用。据报道，染料木苷与染料木素浓度 $>10^5~10^{-4}$mol 即具有抑制绝大部分酪氨酸蛋白激酶的特异性功能，但是染料木苷在常温下不溶于水，已成为向饮料添加的严重障碍。作者发明的大豆复合因子中含染料木苷 3.3mg/g（详见第四章），溶解度约 100%，虽然至今作者对于大豆复合因子中，非水溶性的染料木苷能呈高水溶性的原理尚未研究清楚，但在应用领域，却为非水溶性染料木苷在饮料中的应用，开辟一条崭新的途径。Campbell 教授的研究假如成立，作者发明的大豆复合功能因子生产方法专利技术生产的水溶性染料木苷用于奶制品添加，将起到积极的预防癌症效果。

大豆异黄酮在抗肿瘤方面的功效受到全世界特别是美国的高度重视，第二次世界大战后至1980年，美国癌症罹患率增长43%，因癌症造成的经济损失每年高达1100多亿美元。1990年美国国家癌症研究院经多年研究得出结论，大豆异黄酮是最佳的、天然预防癌植物性食品。

为了预防癌症或补充妇女雌激素不足，世界发达国家关于大豆异黄酮均有标准推荐摄入量（表8-2）：美国马里兰大学医学院推荐量为20~50mg/（人·d），意大利墨西拿大学推荐量为30~100mg/（人·d），澳大利亚维也纳自然资源与生命科技大学推荐量为40~50mg/（人·d），北美大豆食品协会推荐量为50mg/（人·d）。

表8-2　世界各国推荐大豆异黄酮摄入量

	美国马里兰 大学医学院	意大利 墨西拿大学	澳大利亚维也纳自然资源 与生命科技大学	北美大豆 食品协会
推荐摄入量 /[mg/（人·d）]	20~50	30~100	40~50	50

据报道，大豆异黄酮对前列腺癌、结肠癌、乳腺癌、子宫癌均具有明显的早期预防功能。

三、大豆异黄酮对人体的其他保健功效

（一）促进雄性动物生长

据文献介绍大豆异黄酮具有促进雄性动物生长功效，可作为雄性动物生长速度促进剂，但在促进雄性动物生长的同时，有无不良副作用未作阐述。

（二）预防酒精中毒

据报道，口服大豆异黄酮可使人体血液中酒精浓度下降，对于饮酒过量的人群，大豆异黄酮具有预防酒精中毒现象发生的作用。

（三）预防心脑血管疾病

心血管疾病是绝经后妇女死亡的主要原因之一，绝经后妇女血清胆固醇水平明

显增高。大豆异黄酮具有预防心血管疾病、降低血清胆固醇、提高高密度脂蛋白含量、防止低密度脂蛋白诱发血小板功能异常、加强血管内皮细胞弹韧性、降低低密度脂蛋白氧化程度的功能。大豆异黄酮可直接作用于冠状动脉，对心脏起到保护作用。据实验，每天摄入大豆异黄酮 58mg 的心脏病患者，9 周后血清总胆固醇下降 10%。

第三节

高染料木苷含量大豆异黄酮产生的背景

大豆异黄酮最主要的功能是类雌激素活性，对于大豆异黄酮类雌激素产生原理，近代普遍认为是由于大豆异黄酮与人体雌二醇（Estradiol）、雌酮（Esterone）均具有由中央吡喃环邻位 C-9、间位 C-10 联结苯基 A 形成色原酮的基本核心结构相同导致的结果。

一、大豆异黄酮与人体雌激素具有相似基本结构与功能的理论未能指导生产与应用实践

作者在大豆异黄酮研发过程实际提取的异构体仅发现四种，包括大豆苷元、大豆苷、染料木素与染料木苷，这四种异构体均具有上述结构特点（图 8-6）。

大豆异黄酮异构体均具有色原酮的核心基本结构，与雌酮、雌二醇相近似，所以产生类雌激素作用的现象，虽然被普遍承认，但在生产应用实践领域却发生一系列上述理论难以科学解释的现象。

二、日本对大豆异黄酮产品质量的量化指标要求

二十世纪八十年代，大豆异黄酮曾经轰动一时。但在实践应用过程应用者普遍反映市售大豆异黄酮制品保健效果并不明显，大豆异黄酮售价已由二十世纪八十年代前后 6000 元/kg 降至目前约 1000 元/kg。

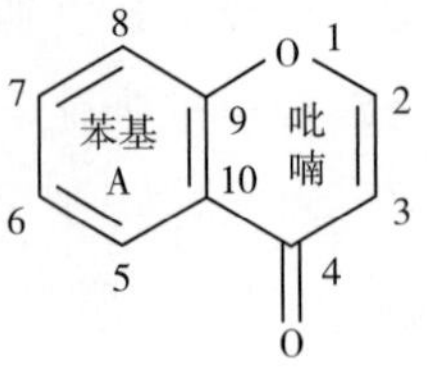

（1）大豆异黄酮异构体均具有的色原酮的基本结构

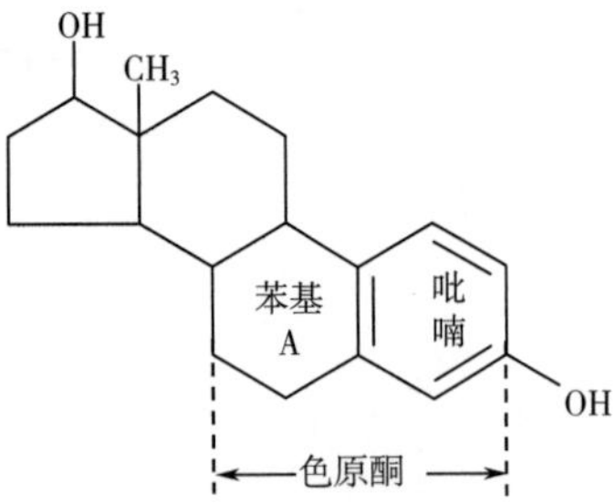

（2）雌二醇（Estradiol）结构式

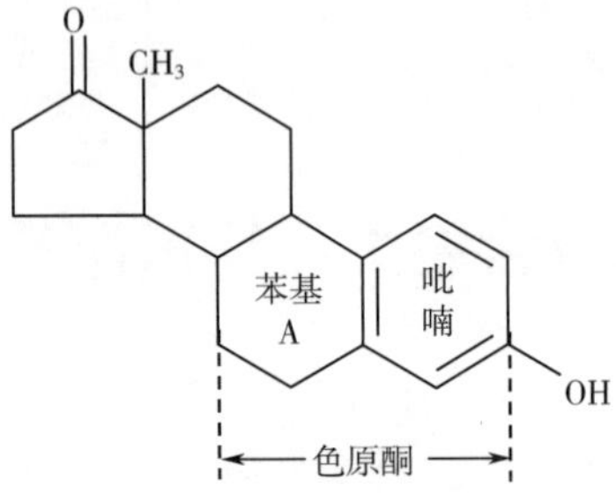

（3）雌酮（Estrone）结构式

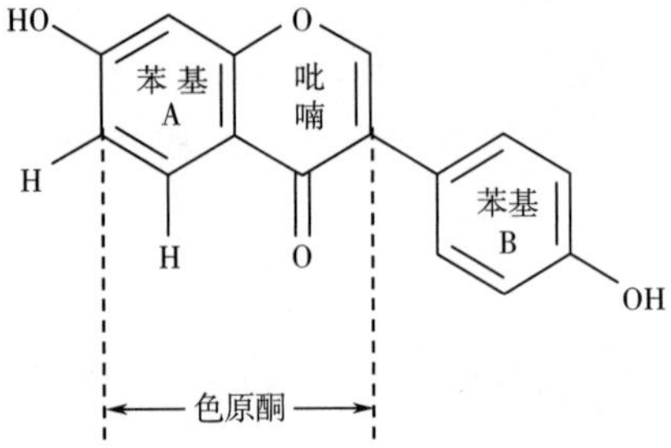

（4）大豆苷元（Daidzein）结构式

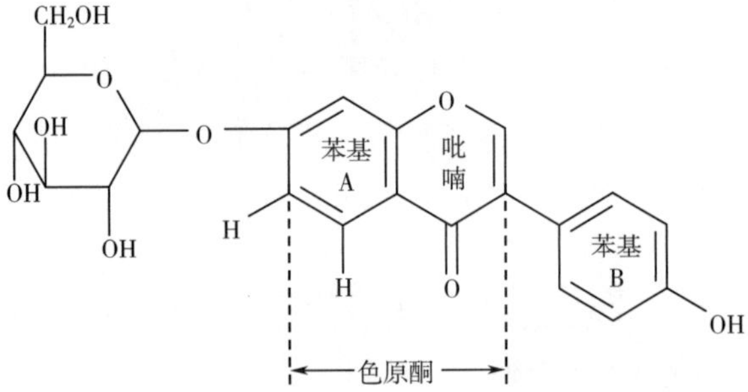

（5）大豆苷（Daidzin）结构式

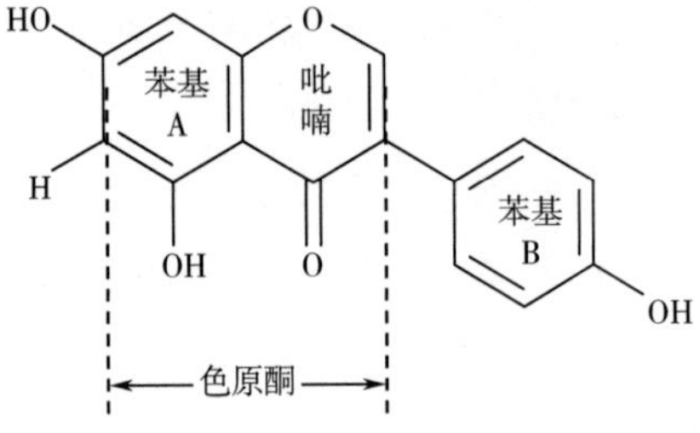

（6）染料木素（Genistein）结构式

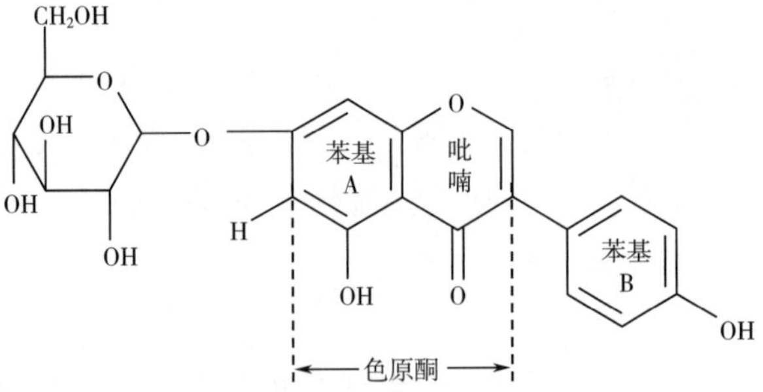

（7）染料木苷（Genistin）结构式

图8-6 大豆异黄酮四种异构体与雌二醇、雌酮结构对比，均具有色原酮的基本核心结构

二十世纪末，采用作者发明专利技术（详见第九章）生产的大豆异黄酮通过韩国大高通商公司销往日本，此时日本明治制药株式会社已将大豆异黄酮与染料木苷作为两种不同的成分对待，经对我方提供的大豆异黄酮分析检测后，日本明治制药株式会社新

素材事业部部长武部英日来函，对产品中的染料木苷提出明确的量化指标要求："目前世界各国学者已确认高纯度染料木苷功效远远超过大豆异黄酮，副作用低于异黄酮，日本已有纯度为60%的染料木苷，虽然贵公司'高染料木苷含量大豆异黄酮'价格比普通大豆异黄酮高（高染料木苷大豆异黄酮出口价1200美元/kg，普通异黄酮售价约1000元人民币/kg），但染料木苷含量≥80%，本社最终决定购买贵公司的染料木苷，上述决定《日经产业新闻》已有相关报道"（图8-7）。

（1）日本明治制药株式会社来函（中译文）　　　　（2）日本《日经产业新闻》报道原文

图8-7　日本明治制药株式会社来函（中译文）与日本《日经产业新闻》的有关报道

作者当时对于染料木苷与其他大豆异黄酮异构体具有不同功效的认识尚不明确，韩国大高通商公司提出要求大豆异黄酮产品质量大豆异黄酮纯度应≥90%，G∶D应≥8∶1

---

① 营口渤海天然食品有限公司为国家大豆深加工技术研究推广中心中试与工业工程化试验基地，著者姜浩奎为该基地法人代表，国家大豆深加工技术研究推广中心由科技部以《国科成字［1995］009》号文件批准依托长春大学吉林省高校科研中心组建。本书中凡涉及国家大豆深加工技术研究推广中心、长春大学、营口渤海天然食品有限公司、吉林省高等院校科技开发研究中心等单位名称，均可视为长春大学一个单位。

［大豆异黄酮异构体族群中染料木苷（Genistin）与染料木素（Genistein）含量之和简称"G"，大豆苷（Daidzin）、大豆苷元（Daidzein）含量之和简称"D"］，按上述指标参数要求，经有关权威单位对作者研制的大豆异黄酮产品实际检测结果指标如表8-3所示。

表8-3　高染料木苷含量大豆异黄酮纯度指标

不同批次的高染料木苷大豆异黄酮	大豆异黄酮纯度/%	染料木苷（G）/%	大豆苷（D）/%	G：D	检测单位
1	95.93	90.61	5.32	17：1	中国农科院蔬菜花卉所中心实验室
2	94.20	83.90	10.30	8.15：1	日本明治制药株式会社
3	99.42	92.66	6.76	13.7：1	吉林省产品质量监督检验院

作者研发的大豆异黄酮纯度≥90%，其中染料木苷、染料木素含量之和（G）与大豆苷、大豆苷元含量之和（D）的比值G：D≥8：1，在实践生产过程所提取的G成分主要为染料木苷，染料木素成分很少发现，甚至未发现，为将此种大豆异黄酮区别于普通市售大豆异黄酮，将此种产品暂命名为"高染料木苷含量大豆异黄酮"（表8-3）。

三、国外大豆异黄酮不同异构体与雌激素受体结合能力差异

国内外研发大豆异黄酮的工作中，均曾发现在市售的大豆异黄酮加工品中，经常出现大豆异黄酮总含量很高（≥80%），但雌激素作用却极为微弱，甚至无类雌激素作用的现象。

产生上述现象的主要原因在于大豆异黄酮的不同异构体与人体雌激素受体（ER）的结合能力差异所造成。

作者研发的高染料木苷大豆异黄酮中的主要成分为染料木苷与大豆苷。据报道染料木苷与人体雌激素受体（ER）亲和力远比大豆苷强；日本国家营养与健康研究所Shaw Watanabe博士研究发现，不同雌激素与雌激素受体亲和力定量数据如表8-4所示。

表 8-4　大豆异黄酮异构体与 ER 相对亲和力对比

雌激素种类	与人体雌激素受体 ER 的相对亲和力	
	ER-α	ER-β
17-β-雌二醇	100	100
大豆苷（D）	0.1	0.5
染料木苷（G）	4	87

从表 8-4 可见，染料木苷（G）与雌激素受体相对亲和力比大豆苷（D）高 40~174 倍。

2006 年日本国际农业科学研究中心研究发现，染料木素（Genistein）对人体雌激素受体 ER-α、ER-β 的亲和力与雌性激素雌马酚（Equol）基本一致，而大豆素（Daidzein）与人雌激素受体亲和力却极为微弱，即大豆苷在实际应用过程，基本无类雌激素意义。

大豆异黄酮生产企业为追求异黄酮总含量高，而忽略了大豆异黄酮不同异构体类雌激素生理作用的差异，采用提高产品中大豆异黄酮总含量，而染料木苷含量并未提高的生产工艺，因此生产产品中异黄酮总含量高、雌激素作用却很微弱甚至有无反应的现象。

从图 8-6 可见，大豆苷元、大豆苷、染料木素、染料木苷均具有与雌二醇或雌酮的相近结构，但类雌激素样的作用却相差悬殊，生产与应用实践的结果说明以大豆异黄酮异构体与人体雌激素均具有相似的基本核心结构而产生类雌激素功效的理论，已不足以用于对大豆异黄酮类雌激素功能的解释，大豆异黄酮不同异构体的类雌激素功能产生是由其本身生物学特性所决定。人类生产、生活主要利用的是大豆异黄酮的类雌激素功能，因此今后在科研生产实践过程，为提高大豆异黄酮的类雌激素功效，应加强对提高染料木苷与染料木素的研发工作，盲目追求大豆异黄酮总含量的提高可能是一条耗时费力的歧路。

四、市售大豆异黄酮产品类雌激素功效微弱的成因分析

近年来大豆异黄酮制品随处可见，但用户普遍反映各种制品类雌激素功效差，甚至用后无反应，与宣传的功效相差甚远，造成上述现象的成因是大豆异黄酮异构体本身具有不同的类雌激素功效所造成。作者对已收集到的我国保健食品市场几种主要以大豆异黄酮为原料加工制成的商品委托长春大学农产品加工省重点实验室主任、教授（二级）李丹博士进行检测，检测结果见图 8-8。

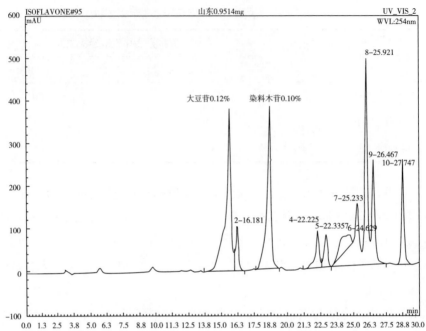

No.	Peakname	Ret.Time min	Area mAU*min	Amount %	Type	Height mAU	Rel.Area %	Resolutic
1	daidzin	15.604	165.279	0.121925	M	380.057	21.86	1.41
2	n.a.	16.181	28.2566	n.a.	MB	105.608	3.74	6.03
3	genistin	18.633	131.8333	0.100647	M	381.692	17.43	9.15

第1种S·D大豆异黄酮胶囊高效液相色谱图

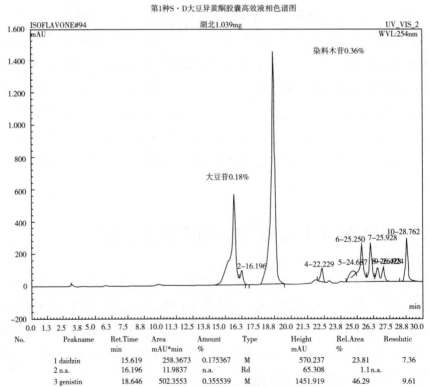

No.	Peakname	Ret.Time min	Area mAU*min	Amount %	Type	Height mAU	Rel.Area %	Resolutic
1	daidzin	15.619	258.3673	0.175367	M	570.237	23.81	7.36
2	n.a.	16.196	11.9837	n.a.	Rd	65.308	1.1 n.a.	
3	genistin	18.646	502.3553	0.355539	M	1451.919	46.29	9.61

第2种H·B大豆异黄酮胶囊高效液相色谱图

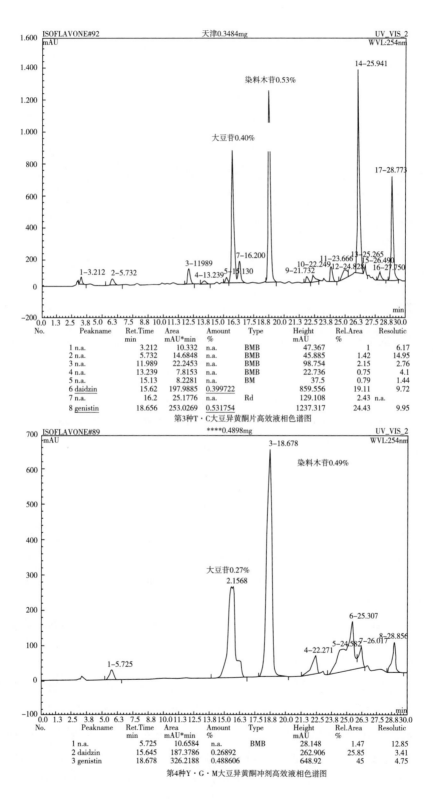

图 8-8　市售不同大豆异黄酮加工品的高效液相色谱图

为使读者对以上产品高效液相色谱图能有更直观的了解，现将高效液相色谱图中的量化值整理为表8-5。

表8-5 市售大豆异黄酮加工品成分含量对比

产品名称	染料木苷（G）含量/%	大豆苷（D）含量/%	大豆异黄酮总含量（G+D）/%	摄入大豆异黄酮商品总量	相当于摄入大豆异黄酮总量/[mg/(人·d)]	相当于摄入大豆染料木苷量/[mg/(人·d)]
S·D大豆异黄酮胶囊	0.1	0.12	0.22	每粒0.4g，摄入6~12粒/(人·d)	5.28~10.56	2.4~4.8
H·B大豆异黄酮胶囊	0.36	0.18	0.54	每粒重0.4g，摄入6~12粒/(人·d)	12.96~25.92	8.64~17.28
T·C大豆异黄酮片	0.53	0.4	0.93	每片重0.3g，摄入6~12片/(人·d)	19.74~33.48	9.54~19.08
Y·G·M大豆异黄酮冲剂	0.49	0.27	0.76	每包重2g，每日2次	30.4	19.6

注：①为防止此项分析结果影响市售大豆异黄酮的产品销售，因此对商品名称未予明确标注。

②相当于每人每日摄入异黄酮总量（mg）＝每粒（片）质量（单位为g）×1000mg/g×每日摄入粒（片）数×大豆异黄酮总含量（%）。

相当于每人每日摄入染料木苷量（mg）＝每粒（片）质量（单位为g）×1000mg/g×每日摄入粒（片）数×染料木苷含量（%）。

根据文献介绍，以及对市售大豆异黄酮制品检测结果分析，作者发现市售大豆异黄酮虽然第1种S·D大豆异黄酮胶囊、第2种H·B大豆异黄酮胶囊异黄酮含量未达到国际推荐标准，但第3种T·C大豆异黄酮片、第4种Y·G·M大豆异黄酮冲剂已达到有关国家推荐应摄入大豆异黄酮的含量（表8-2），为什么服用者却反映类雌激素功效微弱？二十世纪末大豆异黄酮产品兴旺市场局面已风光不再，其根本原因不是大豆异黄酮不具有保健功效，而是研发与生产工作者对于大豆异黄酮不同异构体的类雌激素功效不同的原理尚未研究透彻，为充分发挥大豆异黄酮的类雌激素功效，必须研发高 G（染料木苷+染料木素）含量大豆异黄酮，才是解决生产、生活领域对大豆异黄酮类雌激素需求的根本途径。

五、高染料木苷含量大豆异黄酮类雌激素功效的人群试验验证

根据生产与销售实践证明（详见本章第三节），大豆异黄酮异构体中真正具有类雌激素的成分是染料木苷（Genistin）与染料木素（Genistein）。鉴于第八章第三节所述市售大豆异黄酮第 1 种、第 2 种、第 3 种、第 4 种制品应用效果微弱的情况，选用一种比以上四种产品含染料木苷偏高的剂量，约为人均日摄入染料木苷 16.5mg，在长春人民药业集团，由长春中医药大学邱金文副教授主持进行一次染料木苷对妇女血清雌二醇影响的人群试验。参试妇女为 46~70 岁、身体健康的妇女 50 名，每日服用相当于含 ≥16.5mg 染料木苷的口服液 10mL，连续服用 20d，待末次服用后 24h，静脉取血，测血清雌二醇（E_2）含量，进行自身对照，试验结果见表 8-6。

表 8-6　妇女服用大豆染料木苷试验结果

服用前 E_2 含量平均值/(pmol/L)	服用后 E_2 含量平均值/(pmol/L)	服用后比服用前 E_2 平均增加值/(pmol/L)	差异性
212.8±58.95	305.1±76.57	92.5±50.58	$P<0.01$

上述结果说明，妇女每日服用大豆染料木苷 16.5mg，经自身对照统计学处理显示 $p<0.01$，差异性极为显著。

据参试者本人自述 50 岁以前的妇女服用后副性征改善，50 岁左右的妇女服用后更年期症状消失、个别绝经期妇女恢复月经，老年妇女服用染料木苷量 ≥16.5mg/（人·d）后睡眠明显改善。

上述试验结果结合国内外文献介绍，建议成年妇女为提高自体雌激素水平，人均日摄入大豆异黄酮中 G 成分应达到 16.5~30mg/（人·d）为理想有效值。

但本次试验所用试材系采用大豆复合功能因子，大豆复合功能因子中含异黄酮 5.8mg/g（其中包括染料木苷 3.3mg/g、大豆苷 2.5mg/g），每日服用大豆复合功能因子 5g，相当于人均日摄入染料木苷为 16.5g，但大豆复合功能因子中还含有其他对人体有益成分（详见第四章），本项试验是否由这些有益成分综合作用的结果所致，尚未研究清楚，因为自本次试验后，按成年妇女每人每日摄入 20~30mg 染料木苷剂量，重复 2 次，虽然受试者反映自觉症状均有改善，但未取得如表 8-6 所示

的规律性结果。

高染料木苷在抗癌与预防心脏疾病的动物试验

癌症与心脏病已成为当前危害人类生命安全的主要疾病，为查明高染料木苷含量大豆异黄酮在预防癌症与心脏病方面的功效，吉林大学基础医学部赵春燕教授以高染料木苷含量大豆异黄酮为试材进行了以下动物试验。

一、高染料木苷含量大豆异黄酮对肝癌模型小鼠肿瘤的抑制作用

以作者研制的高染料木苷含量大豆异黄酮（染料木苷含量 92.66%。大豆苷 6.76%，大豆异黄酮总含量 99.42%）为试验材料。

将已接种肝癌瘤株的小鼠 50 只，随机分组，其中对照组 14 只；试验组灌服高染料木苷含量大豆异黄酮，高、中、低剂量组各 12 只，每天按 0.2、0.3、0.4mg/只，灌胃给药，40d 后，剥瘤，称量瘤重，结果见表 8-7。

表 8-7　高染料木苷含量大豆异黄酮对小鼠肝癌的抑制作用

组别	动物数/只	瘤重/g	p	抑瘤率/%
盐水对照组	14	1.25	—	0
高剂量组	12	0.48	<0.01	61.3
中剂量组	12	0.67	<0.01	46.3
低剂量组	12	0.80	<0.01	36.0

试验结果表明，高纯度大豆异黄酮对小鼠肝癌有明显的抑制作用，抑瘤率达 36.0%~61.3%。

小鼠平均体重约为 10g，按人的平均体重为 65kg，换算成人的用药剂量，则每人每日摄入高染料木苷量应为 1.3~2.6g。根据小鼠肝癌模型抑瘤试验抑瘤率达到 36%~61.3%，本试验在抑制肝癌方面具有研究意义。

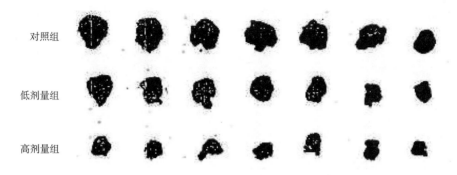

图 8-9 不同剂量对小鼠肝癌抑制效果，剥离瘤照片

二、高染料木苷含量大豆异黄酮预防心脑血管疾病的动物试验

以作者研制的高染料木苷含量大豆异黄酮为试验材料，吉林大学基础医学部赵春燕教授所作的动物试验证明，大豆异黄酮具有降低血压、改善心肌缺血、预防急性心肌梗死等一系列功能。

（一）高染料木苷含量大豆异黄酮降血压试验

将大鼠 30 只，分为 3 组，分别静脉注射大豆异黄酮 5、10、20mg/kg。

静脉注射大豆异黄酮 5mg/kg 后，收缩压、舒张压均降低，其变化在 10~30min 较明显（$p<0.05$，$p<0.01$），舒张压降低在 20~30min 明显（$p<0.05$）；静脉注射大豆异黄酮 20mg/kg 后，收缩压降低在 10~30min（$p<0.01$），舒张压降低在 10~30min（$p<0.05$，$p<0.01$）。见表 8-8。

表 8-8　高染料木苷含量大豆异黄酮对大鼠在体工作心脏收缩压（SAP）的影响

单位：kPa

组别	剂量/（mg/kg）	给药前	给药后			
			5min	10min	20min	30min
小剂量组	5	21.3±3.3	19.8±1.7	18.7±2.3*	18.2±2.4*	18.6±2.4*
中剂量组	10	20.9±1.1	19.0±1.8	17.4±1.0*	16.5±1.6**	16.8±1.8**
高剂量组	20	22.7±1.4	19.1±1.9*	18.6±2.0**	17.9±2.7**	17.5±2.6**

注：与给药前进行比较，* $p<0.05$，** $p<0.01$。

表8-9　高染料木苷含量大豆异黄酮对大鼠在体工作心脏舒张压（DAP）的影响

单位：kPa

组别	剂量/（mg/kg）	给药前	给药后			
			5min	10min	20min	30min
小剂量组	5	8.9±1.6	7.2±1.5	6.9±2.0*	6.2±1.8*	6.7±2.1*
中剂量组	10	9.5±2.8	8.7±1.0	7.2±1.3	7.5±1.7*	7.3±1.5*
高剂量组	20	10.3±1.2	9.6±2.0	8.1±2.0**	7.4±1.8**	7.6±1.9**

注：与给药前进行比较，*$p<0.05$，**$p<0.01$。

（二）高染料木苷含量大豆异黄酮预防心肌缺血试验

高染料木苷含量大豆异黄酮具有预防心肌缺血的作用，本试验观察了大豆异黄酮对麻醉下大鼠在体工作心脏血流动力学的作用。试验结果表明，不同剂量组的大豆异黄酮对血流动力学的作用不同，随着大豆异黄酮含量的提高，各项血流动力学指标也明显降低，并显示一定的剂量依赖关系，提示大豆异黄酮具有减少左心室做功、对心肌缺血的预防具有重要意义。

表8-10　高染料木苷含量大豆异黄酮对大鼠在体工作心脏左心室收缩压（LVSP）的影响

单位：kPa

组别	剂量/（mg/kg）	给药前	给药后			
			5min	10min	20min	30min
小剂量组	5	25.9±2.5	22.1±1.9	20.5±2.1**	20.0±1.8**	20.6±1.7*
中剂量组	10	24.7±2.3	23.5±1.4	20.8±1.4**	19.3±1.2**	18.9±1.5**
高剂量组	20	27.3±3.2	23.3±2.4*	21.1±2.4**	20.8±2.6**	21.8±2.4**

注：与给药前进行比较，*$p<0.05$，**$p<0.01$。

表8-11　高染料木苷含量大豆异黄酮对大鼠在体工作心脏左心室舒张压（LVEDP）的影响

单位：kPa

组别	剂量/（mg/kg）	给药前	给药后			
			5min	10min	20min	30min
小剂量组	5	1.48±0.25	1.37±0.18	1.16±0.21*	1.12±0.17*	1.02±0.21*
中剂量组	10	1.46±0.26	1.31±0.22	1.22±0.20**	1.14±0.20**	1.11±0.18**
高剂量组	20	1.46±0.18	1.31±0.22*	1.18±0.19**	1.14±0.25**	1.06±0.17**

注：与给药前进行比较，*$p<0.05$，**$p<0.01$。

（三）高染料木苷含量大豆异黄酮预防心肌梗死试验

在大鼠急性心肌梗死（AMI）模型及垂体后叶素诱发急性心肌缺血模型，灌胃大豆异黄酮 200、400、800mg/kg，可明显缩小心肌梗死面积，降低血清肌酸激酶（CK）活性，并明显减轻缺血性心电图改变，表明大豆异黄酮口服给药对缺血心肌具有保护作用。

表 8-12　高染料木苷含量大豆异黄酮对大鼠急性心肌梗死的保护作用（$\bar{x} \pm s$，$n = 10$）

组别	给药途径	梗死面积/%	血清肌酸激酶 CK/(U/L)
对照组	ig		294±44.1
模型组	ig	32.5±5.2	366.3±60.2##
大豆异黄酮 100mg/kg	ig	30.5±5.6	345.2±51.2
大豆异黄酮 200mg/kg	ig	26.6±5.4*	315.6±30.6*

注：与对照组比较##$p<0.01$，与模型组比较 ** $p<0.01$。

对急性心肌缺血大鼠心电图变化的影响：经心电筛选健康合格大鼠 70 只，体重为 156~182g，随机分为 7 组，每组 10 只。对照组（溶剂 10mL/kg），阳性药物组（维拉帕米 5mg/kg），大豆异黄酮 5、10、20mg/kg 组。iv 组药后 5min，ig 组药后 50min，自舌下静脉注射垂体后叶素（上海禾丰制药有限公司，批号 960801，试验时以生理盐水稀释）1u/kg，于 10s 内注射完毕。描记 20min 的心电图，测量注射垂体后叶素 30s 内 ST 段（抬高）及 T 波（高耸）变化。

表 8-13　高染料木苷含量大豆异黄酮对垂体后叶素诱发
急性心肌缺血大鼠心电图的影响（$\bar{x} \pm s$，$n = 10$）

组别	给药途径	ST 段/mv	T 波/mv
对照组	iv	0.19±0.04	0.28±0.08
大豆异黄酮 5mg/kg	iv	0.15±0.02	0.18±0.03
大豆异黄酮 10mg/kg	iv	0.11±0.03*	0.14±0.04*
大豆异黄酮 20mg/kg	iv	0.09±0.05**	0.12±0.03**
大豆异黄酮 100mg/kg	ig	0.16±0.03	0.21±0.03*

续表

组别	给药途径	ST 段/mv	T 波/mv
大豆异黄酮 200mg/kg	ig	0.12±0.04 *	0.14±0.05 **
维拉帕米组 5mg/kg	iv	0.09±0.02 **	0.10±0.02 ***

注：与对照组比较 * $p<0.05$，** $p<0.01$，*** $p<0.001$。

第五节

大豆异黄酮人均每日摄入量计算公式的设计

根据染料木苷与染料木素之和（G）在大豆异黄酮异构体族群中含量不同，提供一种计算服用人群每日每人应摄入的有效剂量的计算方法。具体公式如下：

$$W = a \div b \div c$$

式中　W——每人每日应摄入商品大豆异黄酮市售品（或含有大豆复合提取物成分的制成品）剂量，g

　　　a——根据试验证明具有保健功效的染料木苷与染料木素之和（G）每人每日应摄入的有效剂量，经验参考值为 16.5~30mg

　　　b——实际应用的大豆异黄酮商品或产品中染料木苷与染料木素之和（G）含量比率，%

　　　c——每克折合毫克数为 1000mg/g

例：经研究证明用于预防妇女更年期综合征，50 岁左右妇女，应每日每人摄入 20mg（G），采用本发明生产的大豆异黄酮产品中，染料木苷与染料木素之和（G）含量占大豆异黄酮产成品中的比率为 40%，则每人每日应摄入此种大豆复合提取物的商品剂量（g）。

$$W = 20mg/（人·d）\div 40\% \div 1000mg/g = 0.05g$$

即：为防治妇女更年期综合征，每人每日应摄入染料木苷与染料木素之和（G）含量为 40% 的商品大豆异黄酮量为 0.05g。

又如为预防肝癌，经试验证明，患者每人每日摄入染料木苷与染料木素之和（G）应>1300mg，采用本发明生产的产品中，（G）含量比率如为 40%，则每人每日应摄入此种大豆复合提取物的量为：

$$W = 1300\text{mg}/(\text{人} \cdot \text{d}) \div 40\% \div 1000\text{mg/g} = 3.25\text{g}$$

即：为预防妇女肝癌，患者每人每日应摄入（G）纯度约40%的商品大豆异黄酮量应不少于3.25g。

上述染料木苷与染料木素之和（G）含量检测方法均采用原农业部部颁标准（NT/T 1252—2006）检测。

本发明的积极作用在于发现目前工业化提取的大豆异黄酮真正具有雌激素作用的异构体成分为染料木苷与染料木素之和（G），并根据这一发现提供了获取（G）成分的生产方法，明确了（G）成分在保健食品或药品中的类雌激素用途，给出了适应证的每人每日摄入有效剂量的计算方法，克服了笼统用大豆异黄酮预防上述病症的误解，（G）作为一种天然植物性雌激素工业化生产后，可大幅度提高大豆加工业的效益，为开发新型天然植物性雌激素新药与保健品提供新型原料物质。为改善女性副性征发育、预防更年期综合征、预防女性老年痴呆与身高萎缩、预防与雌激素分泌有关的癌症等病症提供了有效的应用途径。

第六节

大豆异黄酮类雌激素功能的应用安全性

本书的前几节将高染料木苷含量大豆异黄酮具有类似于雌性激素的功能的原因，解释为是由于在异构体中染料木苷与染料木素之和（G）所占比率高、雌激素功能显著；大豆异黄酮之所以被称植物性动情雌激素或天然植物雌性激素，是因为它的来源与化学合成的雌性激素具有本质区别。近年来，关于大豆异黄酮能引发妇女恶性肿瘤的传言不绝于耳，甚至有的专家提出，大豆异黄酮造成对人类生存环境的雌激素污染，但至今尚未发现任何有试验依据的论文发表。

一、医学实践关于雌激素致癌的歧见记载

预防妇女更年期综合征，曾经历过不同的用药历史阶段。最初是采用雌激素替代疗法，实践证明虽然更年期妇女摄入人工化学合成雌激素药品对更年期卵巢雌激素分泌减

少具有补偿作用，但化学合成雌激素有诱发乳腺癌、阴道出血、子宫内膜癌等疾患的危险性。

第二阶段是在应用雌激素同时加用孕激素，即所谓"性激素替代疗法"（HRT），应用结果虽然使子宫内膜癌发病率降低，但医药界仍将乳腺癌、子宫内膜癌、黑色素瘤等雌激素依赖性肿瘤患者作为"性激素替代疗法"的禁忌征，使"HRT"的应用受到限制。

现代医学证明，应用大豆异黄酮治疗更年期综合征比上述两种方法具有更高的安全性，Albertazzi 等对 104 名绝经后妇女、每天每人服用含大豆异黄酮的大豆蛋白 60g，持续 84d，结果证明大豆异黄酮对潮热症状有显著改善；美国有人对 51 名更年期综合征妇女，每日服用 76mg 大豆异黄酮，12 周后，症状改善者占 45%。临床试验证明，食用大豆异黄酮的绝经期前妇女，卵泡期延长，有孕酮峰，但黄体生成素与促卵泡成熟激素水平均受到抑制。对育龄期妇女进行干预性试验证明，每人每天摄入含 45mg 异黄酮的大豆蛋白制品，可延长健康绝经期前妇女月经周期和卵泡期，还可抑制血清促卵泡成熟激素与黄体生成素的水平。

曾有人怀疑服用大豆异黄酮能否出现人工合成雌激素诱导肿瘤病变的不良后果。上述试验研究结果证明，大豆异黄酮与人工化学合成雌激素不同，大豆异黄酮具有双向调节的生物活性，即当人体内源雌激素分泌水平偏低时，摄入大豆异黄酮，能起到一种外源雌激素助动剂的作用，补充人体内源雌激素的不足，人体每天摄入含异黄酮的大豆食品 45g，血液中染料木苷浓度可达 120～148mg/mL，比正常女性血清雌二醇含量 0.0024～0.534mg/mL 高出 200 倍，内源雌激素分泌水平低的人群在摄入大豆异黄酮后雌激素含量水平普遍提高。但是当人体内雌激素水平偏高时，摄入的大豆异黄酮能占据人体雌激素受点，表现出抗激素的特异活性功能。染料木苷在低浓度 $\leqslant 10^{-8}～10^{-5}$ mol/L 时，表现出类雌激素作用，在高浓度 $\geqslant 10^{-5}～10^{-4}$ mol/L 时，则表现抗雌激素作用，浓度高至 $\geqslant 10$ mol/L 时，对于危害妇女最严重、发病率最高的乳腺癌具有明显的预防作用。

以上论述均为文献引用，供读者在进一步研发大豆异黄酮新产品时参考。

二、国内外关于大豆异黄酮食用安全性的历史鉴证

两千余年经久不衰的大豆食用史，不仅没有大豆类雌激素引发肿瘤病变发生的记载，相反凡是在大豆膳食供应充足地区生活的族群均有健康、长寿的记载。现代研究还发现，日本人平均寿命与健康老人比率均居世界之首，据调查日本人均大豆异黄酮摄入量为 17.9mg/（人·d），日本著名的长寿之乡——冲绳县居民大豆异黄酮平均摄入量为

32mg/（人·d），日本东京大学建议成年男子每人每日摄入 40~50mg 大豆异黄酮，可以有效预防前列腺癌的发生。

为了健康长寿、有效预防癌，国外建议每人每日摄入异黄酮量应大于 30mg，或按每千克体重计算每日摄入量为 1.5~2.0mg/kg。

通过国内外的应用实践，大豆异黄酮的保健功能已得到发达国家的认可，近年来，美国大豆异黄酮销量以每年高于 50% 的增长率在发展。

上述事实证明，大豆异黄酮不会产生人工化学合成雌激素的副作用，是一种既能有效防治更年期综合征，又可避免人工合成化学雌激素给女性带来的、诱发妇女癌症威胁的、最安全的外源类雌激素。为预防女性肿瘤病变，FDA 建议成年妇女为有效防治女性肿瘤的发生，每日应摄入 20~90mg 大豆异黄酮。

大豆原产于我国，是五谷中"稻、黍、稷、麦、菽（大豆）"之一，中华民族食用大豆已有几千年历史，从未发现过雌激素污染的记载，这是大豆食用安全、无毒副作用的、最有说服力的大量人群实验鉴定，为使我国大豆异黄酮产业能跟上世界大豆产业的发展步伐，建议我国能参照世界发达国家的做法，制订大豆异黄酮中染料木苷（含染料木苷元）的推荐摄入量，加快大豆异黄酮工业的发展。

大豆的保健作用已得到全球的公认，我国居民自制豆浆，常吃豆腐已成为全民普遍的良好饮食习惯，但是常吃大豆与大豆制品、改善饮食结构，并不能取代人体对大豆保健功能因子的特殊需求。例如，妇女在更年期需补充大豆类雌激素——染料木苷，而服用染料木苷必须达到约 20mg/（人·d），才能使血清雌激素浓度达到需要水平（详见本章第三节）。

对吉林省市售大豆分析结果发现，大豆子叶中染料木苷含量仅为 0.0098%，相当于每克含量为 0.098mg/g。图 8-10 所示为吉林省市售的大豆子叶中染料木苷含量高效液相色谱图。

如果成年妇女每人每日按 20mg 摄入染料木苷量要求，相当于摄入 204g（20mg÷0.098mg/g）大豆中的染料木苷含量，用大豆加工豆浆，一般加水 10~12 倍，204g 大豆折合为豆浆重 2.04~2.5kg ［2.04g×（10~12）］，每人每日饮用 2kg 以上豆浆，相当于 200mL 饮用杯 10~12 杯，如此大量豆浆的摄入，为正常人体难以承受。另外，家庭自制豆浆，从来未见有任何家庭对豆浆进行有害活性因子的检测，如不能达到脲酶反应阴性、胰蛋白酶抑制素残留约 8mg/g，长期饮用反而对身体不利（详见第五章）。可见在饮食结构中增加大豆与大豆制品摄入量是一种良好的饮食习惯，但不能取代摄入人工分离提纯的大豆异黄酮的特殊功效。

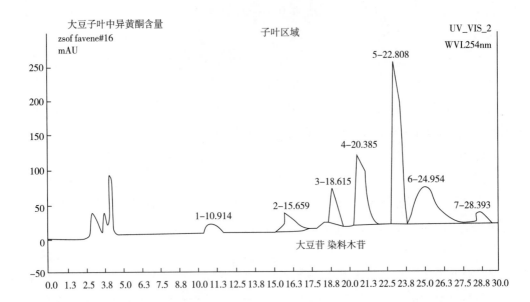

图8-10 吉林省市售的大豆子叶中染料木苷含量高效液相色谱图

注：大豆子叶中大豆苷的含量为0.0071%，染料木苷的含量为0.0098%（相当于0.098mg/g）。

三、日本以大豆异黄酮（染料木苷83.90%、大豆苷10.30%，G∶D＝8.15∶1）所做的安全性试验

目前我国应用的雌激素全部属于人工化学合成品，使用人群对于各种激素的副作用已形成谈激素色变的恐惧心理。作者研制完成的纯度为94.2%的大豆异黄酮（含染料木苷为83.9%、大豆苷为10.3%，G∶D＝8.15∶1），日本明治制药株式会社购入后，经日本食品分析中心多摩研究所对本品进行毒性实验与变异原性实验，均未发现毒性与产生诱导性突变或变异（图8-11和图8-12）。

日本食品分析中心多摩研究所属于日本食品领域检测生效的权威机构，根据图8-11、图8-12检测结果证明，作者研制完成的大豆异黄酮（染料木苷含量83.90%，大豆苷10.30%，G∶D＝8.15∶1，表8-3），经急性毒性试验与变异源性实验，未发现异常死亡现象与诱导性变异性突变，证明该产品具有可靠的食用安全性。

关于大豆异黄酮有无雌激素致癌的副作用，根据现有文献与实际试验结果，以及古今中外的应用历史分析，作者认为大豆异黄酮异构体中的染料木苷（含染料木素）经提纯后，与现有各种雌性激素相比较是更具食用安全性的、更有应用前景的、有可能取代现有雌激素应用于保健领域的植物性天然雌激素。

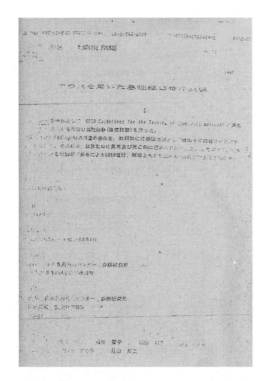

以明治制药株式会社提供的染料木苷进行

小白鼠急性毒性实验（中译文）

结论：

以染料木甙作为被检测物，按照 OECD 规则，用小白鼠进行经口急性毒性实验。

分别给实验组小白鼠 5000μg/kg 的染料木甙和对照组精制水（纯净水），其结果实验组没出现异常和死亡现象，因此可以认定对雌、雄小白鼠经口服染料木甙时 LD_{50} 值均在 5000μg/kg 以上。

委托单位：明治制药株式会社

质检物质：染料木甙

化验时间：2001.7.3～8.1

化验单位：日本食品分析中心多摩研究所

图 8-11　日本食品分析中心多摩研究所对作者提供的大豆异黄酮急性毒性实验报告（原文与中译文）

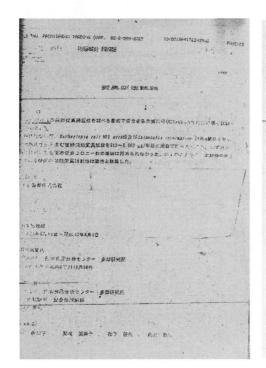

以明治制药株式会社提供的大豆染料木苷进行

变异原性实验（中译文）

结论：

为了验证染料木甙是否有诱导性突变作用之目的，本中心根据劳动省公布的第七十七号（1988 年 9 月 1 日）文件进行化验。先把被检成分与 WP2A 菌株和 TA 系 A 菌丝一同给后天性突变的动物，用量为 313—5000μg/平板做复原突变试验。

实验结果，染料木甙不产生诱导性突变，而且未增加变异菌落数。

委托单位：明治制药株式会社

质检物质：染料木甙

化验时间：2001.6.18～8.1

化验单位：日本食品分析中心多摩研究所

图 8-12　日本食品分析中心多摩研究所对作者提供的大豆异黄酮变异源性实验报告（原文与中译文）

目前我国尚未见有试验依据的大豆异黄酮致癌的论文发表，但口传臆测的大豆异黄酮致癌的传说，已严重阻碍大豆异黄酮产业的发展。今后只有通过更深入、更广泛的试验研究，才能得出科学、理性的结论，在当前对大豆异黄酮的保健作用尚未得出科学、权威、统一的结论之前，于 2009 年 9 月 12 日原国家食品药品监督管理局（国食药监字 [2009] 567 号）将含大豆异黄酮保健食品产品注册申报与审评有关问题作出下述通知要求。

（1）大豆异黄酮产品应来源于大豆。

（2）申请人应提供大豆异黄酮推荐食用量的食用安全依据。

（3）大豆异黄酮产品的测定成分应包括大豆苷、大豆苷元、染料木素和染料木苷 4 种，并标明每种成分的具体含量和大豆异黄酮的总量。

（4）产品适宜人群为成年女性；不适宜人群为少年儿童、孕妇和哺乳期妇女、妇科肿瘤患者及有妇科肿瘤家族史者。

（5）产品说明的注意事项中应注明："不宜与含大豆异黄酮成分的产品同时食用，长期食用应注意妇科检查"。

上述意见实质是对大豆异黄酮类雌激素功效原理与应用分歧意见的一种平衡决定，既有助于大豆异黄酮的研究发展，又对该产品可能产生的不利副作用给予必要的限制，在大豆异黄酮研发领域尚未作出科学的结论前，上述通知是研究、生产大豆异黄酮产品唯一的、权威的依据。

第七节

高染料木苷含量大豆异黄酮生产原理与技术

一、高染料木苷含量大豆异黄酮生产原理

作者在大豆异黄酮的研发实践中发现以下几项具有规律性的原理，根据以下原理，发明了高染料木苷含量大豆异黄酮的生产方法。

（一）大豆天然提取物中含有异黄酮苷元成分

在提取大豆异黄酮研发过程中，均提取到染料木苷、染料木素、大豆苷、大豆苷元

等4种天然提取物（图8-13），并不像有关文献介绍的："大豆天然提取物中不存在染料木素与大豆苷元，染料木苷与大豆苷人体摄入后需经肠道生物酶解才能转化为染料木素与大豆苷元被人体吸收"的现象。

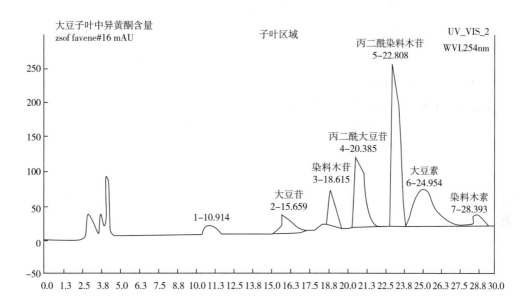

图8-13 大豆子叶中各种大豆异黄酮异构体含量高效液相色谱图（其中含有大豆苷元与染料木素）

（二）大豆异黄酮异构体在加工条件下相互转化的特性

在大豆子叶中含有多种大豆异黄酮异构体成分，对吉林省地产大豆的籽粒分析发现至少含有6种异黄酮异构体。例如，吉林省主要栽培的农家品种敦化小粒黄分析检测结果，其主要异构体构成如表8-14所示。

表8-14 吉林省农家品种敦化小粒黄大豆异黄酮异构体种类构成

大豆品种	大豆苷/ （mg/100g）	大豆黄苷/ （mg/100g）	染料木苷/ （mg/100g）	大豆素/ （mg/100g）	大豆黄素/ （mg/100g）	染料木素/ （mg/100g）
敦化小粒黄	26.5	5.85	43.0	0.77	0.11	0.62

以上六种异构体在加工条件下，具有相互转化的特性，虽然作者对转化机理并未研究清楚，但在生产实践中却得到了其他异构体全部转化为染料木苷与大豆苷的理想结果（详见本章第八节与图8-17）。最终产品中，大豆黄苷、大豆素、大豆黄素、染料木素均已转化消失，产成品高染料木苷含量大豆异黄酮中只含染料木苷92.66%、大豆

苷 6.76%。

本章第三节关于大豆异黄酮异构体中真正具有天然雌激素作用的成分为染料木苷，而且经加工措施处理能得到预想得到的高含量的染料木苷 92.66%，上述结果为研发高染料木苷含量大豆异黄酮创造了可靠的原理依据。

（三）在不同大豆品种间并未发现异黄酮含量的规律性变化

过去有关文献都曾介绍不同品种的大豆子叶中异黄酮含量存在较大差异，而且不同品种大豆子叶中异黄酮含量与蛋白质含量呈负相关性变化，著者对能搜集到几种高油大豆、高蛋白大豆、高异黄酮品种分析结果，并未重复得到上述结果，也未发现异黄酮的规律变化，以上结果供从事本项研究的人员参考。

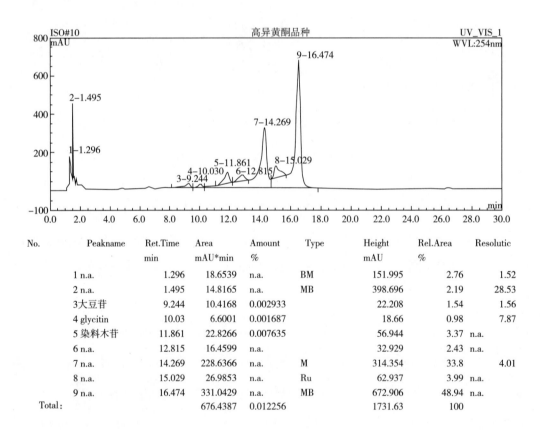

No.	Peakname	Ret.Time min	Area mAU*min	Amount %	Type	Height mAU	Rel.Area %	Resolutic
1 n.a.		1.296	18.6539	n.a.	BM	151.995	2.76	1.52
2 n.a.		1.495	14.8165	n.a.	MB	398.696	2.19	28.53
3 大豆苷		9.244	10.4168	0.002933		22.208	1.54	1.56
4 glycitin		10.03	6.6001	0.001687		18.66	0.98	7.87
5 染料木苷		11.861	22.8266	0.007635		56.944	3.37	n.a.
6 n.a.		12.815	16.4599	n.a.		32.929	2.43	n.a.
7 n.a.		14.269	228.6366	n.a.	M	314.354	33.8	4.01
8 n.a.		15.029	26.9853	n.a.	Ru	62.937	3.99	n.a.
9 n.a.		16.474	331.0429	n.a.	MB	672.906	48.94	n.a.
Total:			676.4387	0.012256		1731.63	100	

（大豆苷含量：0.0029%，染料木苷含量：0.0076%，glycitin 含量：0.00168%）

图 8-14　高异黄酮大豆品种子叶中异黄酮含量高效液相色谱图

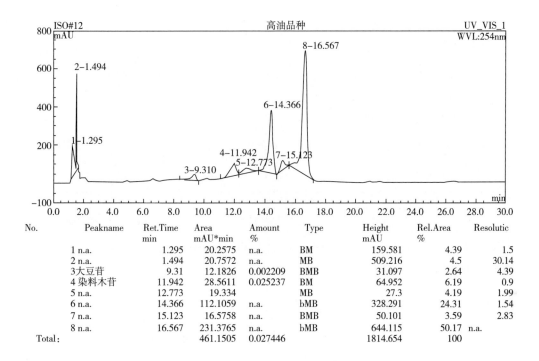

No.	Peakname	Ret.Time min	Area mAU*min	Amount %	Type	Height mAU	Rel.Area %	Resolutic
1	n.a.	1.295	20.2575	n.a.	BM	159.581	4.39	1.5
2	n.a.	1.494	20.7572	n.a.	MB	509.216	4.5	30.14
3	大豆苷	9.31	12.1826	0.002209	BMB	31.097	2.64	4.39
4	染料木苷	11.942	28.5611	0.025237	BM	64.952	6.19	0.9
5	n.a.	12.773	19.334		MB	27.3	4.19	1.99
6	n.a.	14.366	112.1059	n.a.	bMB	328.291	24.31	1.54
7	n.a.	15.123	16.5758	n.a.	BMB	50.101	3.59	2.83
8	n.a.	16.567	231.3765	n.a.	bMB	644.115	50.17	n.a.
Total:			461.1505	0.027446		1814.654	100	

（大豆苷含量：0.0022%，染料木苷含量：0.0252%）

图 8-15 高油大豆品种子叶中异黄酮含量高效液相色谱图

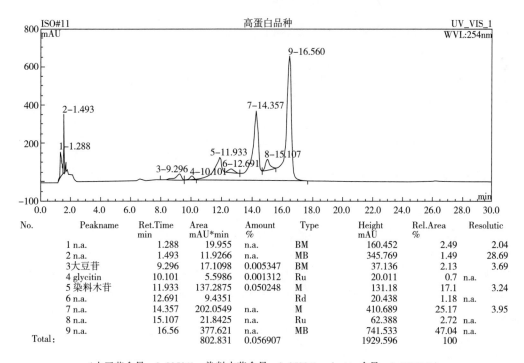

No.	Peakname	Ret.Time min	Area mAU*min	Amount %	Type	Height mAU	Rel.Area %	Resolutic
1	n.a.	1.288	19.955	n.a.	BM	160.452	2.49	2.04
2	n.a.	1.493	11.9266	n.a.	MB	345.769	1.49	28.69
3	大豆苷	9.296	17.1098	0.005347	BM	37.136	2.13	3.69
4	glycitin	10.101	5.5986	0.001312	Ru	20.011	0.7	n.a.
5	染料木苷	11.933	137.2875	0.050248	M	131.18	17.1	3.24
6	n.a.	12.691	9.4351		Rd	20.438	1.18	n.a.
7	n.a.	14.357	202.0549	n.a.	M	410.689	25.17	3.95
8	n.a.	15.107	21.8425	n.a.	Ru	62.388	2.72	n.a.
9	n.a.	16.56	377.621	n.a.	MB	741.533	47.04	n.a.
Total:			802.831	0.056907		1929.596	100	

（大豆苷含量：0.0053%，染料木苷含量：0.0502%，glycitin含量：0.00131%）

图 8-16 高蛋白大豆品种子叶中异黄酮含量高效液相色谱图

表8-15　不同品种大豆异黄酮异构体含量

不同大豆品种类群	大豆苷/%	染料木苷/%	glycitin/%	大豆异黄酮总含量合计/%
高异黄酮含量大豆品种	0.0029	0.0076	0.0017	0.0122
高油品种大豆	0.0022	0.0252		0.0274
高蛋白品种大豆	0.0053	0.0502	0.0013	0.0568

从表8-15可见，不同大豆品种类群中异黄酮含量未发现有显著差异与规律性变化，所以生产企业应根据加工项目的不同，要对所用原料品种大豆进行实际检测，不能只根据原料品种的标称含量盲目选用，以免造成生产损失。

（四）染料木苷具有不溶于常温水中，溶于80℃以上热水的特性

染料木苷具有不溶于常温水而能溶于80℃以上热水的生物学特性，此种特性在高染料木苷含量大豆异黄酮生产方法发明专利中，成为重要的关键技术环节［详见本章第七节步骤（九）］。

二、高染料木苷含量大豆异黄酮的生产方法

高染料木苷含量大豆异黄酮生产方法专利技术于2017年获得发明专利证书（图8-17）。具体生产步骤如下。

（一）原料豆粕粉碎

以脂肪残留≤2.5%、NSI≥80%的低温脱溶豆粕为原料，将豆粕粉碎成20～50目粉末。

（二）乙醇浸出

将步骤（一）得到的粉末送入带搅拌器的浸提罐中，向浸提罐中加入浓度为65%～75%的乙醇，加入溶剂量为豆粕粉重量的5～10倍，充分搅拌，搅拌速度为30～60r/min，搅拌时间4～6h。

（三）筛分

将经过步骤（二）得到的混合料液通过60目筛分级过滤，输送料泵功率为10kW，

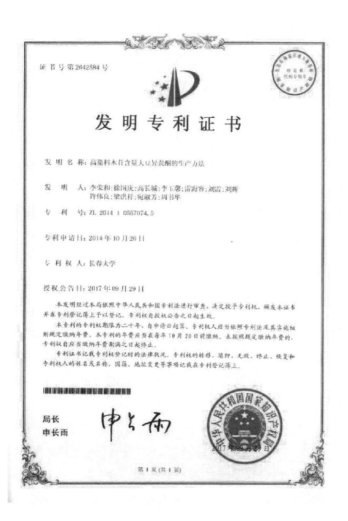

图8-17　高染料木苷含量大豆异黄酮生产方法2017年获得发明专利证书

工作压强为0.2~0.4MPa，筛分所得液相物进入步骤（五），固相物进入步骤（四）。

（四）脱溶、烘干

经步骤（三）过滤分离所得固相截留物经功率为100kW、转速为1450r/min的自动摩擦脱溶机脱溶烘干，将溶剂乙醇回收后，循环用于生产。所得干物质水分在10%以下，本产品为饲料级浓缩蛋白，是本发明的副产物，不在本发明中详述。

（五）乙醇蒸馏回收

将步骤（三）通过过滤机得到的清液泵入蒸馏塔，蒸馏温度为70~100℃，压强为0.1~0.4MPa，将乙醇蒸馏回收，循环用于生产。

（六）正丁醇沉析异黄酮

将步骤（五）所得的蒸馏后的浓度为 30%～35% 的浓缩料液，加入正丁醇（C_4H_9OH），正丁醇加入量为浓缩料液的 9%，搅拌 1h。

（七）过滤分离

将经步骤（六）所得料液通过压强为 0.2～0.3MPa 的板框压滤机，流出的溶液为大豆低聚糖与大豆皂苷液，大豆低聚糖与大豆皂苷为本发明的第 2 种、第 3 种副产物，不在本发明中阐述，异黄酮在正丁醇溶液中可产生沉析现象，呈固相物被板框压滤机截留。

（八）水洗分离

将步骤（七）经板框压滤机截留的固相滤饼加 80℃ 以上热水，进行第一次水洗，搅拌 2h，利用异黄酮可溶于 80℃ 以上热水的原理，使固相物全部溶解，再将水温降至 20℃ 左右，异黄酮从热水中析出，然后进行第 1 次过滤，通过的液相物可作为液体排放物排放，或混入步骤（七）的大豆皂苷与低聚糖的混合液中，进一步提取，不属于本发明的内容，不予阐述。

过滤机压强为 0.1～0.3MPa，滤布 ϕ 约 200 目，第一次过滤截留所得固相物为异黄酮粗品，包括有异黄酮及其他非水溶性固形物。此时如加热水稀释截留物成浓度为 20%～35% 的溶液，再进行喷雾干燥，所得异黄酮产成品，则为染料木苷含量较低的异黄酮粗制品，染料木苷与染料木素之和总含量仅为 20.84%，见图 8-18。

（九）第二次水洗分离、提纯、干燥

将步骤（八）从热水降温析出的异黄酮与其他非水溶性固形物、经过滤机呈固相状态获得后，不进行喷雾干燥，而是再加水 50 倍，然后加热至 80℃ 以上，进行第二次水洗，异黄酮全部溶解，再将溶解的液相物投入压强为 0.2～0.3MPa，滤布 ϕ 约 200 目的压滤机中，进行第二次过滤，压滤机截留的固相物为非水溶性、非异黄酮的杂质，作为固体排放物，透过液冷却至 20℃，析出物为高染料木苷含量大豆异黄酮。

压滤机滤过物送入压力式喷雾干燥塔，塔的进口温度为 170～180℃，出口温度为 70～80℃，喷雾干燥所得粉状物为异黄酮纯度 ≥90%、染料木苷含量 ≥80% 的高染料木苷含量大豆异黄酮，见图 8-19，表 8-16。

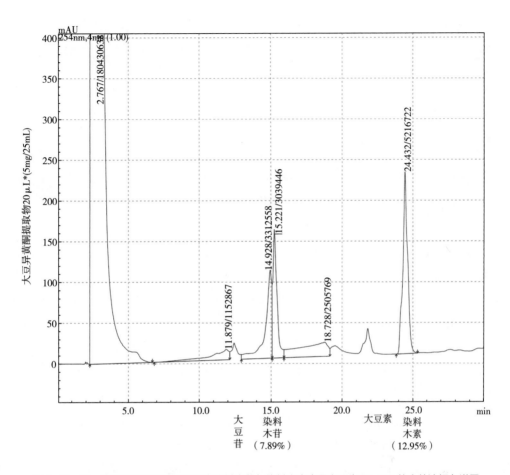

图 8-18　第一次过滤所得异黄酮粗品中染料木苷与染料木素含量之和为 20.84%的高效液相色谱图

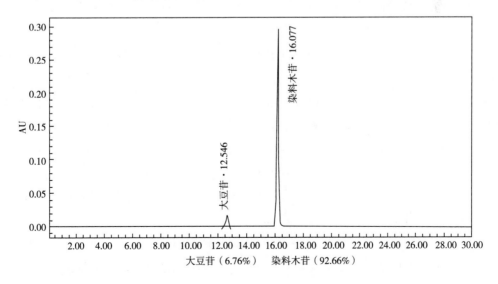

图 8-19　第二次水洗、过滤、干燥所得高染料木苷含量大豆异黄酮高效液相色谱图

（只含大豆苷与染料木苷，已不见其他异构体峰）

表 8-16　第二次水洗、过滤、干燥所得高染料木苷含量大豆异黄酮色谱峰结果

序号	名称	保留时间	峰面积	峰高	含量	单位
1	大豆苷（Daidzin）	12.546	145750	15401	6.762	g/100g
2	染料木苷（Genistin）	16.077	3024420	298805	92.664	g/100g

资料来源：上述色谱图与检测结果由吉林省产品质量监督检验院提供。

三、提高普通市售大豆异黄酮保健功效的措施

根据国外市场对大豆异黄酮产品的需求，多年来一直围绕如何提高大豆异黄酮中具有类雌激素的染料木苷含量，并使用 G∶D≥8∶1 的量化指标进行研发（详见本章第三节）该种产品对日出口售价高达 1200 美元/kg。但是目前我国大部分大豆异黄酮商品，染料木苷（含染料木素）普遍含量≤60%，染料木苷低含量产品售价日益下降，售价已低至 1000 元/kg 左右，生产企业无利可图、用户反映类雌激素功效低下。大豆异黄酮生产企业已面临停产、半停产的状态。针对这一问题，本书著者提出以下解决方案。

目前，国内外关于成年妇女每人每日摄入大豆异黄酮推荐量通常为 20~100mg，但并未明确标注其中染料木苷与染料木素的理想摄入量。作者经实验研究证明，成年妇女每人每日摄入染料木苷（含染料木素）总量达到 20~30mg，为具有类雌激素的有效剂量；目前市售商品只标注大豆异黄酮含量，而不注明染料木苷（含染料木素）含量的做法是不科学的、影响类雌激素功效的根本原因（详见本章第三节）。

为使加工企业生产的终端产品中，成年妇女每人每日摄入的含大豆异黄酮每份商品含染料木苷（包括染料木素）能达到 20~30mg，著者根据含大豆异黄酮的终端产品剂型（片状、块状、胶囊、粉状）不同，设计下述公式，现以生产"女士巧克力糖块"为例。

$$W\text{kg} = \frac{(T\text{kg} \times 1000\text{g/kg} \div D\text{g/块}) \times E\text{mg/块} \div 1000\text{mg/g}}{C\% + G\%} \div 1000\text{g/kg}$$

式中　W——每批次生产巧克力，一个处理（锅）应加大豆异黄酮原料的质量，kg

　　　T——每次（锅）处理原辅料的总质量，kg

　　　D——每块巧克力的质量，g/块（每人每日食用的一块"女士巧克力"重量）

　　　E——每块巧克力中按要求应含的染料木苷（包括染料木素）的量，mg/块

　　　C——商品原料异黄酮中的染料木苷含量，%

　　　G——商品原料异黄酮中染料木素含量，%

以上参数中，最关键数据是 W，每次处理量加进多少大豆异黄酮原料是保证产成品"女士巧克力糖块"中每块含有 20～30mg 染料木苷（含染料木素）的决定关键。例如，本次处理原辅料总量 T 为 500kg；每块巧克力重量 D 要求为 5g；每块巧克力含染料木苷（包括染料木素）的量 E 按要求为 30mg；商品原料大豆异黄酮含染料木苷的量 C 为 40%；商品原料大豆异黄酮含染料木素 G 的量为 5%。

将以上参数代入上式，则

$$W = \frac{(500\text{kg}\times1000\text{g/kg}\div5\text{g/块})\times30\text{mg/块}\div1000\text{mg/g}}{40\%+5\%}\div1000\text{g/kg}$$

$$= \frac{100000\ \text{块}\times30\text{mg/块}\div1000\text{mg/g}}{45\%}\div1000\text{g/kg}$$

$$= 6.67\text{kg}$$

即每次加工原辅料总量为 500kg，所用大豆异黄酮原料中仅含染料木苷为 40%，染料木素为 5%，添加此种普通市售大豆异黄酮，每次处理量为 500kg 时，添加异黄酮达到 6.67kg，则每块"女士巧克力"中含染料木苷（包括染料木素）量即可达到 30mg。

生产其他大豆异黄酮的终端产品时，均可参照生产"女士巧克力糖块"的公式以此类推，各种大豆异黄酮无论其有效成分（染料木苷与染料木素）含量低到何种程度，按上述公式计算均可使终端产品含有效成分达到每人每日摄入量 20～30mg（染料木苷与染料木素之和）的标准。此项技术推广后，对于提高有效成分含量低的、普通市售大豆异黄酮的应用价值将具有普遍的指导意义。

上述技术发明用于提高普通市售大豆异黄酮医疗保健功效的技术措施，长春大学与吉林浩泰食品有限公司作为专利权人，作者为主要发明人，已以一种添加植物性类雌激素巧克力的生产方法发明专利名称，于 2015 年 12 月 22 日申报发明专利，并获得专利受理（图 8-20）。

图 8-20 "一种添加植物性类雌激素巧克力的生产方法"
已获发明专利受理

为验证 201510962394.3 发明专利（一种添加天然植物性类雌激素的巧克力及其生产方法）的可行性与实际功效，作者以普通市售低染料木苷含量大豆异黄酮为添加料制作女士巧克力，随机抽取不同批次样品，进行检测。结果见表 8-17。

表 8-17 不同品种大豆异黄酮异构体含量统计表

批次	第一批次		第二批次		第三批次		平均值	
	染料木苷	染料木素	染料木苷	染料木素	染料木苷	染料木素	染料木苷	染料木素
含量	180	120	170	120	200	120	183.3	120

在染料木苷与染料木素中具有类激素的成分均为染料木素，染料木苷分子中含有一个葡萄糖分子配糖体，而葡萄糖不具有类雌激素作用，所以如将类雌激素以量化值表示则染料木素 270（相对分子质量）单位与染料木苷 432 单位作用功效相等（表 8-1）。本项"女士巧克力"中染料木素平均含量为 120mg/1000g，相当于含染料木苷量 = $\dfrac{432 \text{ 单位} \times 120\text{mg}/100\text{g}}{270 \text{ 单位}} = 192\text{mg}/100\text{g}$，本项"女士巧克力"每块重 6g，则每块"女士巧克力"含染料木苷量 = $6\text{g} \times \dfrac{192\text{mg}}{100\text{g}} = 11.52\text{mg}$，本项如以染料木苷为计量标准单位，则每块重 6g 的"女士巧克力"含染料木苷量 = $6\text{g} \times \dfrac{183.3\text{mg}}{100\text{g}} + 11.52\text{mg} = 10.99\text{mg} + 11.5\text{mg} = 22.5\text{mg}$。22.5mg/（人·d）恰好介于作者设计的人均日摄入有效剂量范围（详见本章第四节）。

为了验证人均日摄入 16.5~30mg 染料木苷对人群具有理想有效作用，因为目前尚未设计出理想的服用染料木苷后定量检测人体雌激素水平的客观量化指标值。暂采用选择能表达清楚服后反应的女性自述，记载其自我感觉描述，作为人群疗效定性预试验（表 8-18）。

表 8-18 参试人群自觉症状描述

序号	年龄	心烦狂躁	失眠	潮热	盗汗	腰疼	皮肤弹性柔润光滑程度	例假情况	副性征情况
1	55	服用 15 日后症状消失	原本无失眠状况	服用 10 日后症状消失	服用 10 日后症状消失	服用 10 日后症状改善	服用 10 日后明显改善	无反应	服用 15 日后有改善

续表

序号	年龄	心烦狂躁	失眠	潮热	盗汗	腰疼	皮肤弹性柔润光滑程度	例假情况	副性征情况
2	55	服用5日后即有改善	原本无失眠状况	服用5日后即有改善	服用5日后即有改善	服用5日后即有改善	明显改善	已停经，无反应	服用20日后有改善
3	52	服用5日后症状消失	服用5日后症状消失	服用5日后症状消失	服用10日后消失	原本无症状	服用5日后有改善	服用前后无变化	服用10日后有改善
4	54	服用10日改善，服用25日后明显改善	严重失眠，服用25日后明显改善	服用10日改善，服用25日后明显改善	服用10日改善，服用20日后明显改善	服用15日后改善	服用15日后有改善	已停经，服用前后无变化	服用10日后有感觉，服用20日有改善
5	53	无反应	无反应	服用5日后改善	服用10日后消失	原本无症状	服用10日后有改善	无反应	服用15日后有改善
6	51	服用前后均无症状	服用前后均无症状	服用10日后症状改善	服用25日后消失	服用20日后症状消失	无反应	无反应	无反应
7	52	服用15日后改善，25日后症状消失	服用20日后改善	服用15日后改善，30日后症状消失	服用5日减轻，服用20日后症状消失	服用前后均无症状	服用5日后有改善	无反应	服用5日后即有改善
8	53	服用10日后改善	服用25日明显改善	服用20日后改善	服用20日后改善	服用10日后改善	服用20日后改善	无反应	无反应

以上受试者自我描述按人群试验标准设计尚有若干不足，但作为预试验，已明显反映出，每块含20~30mg 染料木苷的"女士巧克力"，每日摄入一块，对于改善更年期女性皮肤柔润光滑等副性征，以及改善更年期综合征具有显著功效。

参考文献

［1］T. Colin Campbell. 中国健康调查报告［M］. 张宇辉，译. 长春：吉林文史出版社，2006.

［2］Mahmoud AM，Yang W，Bosland MC. Soy isoflavones and prostate cancer：a review of molecular mechanisms［J］. J Steroid Biochem Mol Biol，2014，140：116-132.

［3］Wu AH，Lee E，Vigen C. Soy isoflavones and breast cancer［J］. American Society of Clinical Oncology Educational Book，2013，33：102-106.

［4］崔洪斌. 大豆生物活性物质的开发与利用［M］. 北京：中国轻工业出版社，2001.

［5］张新忠，孙艳梅. 大豆异黄酮研究中的名词术语［M］. 中国粮油学报，2004，8：50-52.

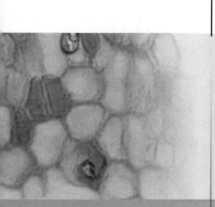

09

第九章

大豆功能因子连续
提取原理与技术

大豆功能因子主要包括大豆肽、大豆异黄酮、大豆皂苷、大豆低聚糖，所谓功能是指上述产品对人体具有保健的功能，针对人体某些特定的疾病与健康需求，通过食用上述产品可以得到有效地预防和缓解。

大豆肽、大豆异黄酮、大豆皂苷、大豆低聚糖均属于对人体具有保健作用的、非脂溶性化学成分。由于大豆油脂不含有上述成分，所以本项发明所用原料为采用浸油后的、脂肪残留≤2.5%的豆粕。

另外，上述大豆功能因子虽然对人体均具有保健的功能，但如果不从原料中按不同成分分类提取，则由于它们的功效与结构的不同，产生互为异物的结果，而影响某种单项功能因子纯度提高与对人体具有针对性的保健功效的发挥，所以在一条生产线上连续提取大豆肽、大豆异黄酮、大豆皂苷、大豆低聚糖，对于提高大豆功能因子单项成分的纯度，提高产品市售价格均具有积极作用。

大豆粕中同时含有蛋白质、核酸、异黄酮、皂苷、低聚糖等功能因子，单项提取成本较高，而且各种有机成分互为异物，影响纯度，如不采取连续提取工艺，未提取物排放后，影响环境质量。因此，大豆功能因子连续提取是一项有助于提高产品纯度，降低生产成本，减少排放物中有机成分含量，改善生产环保质量的发明专利技术。采用作者发明专利（ZL01128012.3），大豆功能因子连续提取生产线部分生产车间如图9-1所示。

图9-1　大豆功能因子连续提取生产线部分生产车间

此项发明于2001年申请专利，2003年获专利授权，2002年通过中试鉴定，鉴定结论为国内首创、达到国际先进水平。

图 9-2　大豆功能因子连续提取中试鉴定会

（连续提取大豆功能因子新技术于 2001 年 12 月在北京通过中试鉴定。左四为中国工程院主席团成员、本项目鉴定委员会主任卢良恕院士，左五为中国预防科学院陈孝曙教授，左三为中国农业科学院梅方权研究员，左二为中国食品发酵研究所代家琨教授，左一为国家粮食科研所温光源教授，鉴定委员会委员还有国家食物与营养咨询委员会秘书长许世卫博士、中国农业科学院食物资源加工研究中心王强研究员、《中国食物与营养》杂志社主任李志强研究员。右三为李荣和教授，右二为姜浩奎博士。）

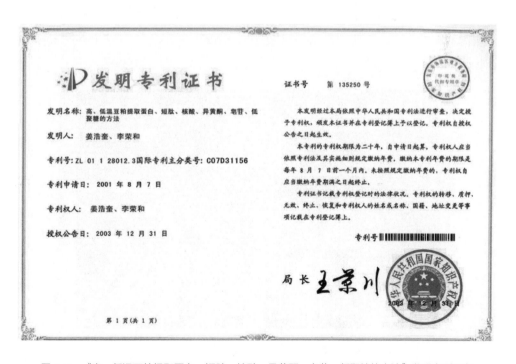

图 9-3　"高、低温豆粕提取蛋白、短肽、核酸、异黄酮、皂苷、低聚糖的方法"发明专利证书

第一节

以豆粕为原料，连续提取大豆肽、大豆异黄酮、大豆皂苷、大豆低聚糖的生产方法

以豆粕为原料连续提取大豆功能因子的具体生产方法如下。

（一）超声破壁

以豆粕为原料连续提取大豆肽、大豆异黄酮、大豆皂苷、大豆低聚糖的生产技术，在本书中为附加值最高、生产意义最大的一项专利发明。将脂肪残留≤2.5%、蛋白含量≥50%、NSI≥80%的豆粕原料送入配置超声发生器的浸提罐中（图9-4），由于蛋白质在65%~70%的乙醇溶液中溶解度最低，所以应同时加入65%~70%的乙醇，料液比为1:7，温度控制≤50℃，启动脉冲超声波发生器，超声波发生器功率为15~30kW、频率为20~25kHz，声强为2~5W/cm²，作用时间以镜检细胞壁破裂率≥90%为度。

豆粕乙醇料液在超声处理同时，进行搅拌处理，搅拌时间不少于6h，搅拌速度60r/min。

图9-4　豆粕粉碎乙醇浸提现场

（二）提取浓缩蛋白

将经过步骤（一）充分搅拌为混合料液通过100~200目过滤机过滤，通过的滤液（含有大豆异黄酮、大豆皂苷、大豆低聚糖等醇溶物）进入步骤（五），输送料液的泵的功率为10kW，工作压强为0.4~0.6MPa。

过滤得到的固相物蛋白含量经自动摩擦脱溶机脱溶烘干，脱溶功率100kW，转速1450r/min，所得溶剂无残留的产品，水分应在7%以下。

烘干的豆渣经磨辊式粉碎机粉碎，经约90目筛选机去除豆皮纤维，灭菌可得到蛋白含量≥65%的大豆浓缩蛋白，此种浓缩蛋白由于蛋白变性率高，NSI≤30%，可作为饲料级浓缩蛋白或面制品用浓缩蛋白，豆皮纤维送至膨化车间加工成膨化膳食纤维，可作为食品加工的膳食纤维添加用原料（图9-5）。

图9-5　大豆肽分离工段生产现场

（三）提取大豆短肽

将步骤（二）所得大豆浓缩蛋白投入浸提罐中，在pH 7.4~8.0，料液比为1∶15~1∶10，温度30℃情况下充分搅拌30min。

将充分搅拌好的浆液用7500r/min的碟式分离机分离，得到含有蛋白的浆液和细纤维，细纤维送至膨化车间用于加工成膨化纤维，分离机流量控制在3~5t/h。

将含有蛋白的浆液在反应器中调至浓度为8%的蛋白浆液。

大豆蛋白浆液送入酶反应器中，反应温度约55℃，pH控制在7.0~7.5。

向浓缩为8%的蛋白浆液中加入蛋白底物重1%~5%的碱性蛋白酶，边加入边搅拌，搅拌速度 60r/min、酶解时间 60~120min。将大豆蛋白水解液通过超滤（UF）膜分离，膜截留物 $\phi \geqslant 10^{-8}$m 过滤，膜下通过物为 $\phi < 10^{-8}$m 的大豆短肽超滤液，膜上物为大豆蛋白及其他 $\phi \geqslant 10^{-8}$m 的混合固形物（图 9-6）。

将大豆肽超滤液通过大孔强酸性阳离子柱脱除无机盐，脱盐后料液电导率不得大于 30μS/cm。

图 9-6　醇法大豆肽酶解车间

脱盐后的料液浓缩至固形物 9%~11%，经活性炭脱色，炭液比为 1:2~1:10。

脱色后的料液经瞬时高温灭菌（135℃、5s）后，再经喷雾干燥得出精制大豆短肽。

（四）提取大豆核酸

经过步骤（三）所得超滤截留物为含有核酸的混合料。

混合料用纯水调整固形物 1%~2%，由于核酸等电点为 pI 2~3.5，所以用 HCl 调 pH 2~3.5，使核酸沉析后，用搅拌机搅拌，搅拌时间为 10~15min；将搅拌完成的混合液加入助滤剂，使其通过 ϕ=150 目、压强为 2MPa 的板框过滤机过滤。

助滤剂添加比例是料液的 3%~5%，过滤得到的含有核酸的固相物和助滤剂沉析凝乳的截留物用高纯度 95% 以上的乙醇溶解核酸，由于核酸可溶于高纯度乙醇，所以将混有助滤剂的混合液第二次通过板框压滤机，可得到透明的核酸溶液，过滤机工作压强约 0.4MPa，截留物为助滤剂。

核酸溶液真空浓缩，收回溶剂并浓缩至固形物含量 8%，经灭菌、干燥，得出含量 60% 以上的大豆核酸，浓缩温度为 70~80℃。

（五）提取大豆异黄酮

将步骤（二）提取大豆核酸工艺中得到的含有异黄酮、皂苷、低聚糖透明液，通过电渗析除盐，电渗析工作压强保持在 0.2～0.4MPa，流量控制在 2.5～3t/h，除盐后的料液电导率不得超过 50μS/cm（图 9-7）。

除盐后的料液通过大孔吸附树脂（非极性大孔吸附树脂，如 HP-20，D330），被树脂吸附的物质中含有大豆异黄酮、大豆皂苷、流出的料液即是大豆低聚糖，吸附流速为 2.5～3t/h，树脂交换体积比为 50：1（图 9-8）。

图 9-7　电渗析除盐工段　　　　　　　　　　图 9-8　树脂吸附车间

大孔吸附树脂吸附饱和后，用 60%～95% 乙醇梯度溶离洗脱。

洗脱液经蒸馏浓缩收回溶剂并浓缩至固形物含量 20% 以上，蒸馏温度 100℃ 以下，工作压强在 0.1～0.4MPa。

利用皂苷在常温下能溶于水，而异黄酮在常温下不溶于水的特性，将乙醇蒸馏后的异黄酮与皂苷的混合液加水搅拌，水料比为 10：1～50：1（图 9-9）。

图 9-9　乙醇蒸馏回收系统

经 10000r/min 的高速分离机分离得出含有固态异黄酮和含有皂苷的清液，同样方法反复分离三次，固形物的主要成分为大豆异黄酮，分离机分离所得的清液，送至提取皂苷工段。

固态异黄酮用>80℃的无离子水将异黄酮溶解，并调至固形物浓度约 10%，经灭菌、喷雾干燥可得染料木苷与染料木素含量≥80%的大豆异黄酮。

(六) 提取大豆皂苷

提取异黄酮工艺中高速分离机分离的清液，真空浓缩至固形物含量20%以上。

选择能够析出皂苷的溶剂，如：丙酮、乙醚（纯度95%以上）以 1：5 以上比例充分搅拌，经高速分离机（10000r/min）分离得出皂苷固态物质，分离机进料流速应控制在 500kg/h 以下；蒸馏回收清液的溶剂。

收回固态物质加无离子水（1：5），浓缩收回溶剂，浓度达到固形物含量 10%，经灭菌、喷雾干燥，可得含量60%以上的大豆皂苷。

(七) 提取大豆低聚糖

将步骤（五）通过大孔吸附树脂流出的含有低聚糖的料液，低聚糖料液加活性炭（1%~2%）与活性白土（1%~1.5%）脱色后，经100~200 目过滤机过滤，所得流出液直接灌装，即为糖浆状大豆低聚糖。料液经反渗透（RO）浓缩至固形物含量 9%~11%，反渗透滤膜孔径为 50nm，工作压强为 1.5MPa（图9-10）。

图9-10　反渗透装置现场

由于低聚糖具有高黏度、高吸水性的特点，很难通过喷雾塔进行干燥，所以需添加糊精以降低黏稠度。脱色后的料液与糊精以 3：1 比例混合，经过滤机过滤、灭菌、喷雾干燥，可得出含量 20%~40% 大豆低聚糖。

　　本项发明被科技部批准为《国家科技成果重点推广计划》项目（图 9-11）。

图 9-11　连续提取大豆功能因子——异黄酮、皂苷、核酸、低聚糖及浓缩蛋白生产新技术
被科技部批准为《国家科技成果重点推广计划》项目颁发的证书

第二节

以大豆加工废水为原料，连续提取大豆蛋白、核酸、低聚糖、异黄酮、皂苷的方法

　　大豆中所含的化学成分几乎都是人体生长发育的有益物质。但是目前不管机械化加工豆制品或作坊式豆腐房，生产豆制品排放的加工废水大部分未经处理直接排放，造成环境严重污染。每加工 1t 分离蛋白排放废水量 20~40t，加工豆腐产生废水量是原料大豆重量的 10 倍以上。

　　豆制品加工产生的大量废水如果不进行处理，发酵后产生的恶臭，污染空气半径在 5km 以上。如单纯进行环保处理，每吨废水处理费高达约 2.5 元，年产 1 万 t 的分离蛋白企业每年废水处理成本约 50 万~100 万元。目前豆腐加工厂已按环保政策要求搬迁至远离城市的远郊，造成运输不便，成本提高。

大豆加工由于加工品种不同，加工技术的差异，可能加水量有变化，排放废水中所含有机成分量有所不同，以传统豆腐加工排放水为例，据分析豆腐加工废水中约含水溶性蛋白 0.3%、大豆低聚糖 0.7%、皂苷 0.02%、异黄酮 0.01%。

本发明的目的是针对现有的技术缺陷，采用一条生产线上连续提取技术，从大豆加工废水中提取蛋白、大豆核酸、大豆低聚糖、大豆异黄酮、大豆皂苷等功能因子。

本项技术于 2003 年获得发明专利授权（图 9-12）。

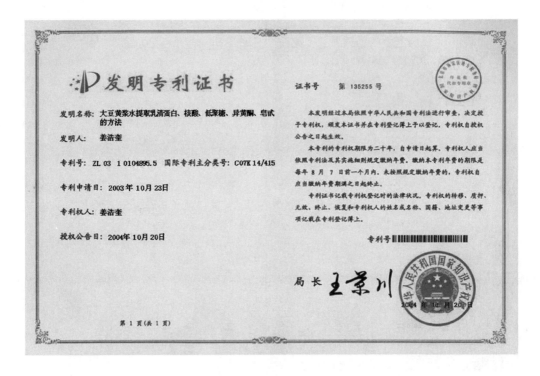

图 9-12　大豆黄浆水提取乳清蛋白、核酸、低聚糖、异黄酮、皂苷的方法发明专利证书

以大豆加工排放废水为原料提取大豆蛋白、核酸、低聚糖、异黄酮、皂苷的具体实施方法如下。

（一）提取大豆蛋白

生产豆制品排放的黄浆水通过 80~100 目筛网、压强为 0.4MPa/cm² 的板框压滤机过滤，滤出豆渣，滤出的截留物可作为饲料。

通过的黄浆水在 7~15s 高温闪蒸（110~130℃）通过，再加 HCl 调整 pH4.2~4.5，由于大豆蛋白的热变性临界温度为 55~60℃，水溶性蛋白在 pH4.2~4.5 条件与高温作用下，可将黄浆水中的水溶性蛋白通过热变性与酸变性，黄浆水的水溶性蛋白经热变性与酸变性后沉淀析出。

通过 6500r/min 以上高速分离机分离，得到上清液和热变性与酸变性蛋白。

得到的大豆变性沉析蛋白，再用碱调整 pH7.0～7.5 后，使蛋白溶解重新进行分离机分离得到中性大豆乳清蛋白。

通过解碎机，解碎机转速为 1400r/min，充分搅拌解碎，同时调整固形物浓度为 16%～20% 达到喷雾干燥的条件，进行喷雾干燥，可得出含量 90% 以上的大豆蛋白成品。

（二）提取大豆核酸

将步骤（一）高速分离机分离得到的清液加酸调整至 pH1.5～2.0 搅拌 15～30min，根据核酸等电点为 pH1.5～2.0 的原理，充分搅拌后，可使核酸析出。

通过 15000r/min 分离机，分离得到沉析的核酸和透明的清液。

将得到的核酸用高纯度（≥80%）的乙醇溶剂溶解，再次通过 150 目、压强为 $0.2MPa/cm^2$ 的板框压滤机，过滤分离滤除渣（豆渣用于饲料），得到含有溶剂乙醇的核酸。

含有溶剂的核酸通过蒸馏浓缩回收溶剂，料液浓缩至固形物达到 10%，适于喷雾干燥的浓度，进行喷雾干燥，可得出含量 60% 以上的大豆核酸。

（三）提取大豆低聚糖

将提取核酸工艺中得到的透明上清液，通过电渗析除盐，除盐率达到 95% 以上，电渗析装置的电流为 5A，电压为 80V，流速为 60L/h，压强为 $0.2MPa/cm^2$。

除盐后的料液，进入非极性大孔吸附树脂吸附脱色，被树脂吸附的物质是大豆异黄酮、大豆皂苷，从树脂柱中流出的料液是脱色的大豆低聚糖，吸附交换量为料液与树脂体积比 50：1。

树脂柱流出的大豆低聚糖料液通过反渗透膜（RO）过滤，循环浓缩至料液的固形物约 15% 进行喷雾干燥，可得出含量约 22% 的大豆低聚糖，反渗透工作压强 $2.8MPa/cm^2$，流量为 0.6t/h。

（四）提取大豆异黄酮

用浓度为 80% 乙醇溶液洗脱被大孔吸附树脂吸附的大豆异黄酮和大豆皂苷，洗脱流速为 60L/h。

得到的含有大豆异黄酮和大豆皂苷混合溶剂在真空浓缩条件下收回溶剂，同时浓缩至固形物浓度 60% 的料液，真空浓缩工作压强为 $0.06MPa/cm^2$，温度 80℃。

将浓缩的含有异黄酮和皂苷料液通过加入能够析出大豆异黄酮，能够溶解大豆皂苷的丁醇，丁醇浓度为 50%，充分搅拌析出大豆异黄酮，搅拌转速为 32r/min，搅拌时间为 30min。

析出的料液通过板框过滤机过滤，得到截留物大豆异黄酮，通过液为透明的含有大豆皂苷的溶液，板框压滤机工作压强为 $0.2MPa/cm^2$，流速为 600L/h，滤布目数为 200 目。

得到的大豆异黄酮在搅拌罐中加入软水充分水洗，板框过滤，反复水洗 3 次，过滤 3 次，得到没有溶剂味的大豆异黄酮，搅拌机转速为 32r/min，板框过滤机滤布目数为 200 目，工作压强为 $0.2MPa/cm^2$，流速为 600L/h。

将水洗过滤的大豆异黄酮固形物调整为浓度 16% 进行喷雾干燥，所得粉状物为大豆异黄酮。

（五）提取大豆皂苷

提取大豆异黄酮工艺中得到的含有大豆皂苷的溶剂，经真空浓缩，将丁醇回收。皂苷料液浓缩至料液的固形物达到 60%，真空浓缩工作压强为 $0.06MPa/cm^2$，温度 80℃。

加入纯度 95% 丙酮，添加比例为料液与丙酮体积比 1：10，充分搅拌 30min，搅拌机转数为 32r/min，皂苷在丙酮中析出。

析出的皂苷通过板框过滤机过滤，板框压滤机工作压强为 $0.02MPa/cm^2$，滤布目数为 200 目，流速为 600L/h，温度 80℃，流出物为丙酮液，继续蒸馏回收。截留物为皂苷，对截留料液加入 10 倍（体积比）的软水稀释后进行真空浓缩，浓缩同时回收丙酮。真空浓缩，工作压强为 $0.02MPa/cm^2$，浓缩至料液的固形物浓度达到 10% 时进行喷雾干燥，即可得到含量 30% 的大豆皂苷。

第三节

大豆低聚糖生产过程中的问题与解决建议

早在 1999 年作者研发的大豆低聚糖已获原卫生部保健食品批准文号[1]（图 9-13），但在生产中不断发现一些新的问题，现提供给同行在科研开发与生产实践中参考。

---

[1] 作者姜浩奎于 2000 年前为黑龙江天菊有限公司法人代表，也是大豆功能因子连续提取发明专利大豆低聚糖的发明人。天菊有限公司于 2001 年更名为营口渤海天然食品有限公司，法人代表仍为姜浩奎博士。

　　大豆低聚糖在本章第一节和第二节等中，作为大豆功能因子连续提取发明专利技术在生产过程中的产物已有阐述。在产品生产过程，作为连续提取产物的大豆低聚糖生产成本与单独生产低聚糖相比显著降低，在大规模工业化连续提取大豆功能因子（包括大豆低聚糖）的生产过程中，单独提取大豆低聚糖的工艺，已失去实际意义，所以在本书中大豆低聚糖未独立成章，而作为连续提取的一节予以阐述。

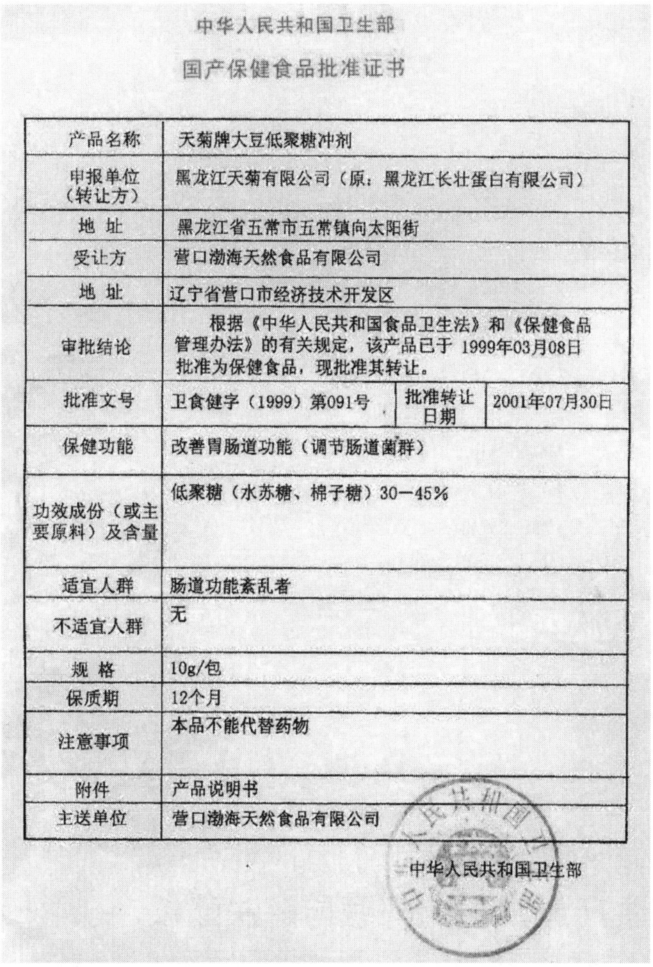

中华人民共和国卫生部
国产保健食品批准证书

产品名称	天菊牌大豆低聚糖冲剂		
申报单位（转让方）	黑龙江天菊有限公司（原：黑龙江长壮蛋白有限公司）		
地　址	黑龙江省五常市五常镇向太阳街		
受让方	营口渤海天然食品有限公司		
地　址	辽宁省营口市经济技术开发区		
审批结论	根据《中华人民共和国食品卫生法》和《保健食品管理办法》的有关规定，该产品已于1999年03月08日批准为保健食品，现批准其转让。		
批准文号	卫食健字（1999）第091号	批准转让日期	2001年07月30日
保健功能	改善胃肠道功能（调节肠道菌群）		
功效成份（或主要原料）及含量	低聚糖（水苏糖、棉子糖）30—45%		
适宜人群	肠道功能紊乱者		
不适宜人群	无		
规　格	10g/包		
保质期	12个月		
注意事项	本品不能代替药物		
附件	产品说明书		
主送单位	营口渤海天然食品有限公司		

中华人民共和国卫生部

图9-13　大豆低聚糖于1999年获得原卫生部颁发的"天菊牌大豆低聚糖冲剂"保健食品证书

　　市售低聚糖通常是以淀粉为原料加酶水解或以大豆蛋白生产排放水为原料浓缩加工而成的浆液。本书中介绍的大豆低聚糖是用豆粕为原料，以膜分离技术加工提取，经喷雾干燥而成的粉状产品（详见本章第一节和第二节）。

　　作者在研发大豆低聚糖的过程中发现以下具体问题，已形成解决的设想但尚未完成切实可行的生产方案，现分别介绍如下。

一、大豆低聚糖分类命名

大豆低聚糖是大豆种子中由 18 个碳原子和 24 个碳原子构建形成的三糖与四糖，所谓三糖系指半乳糖以 α-1，6-糖苷键与蔗糖的葡萄糖基联结形成的棉子糖（Raffinose）。所谓四糖是半乳糖以 α-1，6-糖苷键与棉子糖结构中半乳糖联接形成的水苏糖（Stachyose），如图 9-14 所示。

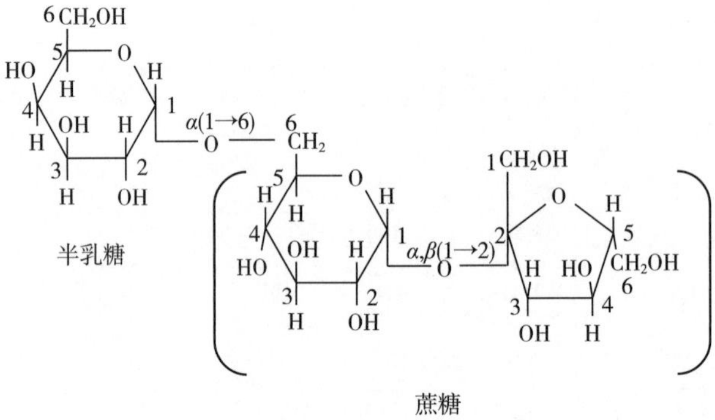

（1）棉籽糖（$C_{18}H_{32}O_{16}$）

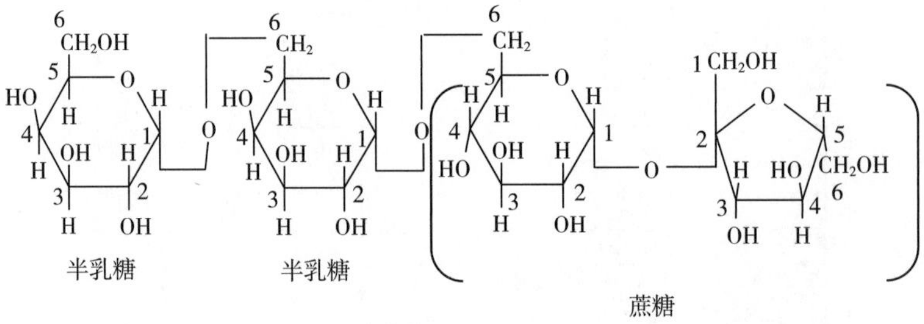

（2）水苏糖（$C_{24}H_{42}O_{21}$）

图 9-14 大豆棉子糖（三糖）与水苏糖（四糖）的化学结构式

棉子糖与水苏糖均属于由半乳糖与蔗糖组成的非还原糖[①]，由于动物体内缺少 α-半乳糖苷酶，所以人体口腔、胃、回肠等属于消化系统的器官均不能消化、吸收大豆棉子糖与水苏糖。

---

① 还原糖系指分子结构中含有还原性基团（如游离醛基、半缩醛羟基、羰基）的糖，与费林试剂反应，被还原后能得到砖红色的 Cu_2O 沉淀；与托伦试剂反应被还原后，能生成单质银，所有的单糖如葡萄糖、果糖、半乳糖等都属于还原糖，除蔗糖以外的大部分双糖也属于还原糖。棉子糖（由半乳糖、葡萄糖、果糖结合成的三糖）与水苏糖（由 2 分子半乳糖与 1 分子蔗糖组成的四糖）属于非还原糖。

以分析检测食品有机成分总糖含量时，常见有"以还原糖计"的注释，此项说明系指对于蔗糖及其他低聚糖、各种多糖在前处理程序，均需加酸将其水解为单糖，单糖为还原糖，由于在分析检测食品总糖含量进入分析步骤时，蔗糖、低聚糖、多糖等被检对象均被水解成还原糖，所以将食品检测总糖含量概念注释为"以还原糖计"。

大豆棉子糖与大豆水苏糖主要作用是其到达小肠和结肠等肠道后，被小肠和结肠中的有益菌——双歧杆菌消化吸收，促进双歧杆菌增殖，调节肠道菌群比例向有益于人体健康的平衡方向发展。由于棉子糖含 D-半乳糖、D-葡萄糖和 D-果糖，水苏糖含两个分子 D-半乳糖、D-葡萄糖和 D-果糖，人体消化道内没有水解半乳糖的酶，因而水苏糖和棉子糖在人体小肠中不能被消化，当经过大肠时，却能被细菌发酵而产生气体，引起肚胀等症状。所以在二十世纪大豆低聚糖的保健功效未被发现前，曾将大豆水苏糖、棉子糖列为对人体有害的生理活性胀气因子。

大豆低聚糖是一种既具有甜味又不被人体吸收，不被胃酸分解，到达肠道后作为双歧杆菌的营养物质。且是可溶性的含 18 个碳原子与 24 个碳原子的碳水化合物，双歧杆菌摄入水苏糖与棉子糖后可迅速增殖。据报道大豆低聚糖对人体双歧杆菌增殖作用是普通低聚糖的 3 倍以上，所以大豆低聚糖是调节肠道有益菌群平衡，保障人体健康、长寿的功能因子。

目前国内外大豆加工与保健营养领域，均将大豆中的蔗糖也列为低聚糖范畴[1]，作者认为此种分类不够严谨，因为蔗糖是有机化学分类明确规定的"双糖"，而且大豆蔗糖不具备大豆低聚糖的生理功能。在当前全球人类的大环境条件下，糖尿病、糖耐受量低下、血糖偏高等现代生活方式病日益增多，我国糖尿病与血糖异常患者已超过 1.14 亿人，全球糖尿病患者占世界总人口的十分之一以上。在大豆加工生产中，提取的大豆低聚糖，人类利用的是棉子糖与水苏糖的有益功能，广大糖尿病患病群体不仅不需要摄入蔗糖，而且要求食用无蔗糖食品，如何从棉子糖、水苏糖混合物中分离去除蔗糖，已成为研发热点之一。

我国市售大豆低聚糖均包括有蔗糖，但蔗糖与水苏糖、棉子糖在对人体营养与保健功效方面具有很大差异。我国由于糖尿病患者日益增多，市售无糖食品已明确规定不应包括蔗糖（双糖）、葡萄糖、麦芽糖、果糖（单糖）及其他在人体胃肠消化系统能转化为单糖、双糖的、能引起血糖升高的碳水化合物。

为规范大豆低聚糖的分类，建立有益于生产和民生保健的、科学的大豆低聚糖质量标准，建议 GB/T 22491—2008 从大豆低聚糖分类中删除蔗糖（表 9-1），否则必将出现生产企业售出的大豆低聚糖虽然标注纯度很高，但由于产品中包括大量蔗糖，使棉子糖、水苏糖含量相对减少，达不到消费者需求的保健功效，而且由于蔗糖在代谢过程需要胰岛素参与，增加糖尿病与糖耐受量低下的人群胰岛负担，病情加剧。所以购买市售低聚糖时一定要注意产品成分中的水苏糖与棉子糖的含量，并应警惕蔗糖含量过高对人

---

① 表 9-1《大豆低聚糖》（GB/T 22491—2008）要求糖浆型 ≥60.0%（其中包括 35% 的蔗糖）、粉末型 ≥75.0%（其中包括 45% 的蔗糖），均包括蔗糖在内，而蔗糖并无低聚糖的功效意义。

体的危害。

表 9-1　大豆低聚糖（GB/T 22491—2008）

项目	糖浆型	粉末型
色泽、外观	白色、淡黄色或黄色 黏稠液体状	白色、淡黄色或黄色 粉末状
气味、滋味	气味正常，有甜味，无异味	
杂质	无肉眼可见杂质	
水分/%	≤25.0	≤5.0
灰分含量（以干基计）/%	≤3.0	≤5.0
大豆低聚糖含量（以干基计）/%	≥60.0	≥75.0
水苏糖、棉子糖含量（以干基计）/%	≥25.0	≥30.0
pH（1%水溶液）	6.5±1.0	

　　由于大豆蔗糖与大豆水苏糖、棉子糖的生理功能不同，化学成分不同，食用群体对蔗糖与水苏糖、棉子糖食用的生理需求根本不同，所以大豆低聚糖中不应包括蔗糖，只需对水苏糖、棉子糖含量提出明确要求，这样才能适应生产与民生的实际需求。

二、分离提纯大豆低聚糖的问题与解决建议

　　据介绍大豆低聚糖吸湿性低于蔗糖、黏度低于麦芽糖，但在生产中，作者发现大豆低聚糖潮解现象远高于蔗糖，大豆低聚糖的高吸湿性和高黏度严重妨碍大豆低聚糖的提纯与贮藏运输，粉状大豆低聚糖在贮运期间只要接触空气，一般在 30d 左右，即发生潮解结块现象（图 9-15）。

　　我国生产的大豆低聚糖由于包括有 40% 以上的蔗糖，目前大豆低聚糖在贮运期间发生潮解、结块的成因，究竟是水苏糖、棉子糖生物学特性造成，还是蔗糖与水苏糖、棉子糖混合造成的结果，尚未研究清楚。在生产过程这种混合糖的高黏度却严重地影响水苏糖与棉子糖在生产过程纯度的提高，潮解现象的发生不利于大豆低聚糖的贮藏与运输。

　　为解决上述问题应采用密闭包装，使大豆低聚糖不直接接触空气，每个小包装以含大豆低聚糖纯品约 3g/包，保质期不超过六个月为宜，打开包装后在 1d 内即应食用完毕。

图 9-15　大豆低聚糖粉在贮存期间产生的吸湿结块现象

（左侧为结块的低聚糖粉；右侧为大豆低聚糖的商品包装盒与包装袋）

作者在加工中发现按现在 GB/T 22491—2008 要求生产的大豆低聚糖黏度高、流变性差，采用喷雾干燥方式，则产生喷雾困难，混合糖粉黏附塔壁的现象严重。如采用喷雾干燥制粉必须加入降低黏度的助剂，如麦芽糊精，以提高物料流变性。

在生产过程为降低物料黏度，添加麦芽糊精量高达干物质总重的 30%～35%，含有大量糊精的料液必然相对降低水苏糖与棉子糖的纯度，在生产过程发现按 GB/T 22491—2008 要求（表 9-1）生产大豆低聚糖，现有工艺技术几乎不可能实现。

另外，在 GB/T 22491—2008《大豆低聚糖》中要求糖浆型低聚糖中水苏糖与棉子糖（以干基计）含量≥25%，而粉末型低聚糖中水苏糖与棉子糖含量≥30%，由于糖浆型低聚糖无需加入降低黏度的助剂而且是按干基状态测定，所以水苏糖、棉子糖总含量≥25%的指标很容易实现，而粉末状低聚糖在喷雾干燥过程，添加助剂麦芽糊精量约为干物质量的 35%，在生产过程得到的粉状大豆低聚糖产品中，水苏糖与棉子糖量只能达到 22%左右，这一结果对于生产者与标准制订者均应予以考虑。

以上生产过程证明，喷雾干燥过程，在物料中添加降黏助剂虽然可使喷雾工艺过程顺畅，却造成粉状产品中大豆水苏糖、棉子糖纯度降低，在理想的干燥措施尚未问世之前，建议将粉状水苏糖与棉子糖纯度≥25%的指标，调整为≥20%。

至于如何提高水苏糖与棉子糖的含量纯度，也曾作过一些尝试。最初设想采用膜分离技术将棉子糖（三糖）与蔗糖（双糖）分离，但棉子糖与蔗糖相对分子质量过于接近（表 9-2），目前尚未选出一种可以分离蔗糖与棉子糖理想的膜分离设备。

表9-2　大豆水苏糖、棉子糖、蔗糖相对分子质量对照

种类	水苏糖	棉子糖	蔗糖
分子式	$C_{24}H_{42}O_{21} \cdot 5H_2O$	$C_{18}H_{32}O_{16} \cdot 5H_2O$	$C_{12}H_{22}O_{11}$
相对分子质量	666	504	342.3

目前著者生产大豆低聚糖工艺所采用的膜孔径 ϕ 为 50nm（nF），将混合有二糖、三糖、四糖与其他相对分子质量≥200 的溶液中的固形物全部截留，实质起到一种反渗透的作用，流出的水可在车间内循环使用，但膜分离所得大豆低聚糖混合料液在喷雾干燥前（图9-16），为降低黏稠料液的高黏性，防止喷雾时对塔壁的黏附，需加入 30%～35% 的降黏助剂糊精，最后生产的产品中水苏糖、棉子糖纯度只占 20% 左右，所以采用膜分离技术并未获得理想效果。

图9-16　提取大豆低聚糖的膜分离车间现场

为了使大豆低聚糖中的蔗糖降解为单糖，扩大蔗糖与棉子糖相对分子质量的差距，著者曾试用蔗糖酶水解大豆低聚糖中的蔗糖，但是试用结果蔗糖酶不仅将蔗糖催化水解生成葡萄糖和果糖（$C_{12}H_{22}O_{11}+H_2O \rightarrow C_6H_{12}O_6+C_6H_{12}O_6$），左侧反应如进一步发酵，还可生成酒精、乳酸等。

由于目前生产的大豆低聚糖产品是蔗糖、水苏糖、棉子糖的混合溶液，在酶解过程，蔗糖酶同时也作用于棉子糖，催化棉子糖水解生成果糖，而使生成的产品中棉子糖含量相对减少，导致大豆低聚糖总含量降低，所以利用蔗糖酶降解蔗糖和其他二糖实现扩大混合溶液中棉子糖与蔗糖水解物之间相对分子质量差距的试验仍以失败告终。

以上经验教训供读者在开展分离提纯大豆低聚糖时的设计参考。

第四节

大豆低聚糖的生物学特性及其在食品加工与保健功能的应用

关于大豆低聚糖在保健功能与食品加工方面的应用，虽然早在 1999 年已生产出产业化规模的商品大豆低聚糖并获得原卫生部的保健食品证书（图 9-13），但相关资料甚少，为体现本书的系统性和完整性，本节阐述的内容大部分为引用大豆低聚糖在食品加工与保健功能的文献。

一、大豆低聚糖在食品加工中的应用

大豆水苏糖与棉子糖在 pH 6 的微酸条件下，加热至 120℃，不发生分解现象，在 pH3 强酸条件下，120℃、保存率≥60%，因此大豆低聚糖可用于高温、高压条件杀菌的食品与饮料，在高温加工条件下，仍可保持大豆低聚糖的纯度含量不变。由于大豆低聚糖具有比蔗糖、低聚果糖更高的热稳定性与酸稳定性，大豆低聚糖用于酸奶及其他酸性饮料生产有广阔的前途。

大豆低聚糖的发酵稳定性是最有益于食品加工的生物学特性，目前市售大豆低聚糖中蔗糖含量约占 40% 左右，而蔗糖对于广大糖尿病患者具有增加胰岛负担的威胁。各种发酵食品如面包，在发酵前添加普通的市售粉状大豆低聚糖，其中（水苏糖+棉子糖）：蔗糖≈2：5，经过 24h 发酵，水苏糖与棉子糖未被分解，保存率在 95% 以上，蔗糖在发酵过程全部被酵母利用，转化为乙醇或乙酸，对糖尿病人群不构成威胁，所以利用大豆低聚糖生产发酵食品，为广大糖尿病人群提供具有甜味的含水苏糖、棉子糖的保健食品、饮品也具有广阔的市场。

大豆低聚糖在 pH 7~8、加热条件下，褐变效果提高，用于生产面包，还可获得理想的面包表皮色泽变褐的产品。在面包加工过程添加大豆低聚糖，还具有延缓淀粉老化，防止产品变硬，延长货架期的作用。

多种食品在贮存期经常出现液体"白浊"、糖果与面制品返砂等老化现象，在淀粉水解液中或面包、糕点中添加大豆低聚糖，可取得理想的缓解淀粉老化的功效。

添加大豆低聚糖的巧克力可以调节肠道菌群平衡，预防心脑血管疾病。

大豆低聚糖在牛奶中添加，由于大豆低聚糖甜度低，仅为蔗糖的 22%，每人每日建议摄入水苏糖量仅为 0.5~3g，在有效添加范围内牛奶甜度增加不超过 0.3%，固形物增加不超过 1%，基本不增加成本，但却可使添加牛奶增加维护肠道菌群平衡，有效预防腹泻，缓解便秘，预防结肠癌，有助于放化疗后康复，预防高血脂、高血糖、高血压，促进排铅，缓解神经性皮炎，抗老年痴呆等多种作用。

二、以大豆加工黄浆水为原料提取大豆低聚糖

我国城市的超市中小豆腐坊比比皆是，生产豆腐产生的废水是原料大豆重的 12~15 倍，豆腐坊排放的大量废水严重影响环境卫生。大部分一线城市已将豆腐生产厂迁至远郊，此种措施既增加了豆腐生产运输成本，又影响居民食用豆腐的新鲜程度。为了解决上述问题，建议在城市郊区统一建设规模化的豆腐废水处理厂，每日将分散生产的豆腐坊生成的废水集中，进行工业化生产大豆低聚糖，这样既可防止豆腐废水影响环境卫生，又可减少豆腐坊分散处理废水增加小企业负担的投资困难，形成工业化生产规模的豆腐废水加工厂生产的大豆低聚糖可直接售给本地的食品加工厂，也可分装成小包装作为保健食品出售，具体生产方案如下。

（一）去除蛋白

将豆腐加工排放的废水（不包括清洁用水）加热≥70℃，使排放水中的水溶性蛋白热变性沉淀，通过离心分离机（1000r/min），所得清液泵入代搅拌器的储罐中，固形物大豆蛋白可经浓缩后，售予当地食品厂作为蛋白添加料，或售予饲料厂作为蛋白强化料。

（二）脱色

将步骤（一）所得分离清液加入相当于溶液中固形物 1% 的活性炭，在 40℃、pH3~4 的条件下，搅拌 40min，使残留蛋白沉析。

（三）过滤

将步骤（二）所得脱色液体泵入 100 目过滤机过滤，所得含活性炭滤渣及沉析蛋白，可作为废渣混入燃料中焚烧，滤液送入步骤（四）。

（四）树脂吸附

将步骤（三）所得含低聚糖清液加碱调 pH6.5~7，泵入 732 型阳离子交换树脂柱或 717 型阴离子交换树脂柱脱盐，脱盐交换流速为 35m³（糖液）/（m³ 树脂·h）交换工

作温度为 50~60℃。

（五）净化

经过吸附去杂、脱色、脱无机盐的清液进行膜分离（nF），去除相对分子质量 ≥200 与 ϕ≥50nm 的成分与细菌等。

（六）浓缩

经过反渗透装置脱水，脱除的水分可在车间内循环用于生产，脱水后混合其他可溶物的低聚糖溶液浓度≥12%，泵入双效浓缩装置，使浓缩度达到75%，可直接灌装，即为糖浆型大豆低聚糖成品。

（七）喷雾干燥

将浓缩后的低聚糖浆添加降黏助剂如糊精，浓度达到≥20%，泵入喷雾干燥塔，喷雾干燥后进行无菌包装、装箱即为成品粉状大豆低聚糖。

以大豆加工黄浆水为原料提取大豆低聚糖工艺流程：

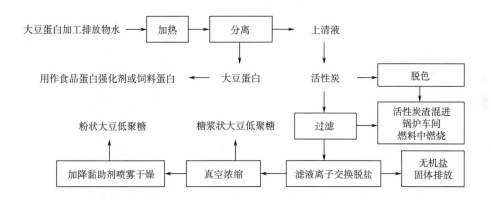

豆腐加工排放的黄浆水可提取多种大豆功能因子，但从生产收益综合考虑分析，还是以只提取大豆低聚糖的工艺，成本较低，具有生产意义。

三、大豆低聚糖的保健功能

二十世纪中期以后，由于抗生素的普遍使用，在抑杀病原菌的同时，将有益菌杀伤，常使人体内正常微生态平衡关系遭致破坏，由变异形成的具有稳定耐药遗传性的新菌种使抗生素抑杀细菌功能相对减弱。人类对抗生素的认识开始反思，如何增殖人体内益生菌、抑制有害菌的活力，保持人体菌群平衡又成为人类生命科学研究的新课题。

目前国内外关于大豆低聚糖对人体保健作用报道随处可见，鉴于大豆低聚糖在维系人体健康方面作用日益突现，现将有关报道综述如下。

（一）调节肠道菌群平衡，促进人体健康

人体内的细菌总量高达 10^{14} 个左右，人体内既有对人体健康生长发育的有益菌，也有危害人体健康的有害菌。人体实质是由人体细胞与细菌混合组成的共生体，人体每克粪便中细菌总数约达一千亿个，细菌重量为粪便重量的三分之一。人体的生理、免疫、营养、消化、抗肿瘤、生物拮抗、药物效能和抗衰老等都离不开人体自身携带的微生物群。人体摄入的食物经消化吸收所剩残余物到达结肠后，在发酵过程中会形成许多有毒的致癌物、毒素等，这些有毒发酵产物的产生，与人体肠内固有腐败细菌的生长繁殖密切相关，如果能有效地抑制肠道内腐败细菌的生长、繁殖，就能降低人体受毒害程度。最具代表性的有益菌是双歧杆菌，双歧杆菌具有生物屏障功能，双歧杆菌及其代谢产物对肠道致病菌具有很强的生物拮抗作用。婴幼儿出生后 3～5d，肠道内双歧杆菌占 90% 以上，伴随年龄增长，双歧杆菌逐渐减少，有害菌逐年增加，濒临死亡的老人双歧杆菌数量接近于零，而健康长寿的老人，肠道内双歧杆菌仍占据优势。因此肠道内双歧杆菌数量多少是衡量人体健康、长寿的重要标志。

人体内的"细菌社会"中，有益菌占优势，人体表现为健康、美颜、长寿；有害菌占优势，人体表现为"生病、短寿、憔悴"。根据国家公众营养改善 OLIGO 办公室统计，我国 60% 居民处于亚健康、微生态失衡，主要反应为腹泻、便秘、腹胀、经常感冒等。

人类曾试图采取补充外源有益菌的方法，提高人体健康水平，但是胃酸属于强酸，pH 约 1.5，双歧杆菌在通过胃时，在胃酸作用下，几乎全部被杀死。

大豆低聚糖是一种既具有甜味，又不被人体代谢吸收，不被胃酸分解，到达肠道后作为双歧杆菌的营养、可溶性的、含 18 个碳原子与 24 个碳原子的碳水化合物，双歧杆菌摄入水苏糖与棉子糖后，可迅速增殖。据试验，成年人每天摄取 3g 大豆水苏糖与棉子糖，一周后每克粪便中双歧杆菌数由 10^8 个增加至 $10^{9.6}$ 个，肠道内双歧杆菌量增加 7.5 倍，乳酸菌增加 2 倍，有害菌总数减少 81%。经过大量的试验研究发现，大豆低聚糖是人体内有益菌增殖的理想因子，大豆低聚糖被人体摄入后，不被胃肠消化吸收，具有营养肠道益生菌的功能，促进益生菌增殖，提高益生菌的活性。

（二）防治心脑血管疾病

高血脂与高血压是诱发心脑血管疾病的重要成因，以大豆低聚糖为增殖因子的双歧杆菌具有抑制胆固醇含量、调节血压的功能。胆固醇是检测血脂高低的主要指标，属于脂溶性物质，胆固醇在血液中不能单独存在，必须与蛋白质结合成为脂蛋白才能参与人体代谢，脂蛋白又分为高密度脂蛋白与低密度脂蛋白，在血液中运行的低密度脂蛋白的功能是携带胆固醇从肝脏中运送至细胞，使人体血脂升高，高密度脂蛋白具有将胆固醇运回肝脏、经肝脏分解、代谢，将胆固醇排出体外的功能，高密度脂蛋白在运送胆固醇过程中，同时将动脉血管壁上的胆固醇微粒带走，经肝脏分解后一并排出体外，高密度脂蛋白具有防止胆固醇在血管壁上堆积、防止血栓形成的功能，所以高密度脂蛋白是对人体有益的、可降低心脑血管发病概率的胆固醇组分。

大豆低聚糖具有促进双歧杆菌增殖的功能，双歧杆菌通过抑制低密度脂蛋白活性，产生控制总胆固醇在人体内的形成量，人体血清胆固醇降低的主要原因是肠道内菌群产生有益平衡的结果，每日服用纯度为30%的大豆低聚糖10g，连续三周，食用者自身对照结果，肠道内双歧杆菌含量比食用前高2.2倍，双歧杆菌通过抑制低密度脂蛋白活性，控制总胆固醇的形成。人体平均每天从膳食中吸收500~800mg胆固醇，人体各器官除大脑外，均能以糖、脂肪和蛋白质为原料合成胆固醇，人体每天自身合成的胆固醇量为1000~2000mg，成年人血液中，胆固醇正常应为150~280mg/100mL，超过265mg/100mL属于高胆固醇患者，胆固醇含量对人类寿命有一定影响，胆固醇含量在195~214mg/100mL的人群寿命最长，其次为214~240mg/100mL含量者，其他胆固醇高含量与低含量者寿命均有降低。人群试验证明，连续15~90d服用大豆低聚糖6~12g/（人·d），总血清胆固醇平均含量降低2~5mg/100mL。

另据试验证明，由于大豆低聚糖具有治疗便秘的作用与增殖双歧杆菌的功能，可使人体血压降低，成年健康男性，每天摄入3g大豆低聚糖，舒张压平均降低838Pa（相当于6.25mmHg），即人体血压舒张压与人体肠道双歧杆菌含量呈负相关。

上述事实说明，大豆低聚糖具有控制人体胆固醇总量与降低血压的功能，而高胆固醇、高血压又是导致心脑血管疾病的成因，所以大豆低聚糖可以有效预防心脑血管疾病。

（三）保护肝脏，预防肝病

肝脏是人体解毒的重要器官，人体肠道内的有害腐生菌分泌产生的吲哚、硫化氢、胺、酚等有毒代谢产物，都要通过肝脏解毒反应，才能转化为无毒物质或随尿排出体外。长期摄入大豆低聚糖，肠道内双歧杆菌等有益菌占绝对优势，即可减少和缓解有毒代谢物质的产生，减轻肝脏解毒的负担，对肝炎和肝硬化均有防治功能。

据报道，每日摄入3g大豆低聚糖的肝硬化患者，用药5d后，肝昏迷与便秘症状便有缓解改善。

蛋白质代谢是人体最重要的生理过程，肝脏主要起合成、脱氨和转氨三个作用。蛋白质经消化液分解为氨基酸或肽而被吸收，肝脏利用氨基酸重新合成人体所需要的各种重要的蛋白质，如白蛋白、纤维蛋白原和凝血酶原等。如果肝脏损害严重，就可能出现低蛋白血症和凝血功能障碍。

体内代谢产生的氨是对人体有毒的物质，肝脏能将有毒的氨合成尿素，经肾排出而起到"脱氨"的作用，肝细胞受损时，脱氨作用减退，血氨因此增高；肝细胞内有多种转氨酶，能将一种氨基酸转化为另一种氨基酸，以增加人体对不同食物的适应性，肝细胞受损，细胞膜的半透选择性便受到破坏，转氨酶不受肝细胞膜生理调控而自由释放于血液中而使血液中转氨酶含量提高，所以血内转氨酶增高是人体肝脏受损的重要指标。肝病患者摄入大豆低聚糖后，双歧杆菌增加，即可有效抑制对肝具有危害作用的腐败菌活性，所以在摄入大豆低聚糖后，使肠道内双歧杆菌明显增多的同时，血氨水平、血清中游离酚与游离氨及胺化物等含量水平均降低，尿中游离酚及游离氨浓度也有下降，以上指标降低是肝病患者的康复表现。

晚期肝硬化患者消化道内菌群常会出现平衡失调现象，并伴随出现高氨血症。摄入大豆低聚糖后，肠内有益的双歧杆菌、乳酸杆菌等大量增殖，双歧杆菌代谢生成的乳酸和醋酸同时又可降低肠道的 pH，提高肠道酸性。在低 pH 环境下，氨大部分以离子形式（NH_4^+）存在，与游离氨不同，NH_4^+ 在低 pH 酸性条件下被动快速扩散、转移至结肠，而排出体外，降低血氨的含量。大豆低聚糖在恢复肠道菌群平衡的同时，有益菌代谢在结肠中生成的醋酸、乳酸等有机酸，还可刺激肠道蠕动，防止便秘的发生，有益于肝病患者的康复。

此外，因食用腐败变质或加工不当的食物也能引起相类似的有害物质在体内积累，双歧杆菌能利用这些物质作为营养源，在分解这些物质、去除毒害的同时产生对人体有益的分泌物，促进人体的正常代谢，减轻肝脏解毒负担。

（四）防治腹泻与便秘的双向功能

自第二次世界大战后，全球抗生素研究已成为医药界发展最快的门类，人类曾一度盲目乐观地认为抗生素可以战胜所有的传染性疾病，抗生素应用结果虽然使一部分引起炎症的细菌被杀死或抑制，但有害菌在与抗生素竞争中，发生变异，变异的种代形成抗药性更强的新菌种，抗生素应用的结果，使人体肠道内双歧杆菌等有益菌与有害菌一齐被杀死，或被抑制，甚至使引起腹泻的有害菌种代遗传变异成为抗药性更强的菌群，有害菌群占据优势比率，而使有益于人体健康的肠道菌群平衡遭致破坏，菌群失调、紊乱的结果，导致腹泻的人群日益增加，人体肠道内凡是双歧杆菌占优势的群体，则无腹泻病变发生。例如，母乳喂养的婴儿肠道内双歧杆菌占总菌数的 99%，所以母乳喂养的婴儿无腹泻病变发生，而代乳品喂养的婴儿肠道菌群中双歧杆菌含量不足 50%，导致非母乳喂养婴儿经常腹泻。对于因使用抗生素引发的严重腹泻婴儿，每日口服 3g 双歧杆菌活体素（$3g \times 10^{11}$ 个双歧杆菌/g），服药 3~7d，所有患儿腹泻次数明显减少，大便外观改善。正常健康人粪便水分含量应为 78%~84%，已患腹泻的患者粪便水分高达 85%~88%，腹泻患者每日摄入 3~5g 棉子糖，可使腹泻症状改善，肠内腐败菌代谢产物下降，粪便含水量保持在 78%~84%。

便秘患者与腹泻患者相反，粪便中含水量 ≤76%，干燥的粪便难以排出体外，每周排便数 ≤3 次，有毒代谢产物难以排出体外，干燥便秘患者对各种疾病罹患率均有增加。人体服用大豆低聚糖后，经过双歧杆菌发酵代谢，可产生大量低不饱和脂肪酸（如醋酸、乳酸），使肠道 pH 下降，酸性增强，刺激肠器官蠕动，保持粪便与体液的有益平衡渗透压，提高粪便湿润性。试验证明，人体每天摄入 3~10g 大豆低聚糖，7d 左右即可使大部分患者便秘现象得到明显改善。

人体肠道是好细菌与坏细菌共存的"社会"，食物进入胃以后，如果在 12~24h 能通过 10m 左右的肠道，顺利排出体外，标志人体内好、坏细菌派系平衡，基本无病，即使有病也能很快自愈。如果 2~3d 不排便，大便量少而且不成型，肯定是人体内细菌社会中坏细菌占据上风，各种疾病将接踵而至。

（五）大豆低聚糖增强免疫力的功能

长期服用大豆低聚糖可大量增殖肠道内的有益菌——双歧杆菌，双歧杆菌发酵低聚糖产生的短链脂肪酸和双歧杆菌素，能有效抑制有害细菌（如产气荚膜梭状芽孢杆菌、志贺杆菌、沙门菌、金黄葡萄球菌、大肠杆菌等）的分生繁殖，使肠道的菌群保持有益人体健康的平衡状态。医学研究发现，长期食用无细菌食物的人，肠道"细菌社会"由于缺少有益菌与有害菌的"争战刺激"，而使抗体的能力下降，容易诱发疾病发生。食用含双歧杆菌食物或大豆低聚糖等能促进双歧杆菌增殖的物质，可对肠道免疫细胞产生刺激，提高产生抗体的能力，起到防治疾病的效果。

据试验，无菌小鼠摄入埃希大肠杆菌 48h，即出现死亡现象，但无菌小鼠在口服双歧杆菌制剂后 48h，再饲喂大肠杆菌，则不发生临床病危，可见双歧杆菌对宿主具有提高免疫功能的功能。大豆低聚糖提高免疫功能的机理，主要是促进肠道内双歧杆菌的增殖，双歧杆菌对肠道免疫细胞产生刺激，使免疫球蛋白 A（lgA）增生、拮抗能力增强，增强人体免疫抗病能力。

（六）大豆低聚糖的预防癌症功能

人体肠道内腐败菌在分解食物过程产生众多的有害代谢产物。其中，N-亚硝基化合物致癌作用最强，成年动物、妊娠动物摄入后，均可发生当代致癌与子代致癌现象。

据试验，以 N-乙基亚硝基脲（NEU）投喂妊娠母鼠，剂量为 5mg/kg 体重，可导致 63%仔鼠肿瘤病变，以 200mg/kg 体重投喂成年大鼠，大鼠也发生肿瘤病变。

近年来，日本由于饮食习惯的改变，对动物蛋白摄入量不断增加，大肠癌发病率日益增加，目前采用摄入大豆低聚糖的措施，增加成人肠内双歧杆菌数量，对于预防大肠癌取得很好的效果。动物试验结果证明，双歧杆菌大量繁殖产生的胞外分泌物丁酸，在较低浓度条件下，即可促使癌细胞向正常细胞转化、而产生防癌的效果，由于大豆低聚糖具有促进双歧杆菌增殖的功能，双歧杆菌又能通过提高机体免疫功能抑制癌细胞转移、增长，分泌的丁酸可促进癌细胞向正常细胞转化，所以大豆低聚糖具有预防肿瘤病变的功能。

（七）大豆低聚糖的美容作用

大豆低聚糖是双歧杆菌的增殖因子，国内外研究均证明大豆低聚糖具有提高血液中超氧化物歧化酶（SOD）活性与含量的作用，人体的面容的衰老、老年斑的形成与机体衰老同步进展，机体代谢过程，由于体内酶催化或外源电离辐射、药物等刺激，均可产生不受人体正常生理调控的自由基，自由基可以攻击人体内生物反应催化剂——酶，使酶活性降低，导致人体生理代谢功能紊乱，自由基也可攻击基因（DNA、RNA）使遗传发生突变。例如，人体摄入的过量氧、形成的氧自由基就具有攻击细胞膜巯基（—SH）的作用，使巯基氧化交联成为二硫键，导致细胞膜受损，细胞功能发生障碍，在细胞脂质过氧化反应中，产生的丙二醛可与氨基酸的氨基缩合为脂褐素，脂褐素在人体细胞中累积，造成细胞老化，人体面容失去弹性、气色晦暗，脂褐素导致形成的斑块如形成于体表、面部等部位就是标志衰老的老年斑，如形成于内脏或血管内壁便造成心脑血管病痪，导致老年心、脑血管病的发生。可见伴随年龄增长，产生的体表老年斑衰老现象依赖手术整容只是一种消极的、表观措施，服用大豆低聚糖使人体双歧杆菌数量增殖，产生超氧化物歧化酶（SOD）主动"搜捕"人体中的超氧负离子自由基，防止老年褐斑形成，才是延缓衰老、改善容颜的积极主动措施。

人的牙齿是人体面容的重要组成部分，伴随年龄增长，龋齿不断增加，出现"年老齿衰"的现象。使牙齿硬组织软化，具有腐蚀作用的细菌为突变链球菌（sm），这种微生物在 pH5 的酸性条件下，利用蔗糖降解葡萄糖进行生长代谢，在齿槽深处的厌氧条件下生长，破坏牙组织而产生龋齿，大豆低聚糖虽然有甜味，但与蔗糖不同，不是致龋微生物的利用底物。实验结果证明，大豆低聚糖在口腔中属于非发酵性糖，具有阻碍致龋细菌脱钙，防止龋齿发生，保护牙齿健康的功能。

人体能否正常睡眠是人体面色容颜的重要生理保障，腐生菌产生的毒素，具有干扰神经系统、妨碍睡眠的有害作用，摄入大豆低聚糖后，在促进双歧杆菌增殖的同时，即可抑制腐生菌分泌有毒代谢物的形成，恢复神经系统正常机能，保证人体睡眠，使容颜气色得到改善。

大豆低聚糖对于促进人体有益菌——双歧杆菌的增殖，已成为一种不可取代的、重要的功能因子，世界上发达国家的保健食品中，几乎均含有低聚糖。现代食品加工采用酶解淀粉技术，生产出多种低聚糖（如低聚异麦芽糖等），但在众多的低聚糖类群中，大豆低聚糖对双歧杆菌增殖效果最强，在用量等重的条件下，大豆低聚糖是其他酶解淀粉低聚糖功能的 3 倍以上，因此大豆低聚糖是最佳的双歧杆菌增殖因子。二十一世纪，人类为提高生命质量，作为人体有益的益生素——低聚糖，将部分取代抗生素，用于增殖人体有益菌，抵抗有害菌对人体的危害。

二十一世纪在全球的大环境条件下，人类普遍追求"健康、美容、长寿"，当前在医学史上已进入"预防、保健医学时代"。为抑制药品的毒副作用，改善体内菌群结构，先进发达国家在保健功能食品中几乎都添加有低聚糖成分，在众多的低聚糖类群中，大豆低聚糖是功效最佳的产品。二十一世纪，大豆低聚糖将成为提高人类生命质量，保护人体健康长寿最有前途的益生元。大豆低聚糖作为一种新型微生态制剂——益生元，在保护人类身体正常生态环境方面起到不次于抗生素抑菌杀菌的划时代作用。

（八）大豆低聚糖在食品加工中的应用

大豆低聚糖在食品加工领域应用：

（1）大豆低聚糖用于生产发酵食品如面包、酸奶等，在生产过程，酵母菌可将蔗糖、葡萄糖转化利用，为生产糖尿病患者专用发酵类食品、饮料创造条件。

（2）面制食品添加大豆低聚糖可延缓淀粉老化，防止产品变硬，改善面包色泽。

用于糖果食品添加可防产品"返砂"，用于生产液态食品，可避免出现"白浊"现象。

（3）国外已将大豆低聚糖广泛用于牛奶添加。据报道，大豆低聚糖牛奶可有效防治腹泻，缓解便秘，预防结肠癌，有助于化疗后的康复，预防高血脂、高血糖、高血压，促进排铅，缓解神经性皮炎，抗老年痴呆等多种作用。

（4）大豆低聚糖作为酸乳类饮料的稳定剂、面条的防黏连剂和方便快餐米饭的防淀粉老化剂，在酸奶、面制品、快餐领域已有大量的应用。

第五节

大豆皂苷的功效与技术发明

大豆皂苷的提取技术虽然在二十世纪九十年代前已陆续发明若干方法，如正丁醇萃取法、有机溶剂沉淀法、乙酸–乙酯萃取法、铅盐沉淀法、柱层析法等，但进入产业化阶段不仅需要得到纯化产品，同时必须考虑生产成本，二者综合才能构成产业工程化的生产价值。因此本书将大豆皂苷提取技术归类为大豆功能因子连续提取的产物（详见本章第一节、第二节）。大豆皂苷作为连续提取工艺过程的产物之一，虽然收得率较低，但成本低廉，所以在生产领域具有竞争力，对产业化具有实际应用价值。以大豆皂苷为主要原料研制的"益寿宁"于 2002 年获得卫生部保健食品批准文号。

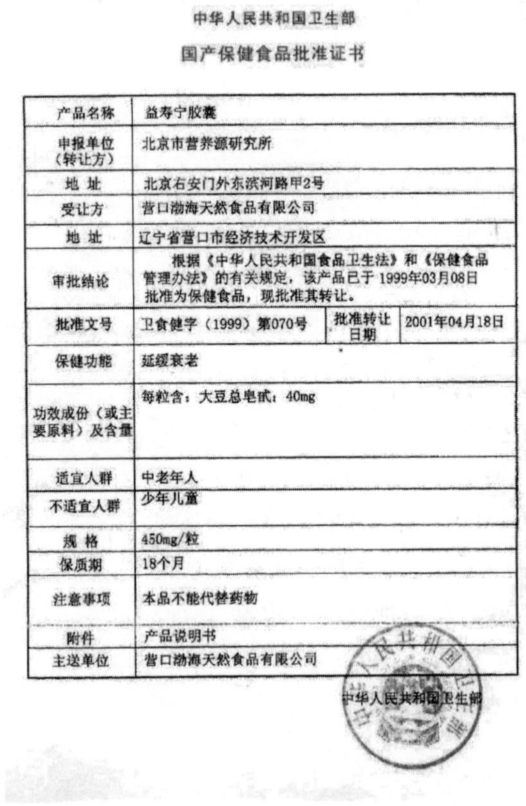

中华人民共和国卫生部

国产保健食品批准证书

产品名称	益寿宁胶囊		
申报单位 （转让方）	北京市营养源研究所		
地　址	北京右安门外东滨河路甲2号		
受让方	营口渤海天然食品有限公司		
地　址	辽宁省营口市经济技术开发区		
审批结论	根据《中华人民共和国食品卫生法》和《保健食品管理办法》的有关规定，该产品已于1999年03月08日批准为保健食品，现批准其转让。		
批准文号	卫食健字（1999）第070号	批准转让日期	2001年04月18日
保健功能	延缓衰老		
功效成份（或主要原料）及含量	每粒含：大豆总皂甙：40mg		
适宜人群	中老年人		
不适宜人群	少年儿童		
规　格	450mg/粒		
保质期	18个月		
注意事项	本品不能代替药物		
附件	产品说明书		
主送单位	营口渤海天然食品有限公司		

图9–17　益寿宁（每粒含大豆皂苷40mg）获得卫生部颁发的保健食品证书

由于作者授权的大豆皂苷只是本书中发明专利——连续提取发明专利的提取产物之一，所以将大豆皂苷相关技术内容归为连续提取一章予以介绍。

一、大豆皂苷基本知识

大豆皂苷（Soybean Saponin）是存在于大豆种子之中，具有 β-香树脂醇（β-amyrin）基本结构（图9-18），不同异构体的有机化合物统称。

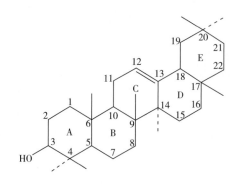

图9-18　β-香树脂醇结构式

β-香树脂醇 A 苯环对位 C-4 结合一个羟甲基，在 E 苯环上邻位 C-21、间位 C-22 各结合一个羟基的化合物称为大豆皂苷元 A（图9-19）。β-香树脂醇 A 苯环对位 C-4 结合一个羟甲基，E 苯环上仅在间位 C-22 上结合一个羟基的化合物称为大豆皂苷元 B（图9-20）。

图9-19　大豆皂苷元 A 结构式　　　　图9-20　大豆皂苷元 B 结构式

具有大豆皂苷元 A、大豆皂苷元 B 的基本结构，通过缩醛键与糖的端基碳原子连接不同的糖配基、构成的配糖体并有类似肥皂的发泡功能的 β-香树脂醇衍生系列化合物称为大豆皂苷，见图9-21。

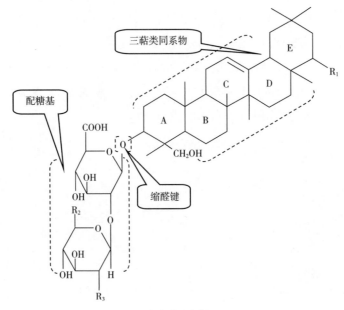

（1）大豆皂苷B

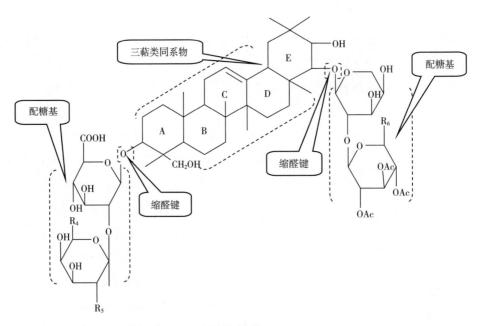

（2）大豆皂苷A

图9-21　大豆皂苷基本结构

由大豆皂苷元 A、大豆皂苷元 B 结合不同糖基配糖体，形成的大豆皂苷又分为 A 族系列大豆皂苷和 B 族系列大豆皂苷，根据文献报道在豆科植物中已发现 A 族系列皂苷 8 种，B 族系列皂苷 12 种，大豆中的皂苷主要有 5 种，包括 A 族 2 种，B 族 3 种（表 9-3 和表 9-4）。

表 9-3 大豆中的 A 族皂苷相对分子质量

名称	相对分子质量
大豆皂苷 A_I	1437
大豆皂苷 A_{II}	1275

表 9-4 大豆中的 B 族皂苷相对分子质量

名称	相对分子质量
大豆皂苷 B_I	959
大豆皂苷 B_{II}	913
大豆皂苷 B_{III}	797

最近又发现皂苷元 C、皂苷元 D、皂苷元 E，皂苷种类至少在 23 种以上。

目前科研、生产与流通领域标注的大豆皂苷含量是泛指各族大豆皂苷元与大豆皂苷的总含量（表 9-5），由于对大豆皂苷分族、分类的保健功效研究尚不充分，所以大豆皂苷产品只标注总含量而无分类含量的标识方法。

表 9-5 《大豆皂苷》（GB/T 22464—2008）

项目	质量指标
色泽、外观	黄色至棕黄色粉末
气味、口味	气味、口味正常，无异味
杂质	无肉眼可见杂质
水分/%	≤5.0
灰分（以干基计）/%	≤3.0
大豆皂苷含量（以干基计）/%	≥40
pH（1%水溶液）	6.5±1.0

大豆皂苷种类繁多、结构复杂，而国内外有关大豆皂苷功效的研究甚少，因此产品开发具有广阔空间。

二、大豆皂苷应用实例

在研发大豆皂苷的过程中，曾经历过几次按科研程序标准规范要求并不完善，但结果却值得进一步研究借鉴的现象。例如：

（1）2002年，曾在辽宁营口地区给140名高脂血症病人连续服用大豆皂苷30mg/（d·人），三个月后，95%的病人血脂水平恢复正常值。

（2）2001年，作者所在企业某职工在作试验时，不慎引起烧伤，伤者将纯度为42%的大豆皂苷涂于伤处，涂后烧痛快速停止，7d后伤口逐渐愈合平复。

（3）2011年12月8日河南商丘一位不愿透露姓名的著名人士体检时发现左侧冠状动脉管腔狭窄，局部狭窄率达80%以上（图9-22），医院治疗方案为支架或搭桥。

商丘市第一人民医院

256层CT诊断报告单

姓名：　　　　性别：　男 年龄：　70 岁　影像号：　001219

科室：　　--　　住院号：　　--　　床号：　--

检查部位：　冠状动脉CTA　　　检查时间：　2011-12-8

影像学表现

　　左右冠状动脉起源及走行正常，整体呈右冠优势型；左冠前降支（LAD）近段可见多发软斑块，局部管腔明显狭窄，目测约达80%以上；其中段局部与心肌关系密切；第二对角支（D2）近段可见软斑块，管腔轻度狭窄；回旋支（LCX）中段可见点片状钙化，管腔轻度狭窄；余右冠主干及其分支、左冠钝缘支（M1、M2、M3）影影良好，管壁未见明显斑块，管腔无明显狭窄；右冠后降支（PDA）远段走行于心肌内。

　　所示双侧上腔静脉，造影剂由左侧上腔静脉进入右心房可能。

影像学意见

1. 左冠前降支（LAD）近段多发软斑块，局部管腔明显狭窄，目测约达80%以上，建议DSA检查；其中段局部与心肌关系密切；
2. 第二对角支（D2）近段软斑块，回旋支（LCX）中段点片状钙化，管腔轻度狭窄；
3. 右冠后降支（PDA）远段心肌桥。
4. 双上腔静脉可能。

报告时间：2011/12/9　报告医师：郑吟诗　审核医师：张吟欣

注：此报告单经医生手写签名有效，报告单及照片遗失不补。下次复查请把旧片带来对比。
　　此报告单仅供本院医生诊治疾病时参考，诊断结果咨询电话：0370-3255063

图9-22 河南商丘第一人民医院CT诊断报告单

该人士害怕手术治疗，服用大豆皂苷每日 1.5g（约合大豆皂苷 600mg/d 左右），连续服用约 2 年，至 2013 年 10 月 12 日，经中国人民解放军第二炮兵总医院检查，结果发现管腔狭窄面积仅为 20% 左右（图 9-23）。医院认为在二年左右动脉管腔狭窄能由 80% 降至 20%，医院认为此种现象确为医疗界的奇迹，但不相信是食用大豆皂苷的结果。

中国人民解放军第二炮兵总医院

CT 检查报告书

影像号：1754773　　　检查日期：2013-10-12　　　报告日期：2013-10-12

姓名：　　　　　　　性别：男　　　　　　　年龄：73岁
科室：宝石CT　　　　门诊号：　　　　　　　床号：
临床信息：
检查项目：宝石能谱CT冠脉CTA

影像学表现：

　　冠状动脉起源无异常，冠脉右冠优势型。
前降支近段非钙化斑块，管腔狭窄面积约20%左右；远端局部走行于心外膜下心肌层内；回旋支及钝缘支走行、分布自然，所见管腔未见明显狭窄征象；右冠状动脉形态、密度未见明显异常，所见管腔未见明显狭窄征象；左房、左室、心肌及二尖瓣所见未见明显异常。

影像学意见：

　　前降支近段管腔轻度狭窄，远端局部心肌桥。

此报告仅供本院临床医师参考，签字生效

报告医生：王鹏　　　　　　　　　　　审核医师：

图 9-23　中国人民解放军第二炮兵总医院 CT 检查报告单

自然科学的特点之一是可重复性。上述治疗动脉管腔堵塞的现象可按照循证医学标准要求进行试验设计，视上述个例现象是否有重复再现的结果，如能多次重复再现，大豆皂苷作为大豆天然提取物用于治疗动脉管腔堵塞自然具有无可争辩的积极作用。

（4）早在1995年，世界生物技术交流大会上，加拿大医学专家詹姆斯博士曾预言："谁若能研制成功大豆皂苷工业化提取技术，谁就能使人类寿命延长10~15年，并将因此获得巨大财富。"

第六节

大豆皂苷的生物学特性及其在生产中的应用

一、大豆皂苷在大豆种子不同部位的含量

大豆皂苷在原料种子中含量为0.1%~0.5%，子叶中含量为0.2%~0.3%，胚中含量最高达6.2%，是子叶含量的20~30倍，在豆粕中皂苷含量为0.37%~0.42%。

大豆在加工分离蛋白、全脂豆粉、低温豆粕、食品级高温豆粕等产品之前均有脱皮工艺环节，脱皮工艺常将种皮与胚芽一并脱掉，以豆皮为原料无论是进一步加工成食用纤维粉或去油污粉，其效益价值远不如将胚芽进一步加工提取生产大豆皂苷，采用种皮、胚芽分离设备即可完成种皮与胚芽分离提取的要求。

二、大豆皂苷的溶解生物学特性在分离提取工艺的应用

大豆皂苷在常温下可溶于水与醇，易溶于丁醇、戊醇、热水、热甲醇、热乙醇中，难溶于极性小的有机溶剂如乙醚、苯、丙酮等，在中性水溶液中（如硫酸铵溶液）产生沉淀。

大豆皂苷具有热稳定性，但在酸性条件遇热易分解，无明显熔点，在熔融前即产生分解现象，大豆皂苷异构体种类不一，分解点在200~350℃。

根据大豆皂苷在常温下可溶于水，大豆异黄酮在常温下却不溶于水的溶解特性，在生产上为分离提纯大豆皂苷与大豆异黄酮提供了可靠的技术依据。

大豆皂苷能溶于乙醇，在提取皂苷可利用的食用乙醇（70%）浸出皂苷，乙醇蒸馏

回收后，浓缩液中还含有其他醇溶物，可用正丁醇二次浸提，上清液中为含皂苷的正丁醇，下部水溶液为非皂苷类的丁醇不溶物，上清液蒸馏浓缩即可获得浓缩大豆皂苷液。

大豆皂苷相对分子质量为 797～1437，根据相对分子质量分布不同，可作为膜分离提取的技术依据。

三、大豆皂苷两性分子亲水和疏水的加工生物学特性

大豆皂苷分子由于含有疏水的皂苷元和亲水的配糖基（如戊糖、己糖、糖醛酸等），而成为亲水、疏水两性分子化合物。亲水、疏水双重活性导致大豆皂苷在宏观功能方面表现出乳化性，在水溶液状态下能产生持久的泡沫。上述活性为大豆皂苷在洗涤剂、洗发水与碳酸饮料、啤酒等食品、化工领域具有广阔应用前景。

四、大豆皂苷色泽、气味的生物学特性及其在生产中的应对措施

纯的大豆皂苷是一种白色或乳白色粉末，市售的大豆皂苷呈黄色或棕色，为含有其他杂质成分的低纯度产品，皂苷具有辛、辣、苦等人体味觉难以接受的异味，大豆皂苷的强烈异味对人类味觉具有刺激性，但是皂苷每人每日摄入推荐量仅为 240mg 左右，由于用量少，可加工成胶囊等药剂形式，在目前尚未研究出如何祛除皂苷异味的技术条件下，采取加工成胶囊的形式是目前解决皂苷异味对商品品质影响的可行技术措施。

五、大豆皂苷保健功效

国内外关于大豆皂苷保健生理活性的研究，大致分为以下几方面：

（一）防治心血管疾病

心血管病（CVD）包括高血压、冠心病（CHD）、中风和风湿性心脏病，大约 50%的心血管病人死于冠心病，造成心血管病的主要原因是血栓大量堆积于血管内壁，造成动脉粥样硬化，或者血小板聚集形成的血块堵塞血管造成血栓，以及低密度脂蛋白（LDL）与胆固醇氧化导致的动脉粥样硬化。

大豆皂苷预防心血管疾病主要药理功能：

（1）激活纤维蛋白溶血酶系统，抑制血栓纤维蛋白的形成，抑制血小板凝聚、抗凝血、抗血栓形成，预防动脉粥样硬化。

（2）扩张心、脑血管，改善心肌缺氧状况，减少冠状动脉和脑血管阻力，增加冠

状动脉和脑血流量，改善心、脑供血不足，并可减慢心率，改善缺血心肌对氧的需求、延长常压下缺氧动物的存活时间、抵抗急性心肌缺血引发的心电图 T 波与 ST 波缺血性改变。大豆皂苷可以通过血脑屏障进入脑组织、降低脑血管阻力，调节缺血失调、延长缺氧动物因脑血管缺血的存活时间。

（3）大豆皂苷可促进人体胆汁分泌，及时排泄与降解血胆固醇，对于因血清胆固醇与甘油三酯浓度升高，引发的高脂血症型心血管病，具有明显的防治功能。

（二）大豆皂苷的预防艾滋病与其他病毒作用

艾滋病（AIDS）是对全球社会人类危害最大的传染性疾病之一，艾滋病病原体属于人类免疫缺陷病毒（HIV），对艾滋病目前尚无有效的治愈方法，被认为是不治之症。最近国外试验证明，采用大于 0.5g/L 浓度的大豆皂苷 B_1，对感染 6d 后的人免疫缺陷病毒（HIV）引发的细胞病变具有完全抑制的功能。

大豆皂苷具有广谱的抗病毒能力，无论对单纯性疱疹病毒（HSV-Ⅰ型）、腺病毒Ⅱ型（ADV-Ⅱ型）病毒等脱氧核糖核酸（DNA）病毒，还是脊髓灰质炎病毒等核糖核酸（RNA）病毒均有明显的抑制作用，对某些病毒感染的细胞有明显的保护作用。国外研究证明，大豆皂苷对艾滋病的治疗和预防均有效果。由于大豆皂苷具有增强局部吞噬细胞和自然杀伤（NK）细胞的功能，用于预防疱疹性口唇炎、口腔溃疡、烧伤等，均能起到止痛、消炎、愈合的效果，可使疱疹迅速破裂、收敛，并能进一步促进伤口的愈合。

（三）大豆皂苷的预防肿瘤作用

在二十世纪末，寻求天然存在的有机物用于预防癌症，已成为全球研究热点。目前已发现的几种大豆皂苷异构体相对分子质量分布在 666~1110，属于可溶于水的小分子有机物，容易通过渗透而进入肿瘤细胞，发挥抑制、杀伤或杀死肿瘤细胞的作用。

大豆皂苷在剂量为每日 150~800mg/kg 时，可明显抑制结肠癌细胞分生。大豆皂苷对于患腹水肉瘤人造模型的小鼠，可使腹水量、肿瘤细胞数、肿瘤重量等明显减小，延长患鼠存活时间。大豆皂苷由于具有亲水、疏水双重性，进入肠道后，极易与结肠癌细胞结合，使已形成的结肠癌的病灶细胞破坏。对于诱导结肠肿瘤发生的过量胆酸，以及癌细胞表面的高浓度胆固醇均易与大豆皂苷结合，进入粪便中排出，所以大豆皂苷在预防结肠癌方面，也具有明显的功能。

（四）大豆皂苷的预防糖尿病功能

人体胰岛素分泌水平异常是引发糖尿病病变的主要因素，大豆皂苷具有明显提高糖尿病动物模型胰岛素分泌水平，降低试验动物血糖的作用。据研究发现人体内的血栓烷胺是目前已知的，最强的血液凝聚素，血小板糖蛋白是最强的抗凝素，血栓烷胺与血小板糖蛋白相互作用，保持平衡，可防止糖尿病引发的高胆固醇型的心脑血管病并发症，心脑血管并发症的危害居糖尿病各种并发症之首，死亡率占并发症的50%。人体内高血脂、高血糖能引起血小板糖蛋白水平降低，破坏血栓烷胺与血小板糖蛋白的平衡关系，这种平衡关系直接受到人体内脂质过氧化物的控制，脂质过氧化物含量水平与血栓烷胺成正相关，与血小板糖蛋白成负相关，大豆皂苷具有降低脂质过氧化物含量的功能，可保持血栓烷胺与血小板糖蛋白的正常平衡值，有效地预防糖尿病患者血栓形成及其他血管病变并发症的发生。

（五）预防硅肺纤维化

硅肺（曾称矽肺）已成为工矿企业危害严重的职业病之一，华北煤矿医学院利用作者研发的大豆皂苷作为抗氧化剂，研究大豆皂苷对动物硅肺纤维化的抑制作用，发现大豆皂苷按10mg/kg、15mg/kg剂量给药，对于缓解大鼠矽肺炎症，减少肺组织细胞凋亡，延缓硅肺纤维化具有显著效果。

第七节

大豆皂苷保健功效的动物试验

为了验证大豆皂苷的保健功效，在申报以大豆皂苷为主要成分的保健食品"益寿宁"（商品"益寿宁"每粒含大豆总皂苷为40mg，图9-24）过程，曾进行过以下试验。

一、大豆皂苷对血清溶血素的影响试验

按照原卫生部《保健食品功能学评价程序和检验方法》要求，将昆明种成年小鼠40只，分为二组，试验组给予30mg/（kg·d）大豆皂苷，用1%羧甲基纤维素配成灌胃液，经口灌胃，对照组给予等容量灌胃液，每5天称量体重一次，根据体重变化调整灌胃量，于实验第31天处死动物，进行检测，大豆皂苷试验组小鼠的血清溶血素水平均

明显提高（$p<0.05$）。

表9-6　大豆皂苷对血清溶血素的影响

组别	n	半数溶血值
对照	15	224.50±27.02
大豆皂苷	15	241.97±18.27[a]

注：a：与对照组比较 $p<0.05$。

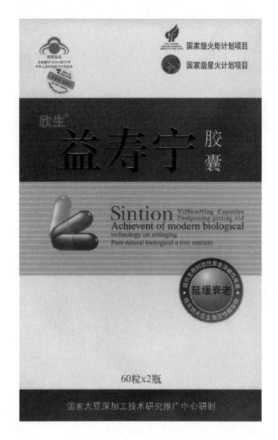

图9-24　获得原卫生部保健食品批准文号的"益寿宁"商品

二、大豆皂苷的调节免疫功能试验

大豆皂苷的免疫调节功能被认为是抗病毒、抗癌的生物活性基础。

试验设计与大豆皂苷对血清溶血素相同，试验结果说明，大豆皂苷试验组的吞噬率显著提高。

根据《保健食品检验与评价技术规范》规定，增强免疫力功能的试验结果中，在细胞免疫功能、体液免疫功能、单核—巨噬细胞吞噬功能等方面任意两个方面结果阳性，可判定该受试样品具有增强免疫力功能作用。上述试验已证明大豆皂苷对于细胞免疫功能、巨噬细胞吞噬功能、淋巴细胞转化功能均显著提高，可见大豆皂苷受试样品具有增强免疫力功能作用（表9-7、表9-8）。

表9-7 大豆皂苷对小鼠腹腔巨噬细胞功能影响

组别	n	吞噬率/%	吞噬指数
对照	15	24.4±3.3	0.345±0.045
大豆皂苷	15	32.5±9.4	0.445±0.121

注：与对照组比较 $p<0.05$。

表9-8 大豆皂苷对体外培养小鼠淋巴细胞功能作用实验结果（$X\pm SD$）

项目	数量	淋巴细胞转化（OD 值）	NK 细胞活性
对照组	6	0.024±0.003	14.2±0.9
10μg/mL 组	6	0.101±0.012 ***	15.1±1.1
0.1mg/mL 组	6	0.09±0.011 ***	19.3±8.4
1mg/mL 组	6	0.09±0.016 ***	21.7±0.7 ***

注：*** $p<0.001$。

三、益寿宁胶囊延长果蝇寿命试验

选择个体大小相近、年龄相同的果蝇，放入无菌培养管内，雌雄分养，饲料为同种基础粥样饲料，每4天换一次，每只培养管内饲养25只，每组雌雄果蝇各100只，每组基础粥样饲料加入益寿宁胶囊（含大豆皂苷量为8.8%）量为0.1%、0.2%、0.5%，各组饲料 pH 保持一致，每日统计果蝇存活数和死亡数，直至全部死亡，每组最后死亡的10只果蝇存活天数的平均值为该组最高寿命，试验数据包括平均寿命、最高寿命及半数死亡时间。

表9-9表明，与对照组相比，中剂量组雄性果蝇平均寿命提高 9.9%（$p<0.05$），雌性果蝇提高 8.0%（$p<0.05$）；高剂量组雄性果蝇平均寿命提高 9.9%（$p<0.01$），雌性果蝇提高 8.2%（$p<0.05$）。

表9-9　益寿宁胶囊对果蝇寿命的影响

组别	性别	样本数	平均体重 /mg	半数死亡时间 /d	最高寿命 /d	平均寿命 /d
对照	雄性	100	0.798	61.0	86.5±1.6	59.8±16.4
	雌性	100	1.020	65.0	88.4±2.5	63.7±17.0
0.1%	雄性	100	0.794	63.0	88.1±2.1	64.2±16.2
	雌性	100	1.040	66.0	89.6±2.7	65.4±16.6
0.2%	雄性	100	0.792	64.0	90.3±2.0	65.7±16.3[*]
	雌性	100	1.030	69.0	92.9±4.0	68.8±16.6[*]
0.5%	雄性	100	0.794	64.0	90.7±2.3	65.7±15.8[**]
	雌性	100	1.040	68.0	92.7±3.4	68.9±15.7[*]

注：* 与对照组相比有显著差异（$p < 0.05$）；** 与对照组相比有极显著差异（$p < 0.01$）。

四、大豆皂苷延缓衰老试验

将含大豆皂苷为 8.8% 的益寿宁胶囊，按 500mg/（d·60kg）推荐剂量，分别将昆明种老龄小鼠分成 3 组，每组 12 只，中剂量组与人体推荐剂量相同的等效剂量 8.33mg/（d·kg）；低剂量组为等效剂量×0.5 即 4.16mg/（d·kg）；高剂量组为等效剂量×3，即 25.0mg/（d·kg），每日灌胃 1.0mL，连续给药 45d，对照为每日灌服等量蒸馏水。

表9-10 表明，与对照组相比，低剂量组小鼠心肌脂褐含量降低了 27.5%（$p < 0.01$）；中剂量组降低了 22.4%（$p < 0.05$）；高剂量组降低了 32.8%（$p < 0.01$）。

表9-10　益寿宁胶囊对老龄小鼠心肌脂褐素的影响（$X \pm SD$）

剂量/ [mg/（kg·d）]	动物数/ 只	心肌脂褐素含量/ （μg/g 组织重）
0	12	9.52±2.51
41.67	12	6.90±1.25[**]
83.33	12	7.39±0.88[*]
250	12	6.40±1.06[**]

注：* 与对照组相比有显著差异（$p < 0.05$）；** 与对照组相比有显著差异（$p < 0.01$）。

表 9-11 表明，与对照组相比，低剂量组老龄小鼠 SOD 比活力提高 23.2%（$p<$
0.05）；中剂量组提高 22.2%（$p<0.05$）；高剂量组提高 23.2%（$p<0.05$）。

表 9-11　益寿宁胶囊对老龄小鼠 SOD 比活力的影响（$X±SD$）

剂量/[mg/(kg·d)]	动物数/只	SOD 比活力/(U/mg 蛋白)
0	12	19.4±5.76
41.67	12	23.9±3.64*
83.33	12	23.7±3.31*
250	12	23.9±4.56*

注：*与对照组相比有显著差异（$p<0.05$）。

脂褐素含量与动物衰老呈正相关，超氧化物歧化酶（SOD）比活力与动物衰老呈负相
关，益寿宁胶囊中大豆皂苷含量为 8.8%，每日摄入益寿宁胶囊 4.16~25.0mg/(d·kg)，
具有降低动物心肌脂褐素含量，提高 SOD 比活性的功能，证明大豆皂苷具有抗衰老的
功能。

现代社会，老年人普遍追求长寿，抗衰老已成为一种健康时尚。目前长寿老人日益
增多，但健康长寿老人并不普遍。大豆皂苷对于动物具有抗衰老与延长寿命的功能，今
后通过人群试验必将证明大豆皂苷是延长人类寿命、促进人体健康的、有效的保健食品。

五、大豆皂苷的安全性研究

(一) 急性毒性半数致死量（LD_{50}）试验

大豆皂苷的益寿宁胶囊推荐剂量为大豆皂苷 500mg/(d·60kg)，按推荐剂量放大
120~1200 倍，采用霍恩法对大鼠进行灌胃试验观察，结果如表 9-12 所示。

表 9-12　益寿宁胶囊半数致死量（LD50）试验结果

雄性			雌性		
剂量	动物数	死亡数	剂量	动物数	死亡数
10.00g/kg	5	0	10.00g/kg	5	0
4.64g/kg	5	0	4.64g/kg	5	0
2.15g/kg	5	0	2.15g/kg	5	0
1.00g/kg	5	0	1.00g/kg	5	0

按大豆皂苷推荐剂量放大 1200 倍，未测出半数致死量。

试验期间各组动物活动正常，毛色光泽，无任何异常症状，未测出半数致死量 LD50，益寿宁胶囊属于实际无毒物质。

（二）精子畸变试验

根据急性毒性试验（LD50）最高剂量 10g/（kg·d）的 1/2、1/4、1/16，设 5、2.5、0.625g/（kg·d），另设阳性对照组为环磷酰胺 35mg/（kg·d），与阴性对照组，每组动物 10 只，给药 35d，取双侧附睾观察 1000 个精子，记录精子畸变数与畸变率，结果见表 9-13。

表 9-13 各组动物的精子畸变率

组别	动物数	观察精子数	畸变精子数	畸变率/%
5.00g/（kg·d）	10	10000	79	0.79±0.38
2.50g/（kg·d）	10	10000	76	0.76±0.22
0.625g/（kg·d）	10	10000	99	0.99±0.28
阳性对照组 环磷酰胺 35mg/（kg·d）	10	10000	4588	45.90±3.42
阴性对照组	10	10000	89	0.89±0.20

试验结果证明，试验组与阴性对照组比较无显著性差异（$p>0.05$），无剂量反应关系，按每日服用益寿宁胶囊含大豆皂苷为 5.00g/（d·kg）剂量，比推荐剂量 8.3mg/（d·kg）放大 600 倍，对于人体畸变敏感的精子，未产生诱变现象，证明大豆皂苷制品益寿宁胶囊对人体是安全的。

（三）微核试验

微核试验是检测外源摄入物对细胞染色体损伤作用的重要方法，染色体是荷载人体基因的载体。

试验动物为昆明种小鼠，体重 24~28g，由军科院动物部提供一级合格动物（合格证号医动字第 01-3023 号），按体重随机分入各组，每组动物 10 只，雌雄各半。

根据急性毒性试验（LD50）最高剂量 10g/（kg·d）体重的 1/2、1/4、1/16，设 3 个剂量组，即 5、2.5、0.625g/（kg·d）。另设阳性对照组环磷酰胺（35mg/kg）及阴性对照组，共 5 组，均经口灌胃给予。

连续给予受试物 2d（间隔 24h），于末次灌服后 6h，动物颈椎脱臼处死，取胸骨髓，按常规制片、染色、镜检。每只动物观察 1000 个嗜多染红细胞（PCE），记录含微核 PCE 数，计算微核率（表 9-14）。

表 9-14　泊松分布（U）检验

组别	动物数	观察嗜多染红细胞（PCE）数	含微核 PCE 数	微核率/%
5.00g/（kg·d）	10	10000	20	2.0
2.50g/（kg·d）	10	10000	24	2.4
0.625g/（kg·d）	10	10000	23	2.3
阳性对照组 环磷酰胺 35mg/（kg·d）	10	10000	259	25.9
阴性对照组	10	10000	26	2.6

各剂量组与阴性对照组相比，均未发现有显著性差异（$p > 0.05$），阳性对照组与阴性对照组相比呈非常显著的差异（$p < 0.01$）。实验结果表明在本实验剂量范围内，益寿宁胶囊不诱发微核率的增加。

（四）致突变试验

经 4 株两种突变类型的菌株对样品进行 5 个浓度的测试证明，大豆皂苷 8.3mg/（d·kg）对 4 种突变株均未见明显的诱导突变作用。

（五）30d 喂养试验

按急性毒性实验最高剂量［10g/（kg·d）］的 1/4、1/8 及 1/16 设 3 个剂量组，即 2.5（相当于成人推荐量的 300 倍）、1.25（相当于推荐量的 150 倍）和 0.625g/（kg·d）（相当于推荐量的 75 倍），另设阴性对照组（粉状基础饲料）共 4 组，每组断乳大鼠雌性、雄性各 10 只。

1. 血液学指标测试

由表 9-15 可见，3 个剂量组动物的各项血液学指标与阴性对照组相比，均未发现有显著性差异（$p > 0.05$）。

表9-15 各组动物血液学指标测定结果（X±SD）（益寿宁胶囊）

	组别	血红蛋白（Hb)/(g/L)	红细胞（RBC)/(×10¹²/L)	白细胞（WBC)/(×10⁹/L)	淋巴/%	粒细胞（中性)/%
雄性大鼠	2.50g/(kg·d)	117.70±27.09	2.23±0.44	11.63±2.74	81.00±7.12	19.00±7.12
	1.25g/(kg·d)	132.70±20.05	2.22±0.41	11.69±2.28	83.00±6.27	17.00±6.27
	0.625g/(kg·d)	130.50±20.52	2.30±0.42	9.70±1.92	84.10±6.06	15.90±6.06
	阴性对照组	120.80±24.82	2.27±0.34	9.58±2.18	82.70±6.95	17.30±6.95
雌性大鼠	2.50g/(kg·d)	131.70±23.68	2.37±0.55	10.37±1.03	82.10±6.31	17.90±6.31
	1.25g/(kg·d)	135.70±18.04	2.25±0.47	10.30±1.79	82.90±5.63	17.10±5.63
	0.625g/(kg·d)	130.90±19.58	2.20±0.35	10.65±2.07	84.50±5.84	15.50±5.84
	阴性对照组	133.30±21.80	2.10±0.35	11.83±1.87	83.40±7.03	16.60±7.03

2. 生化指标测试

由表9-16可见，3个剂量组动物的各项生化指标测定结果与对照组相比，均未发现有明显差异（$p > 0.05$）。

表9-16 各组动物生化指标测定结果（X±SD）（益寿宁胶囊）

	组别	丙氨酸转氨酶（ALAT)/(U/L)	胸苷磷酸化酶（TP)/(g/L)	白蛋白（ALB)/(g/L)	球蛋白/(g/L)	白蛋白/球蛋白（A/G)	尿素氮（BUN)/(mol/L)	谷氨酸（GLU)/(mol/L)	胆固醇（TC)/(mol/L)	甘油三酯（TG)/(mol/L)
雄性大鼠	2.50g/(kg·d)	18.50±2.76	65.40±2.61	31.65±1.48	33.75±2.96	0.95±0.11	5.57±1.25	5.19±0.46	1.41±0.35	0.47±0.11
	1.25g/(kg·d)	18.10±1.79	66.32±2.28	32.25±1.35	34.07±2.52	0.94±0.10	6.38±1.06	4.89±0.55	1.70±0.13	0.43±0.10
	0.625g/(kg·d)	17.80±1.99	67.15±2.11	33.33±1.68	33.82±2.50	0.99±0.11	6.14±1.79	4.81±0.80	1.59±0.21	0.54±0.10
	阴性对照组	16.90±0.88	64.94±2.43	33.25±1.71	32.67±3.16	1.06±0.11	5.81±1.60	4.84±0.68	1.50±0.25	0.49±0.13

续表

组别	丙氨酸转氨酶(ALAT)/(U/L)	胸苷磷酸化酶(TP)/(g/L)	白蛋白(ALB)/(g/L)	球蛋白/(g/L)	白蛋白/球蛋白(A/G)	尿素氮(BUN)/(mol/L)	谷氨酸(GLU)/(mol/L)	胆固醇(TC)/(mol/L)	甘油三酯(TG)/(mol/L)
雌性大鼠 2.50g/(kg·d)	17.80±1.48	65.15±1.86	31.93±1.95	33.22±2.37	0.97±0.12	6.95±1.46	4.55±0.53	1.61±0.19	0.46±0.07
1.25g/(kg·d)	17.40±1.51	64.19±1.87	32.96±1.70	31.23±1.97	1.06±0.10	7.33±.62	4.42±0.25	1.70±0.18	0.54±0.09
0.625g/(kg·d)	16.90±1.10	66.61±3.33	33.81±1.94	32.80±2.17	1.03±0.08	7.52±2.09	4.24±0.25	1.76±0.28	0.56±0.11
阴性对照组	17.40±1.17	65.56±2.21	32.51±1.37	33.05±2.76	0.99±0.12	7.38±1.71	4.72±0.79	1.69±0.36	0.49±0.09

3. 脏器系数检测

由表9-17可见，3个剂量组动物的各主要脏器系数与阴性对照组相比，均未发现有明显差异（$p>0.05$）。

各组动物在试验期间活动正常，毛色光泽良好，摄食及排泄正常，未发现有症状出现。

表9-17　各组动物的脏器系数检测结果（益寿宁胶囊）

组别	心	肝	脾	肺	肾	胃	睾丸	卵巢
雄性大鼠 2.50g/(kg·d)	0.36±0.04	3.21±0.21	0.21±0.05	0.73±0.11	0.81±0.07	0.60±0.08	1.18±0.16	—
1.25g/(kg·d)	0.35±0.03	3.01±0.15	0.23±0.03	0.61±0.08	0.75±0.06	0.59±0.07	1.03±0.07	—
0.625g/(kg·d)	0.33±0.03	3.09±0.24	0.19±0.02	0.59±0.09	0.76±0.07	0.56±0.04	1.05±0.17	—
阴性对照组	0.35±0.04	3.04±0.13	0.23±0.05	0.63±0.06	0.75±0.04	0.58±0.06	1.07±0.10	—

续表

组别	心	肝	脾	肺	肾	胃	睾丸	卵巢
2.50g/(kg·d)	0.38 ±0.03	3.35 ±0.19	0.21 ±0.03	0.69 ±0.12	0.80 ±0.05	0.68 ±0.06	—	0.05 ±0.01
1.25g/(kg·d)	0.38 ±0.06	3.34 ±0.22	0.20 ±0.02	0.69 ±0.09	0.79 ±0.05	0.68 ±0.08	—	0.06 ±0.01
0.625g/(kg·d)	0.38 ±0.03	3.18 ±0.19	0.19 ±0.04	0.65 ±0.09	0.79 ±0.04	0.68 ±0.05	—	0.05 ±0.01
阴性对照组	0.38 ±0.03	3.24 ±0.31	0.22 ±0.06	0.64 ±0.07	0.77 ±0.09	0.68 ±0.09	—	0.05 ±0.01

（雌性大鼠）

试验结果表明，益寿宁胶囊在本试验剂量范围内 [0.625~2.5g/(kg·d)] 对试验动物的生长发育、食物利用系数、血液系统、肝、肾功能、生殖系统，以及蛋白、脂肪、糖的代谢均无明显影响，证明益寿宁胶囊具有食用安全性。

大豆皂苷除具有以上保健功效外，还由于大豆皂苷属于两性分子，并具有发泡功能，所以在轻工和食品行业可用做生产洗涤剂、洗发水、饮料、啤酒等产品的原料。

参考文献

[1] 李里特，王梅. 功能性大豆食品 [M]. 北京：中国轻工业出版社，2003.

[2] Espinosa-Martos I, Rupérez P. Soybean oligosaccharides. Potential as new ingredients in functional food [J]. Nutr Hosp, 2006, 21 (1): 92-96.

[3] Guang C, Chen J, Sang S, et al. Biological functionality of soyasaponins and soyasapogenols [J]. J Agric Food Chem, 2014, 62 (33): 8247-8255.

10

第十章

作者的发明专利技术对振兴我国大豆产业的作用

中国是大豆的故乡，二十世纪三十年代以前，世界大豆总产量约 1000 万 t，几乎全部产在中国，至 2021 年，全球大豆总产量已达 3.3 亿 t，而我国大豆总产量虽有提高，但年总产量 1640 万 t 的量化指标，不足世界大豆总产量的 5%，与世界大豆突飞猛进的发展步伐相比，仍显迟缓。至二十一世纪，中国已成为"世界大豆第一进口大国"。

我国大豆种植面积至 2022 年迅速增至 1.54 亿亩，2022 年我国大豆总产量达到 2028 万 t，创大豆总产量的历史新高（表 10-1）。

表 10-1　二十一世纪以来我国大豆种植面积、总产量以及进口大豆情况

项目	2010 年	2012 年	2014 年	2015 年	2020 年	2021 年	2022 年
进口大豆总量/万 t	5480	5249	7140	8169	10031	9651	9108
中国大豆总产量/万 t	1510	1280	1160	1100	1960	1640	2028
中国大豆种植面积/亿亩	1.20	1.10	1.04	1.02	1.48	1.26	1.54

摘自中国粮油信息网、大豆信息网、食品产业网、中商情报网、海关数据库。2022 年我国大豆进口量比 2021 年同比减少 5.6%。

为什么全球大豆种植业在突飞猛进地发展，而我国大豆产业却进展迟缓？国外视大豆异黄酮为慢病的克星，我国却对大豆异黄酮提出诸多限制应用的条件。作者列出自有发明专利对振兴我国大豆产业的作用的建议与讨论，供读者参考。

第一节

大豆在国计民生中不可取代的重要地位

大豆在我国已有四千年以上的栽培历史，以大豆为原料加工豆腐、豆浆、豆腐脑等大豆制品的传统技术发明，距今也在两千年以上。从营养学的角度分析，大豆中蛋白质含量充足，人类必需氨基酸组分齐全，而且含有有益于人体生长发育健康、长寿的功效成分，在漫长的历史长河中"大豆养育了中华民族"，大豆加工品的最早问世，并不是为了食用充饥与佐餐副食，而是用于人体保健、健康长寿（详见本章第二节）。

一、人体必需的优质植物蛋白源

蛋白质是人类生命活动所需第一营养素，没有蛋白质就没有生命。大豆种子作为人体所需"第一营养素"蛋白质的载体，含蛋白质高达 32%～42%，大豆蛋白主要由人体本身不能合成的 8 种必需氨基酸。因为大豆种子中蛋白质含量丰富、必需氨基酸组分齐全，所以营养学称大豆蛋白为完全蛋白质、优质蛋白质。

我国 2014 年颁发的《国家食物与营养发展纲要（2014—2020 年）》要求：到 2020 年，人均全年消费豆类 13kg［相当于 36g/（人·d）］、人均日摄入蛋白质应达到 78g，其中优质蛋白应占比例在 45% 以上。

人们普遍追求"健康、美容、长寿"，天然食物类群中，既具有安全可靠的医疗、保健作用，又无任何毒副作用的蛋白营养素，莫过于大豆蛋白质。

人体的组织、器官、细胞、肌肉、血液、皮肤、毛发、骨骼、免疫系统等主要构成成分均为蛋白质，按重量计，蛋白质约占人体干物质总重的 45% 以上。在新陈代谢过程中，人体每天需要更新蛋白质约 3%，所以科学合理地补充蛋白质是人类维系生命、保持健康不可或缺的一项重要措施。

大豆蛋白营养素与保健功能成分在防治心脑血管疾病、癌症、糖尿病、肥胖病等现代非传染性"文明疾病"方面，已显示出安全、无毒副作用、不可取代的特殊功效，已得到世界各国尤其是发达国家政府与居民的公认。为了有效防治文明疾病的扩展，主要不在于药物治疗与医疗手段的提高，关键应改善营养与天然保健功能成分的食物摄入。

我国改革开放以来，人均日摄入蛋白量已经基本满足，尤其城市人口甚至出现蛋白营养供应超标现象（主要是动物蛋白），但大豆蛋白摄入量却明显不足，人均大豆蛋白日摄入量仅为 10g 左右。大豆蛋白与动物蛋白虽然均属于蛋白质族群，大豆蛋白对人体可靠的、安全的保健功能，却是任何其他种类蛋白所不能取代的。过量摄入动物性食品已被现代医学证明是心脑血管疾病、肥胖、恶性肿瘤的主要诱因，对于患有"现代生活方式病"的患者的医嘱中均有限食动物性食物的内容。我国应借鉴发达国家的做法，政府进行积极、科学、严谨的调控引导，促进我国大豆蛋白营养产业健康迅速发展。

二十世纪九十年代末，我国曾提出"大豆行动计划""学生豆奶计划"。2010 年国家曾投入 10 亿元对东北 126 家大豆油脂加工企业给予补贴，每加工 1t 大豆补贴 160 元。2014 年国家发改委、财政部、农业农村部联合发布"大豆目标价格补贴"政策，即 2014 年大豆目标价格为 4800 元/t，国家根据目标价格与市场价格的差价对试点地区大豆种植农户给予补贴，大豆市场价格低于 4800 元/t 时，由政府将低于 4800 元/t 的差额补发给种大豆农户，使豆农收入不少于 4800 元/t。上述政府引导措施，对于振兴大豆产业并未取得明显效果。

二、大豆的历史考证及其保健功效

我国民间经常谈及"五谷"，但人们对于"五谷"的概念未必十分明了。关于"五谷"系指"稻、黍、稷、麦、菽"，但对于"黍"究竟是指小米（谷子）还是黄米，"稷"是指高粱、还是黄米，还有分歧，不过对于"菽"即是大豆已为考古学家、农学家一致公认。

"菽"据有文字记载最早见于《诗经》，《诗经·采菽》篇曾有："采菽采菽，筐之莒之"的诗句。《诗经·豳风·七月》载："中原有菽，庶民采之"。据清代顾炎武在《日知录》中考证："古语但称菽，汉以后方谓之豆"。汉末三国时期曹植（公元 192—公元 232 年）所作脍炙人口的《七步诗》云："煮豆燃豆萁，豆在釜中泣。本是同根生，相煎何太急？"，证明了顾炎武的考证，说明汉代已将"菽"称为"豆"。

《诗经》成书年代为西周，西周共经历 12 代王（公元前 1046 年—公元前 771 年），历时 275 年，可见大豆栽培历史至今据有文字可考的历史至少在三千年以上。1983 年《农业考古》报道黑龙江省宁安县大牡丹屯曾发现距今 4000 年以上的大豆出土文物。

中国的大豆传至域外大约在汉武帝委派张骞为使节通西域时才传至月氏、大宛等地，后来又由西域通过"丝绸之路"传至欧洲各国，但并未形成规模产业。

二十世纪三十年代以前，世界大豆几乎全部产在中国，二十世纪中期后，大豆逐渐传至国外。人类也只将大豆视为人体蛋白与脂肪营养素的主要来源，但至二十世纪后半期，发达国家陆续发现大豆中还含有诸多对人体具有保健作用的功能成分——大豆功能因子（大豆肽、大豆异黄酮、大豆皂苷、大豆低聚糖等）。美国引种后将大豆蛋白质与大豆功能因子列为预防心脑血管疾病与癌症的天然植物性健康食品，大豆产业发生急骤变化，至二十一世纪，巴西、美国已由不产大豆的国家，一跃成为年产总量超 1.0 亿 t 的世界大豆高产大国。现代美国、欧盟等均称大豆为"soy"或"soybean"，俄罗斯称大豆为"соя"，实质均为中国大豆"菽"的音译。

俄罗斯种植大豆后，由于大豆具有多种保健功能，俄语称大豆除学名"соя"外，贝加尔湖以南地区土著俄语还谐音中国"宝贝"的含意，将大豆音译称为"бобовые"（"宝贝"的音译）。总之大豆的保健作用，已在全世界范围得到公认。

大豆加工最早见于汉代淮南王刘安（公元前 172 年—公元前 122 年）以大豆为原料制作的豆腐脑，明朝李时珍《本草纲目·谷部·豆腐》曾载："豆腐之法，始于前汉淮南王刘安"。

综合上述有文字记载的史料分析，可以得出以下结论：

（1）大豆古称为"菽"，最早有文字记载见诸《诗经》，距今已三千年以上，《农业考古》发现原始大豆种类在中国生长不少于四千年，所以中国是名副其实的"世界大豆的故乡"。

（2）秦汉以前称大豆为"菽"，目前国外仍称大豆为"соя""soy"，实质均为中国大豆"菽"的音译。

（3）中国将大豆的名称由"菽"更改为大豆，是在汉朝，距今约 1900 年。

（4）大豆加工最早的制品是"豆腐脑"，距今约在 2100 年以上。

大豆的主要保健功效见表 10-2。

表 10-2　大豆的主要保健功效

大豆功效成分	保健生理功能
大豆肽	吉林农业大学马红霞教授团队"药物代谢动力学"试验证明：作者发明的大豆肽口服后，不经消化，通过渗透快速吸收、约 5min 进入血液，10min 后达到峰值，转化为体能。 大豆肽具有：①抗疲劳、运动减肥、促进脂肪代谢、预防肌肉蛋白损耗、保持肌肉弹性；②促进人体内糖代谢、预防糖升高；③预防血液黏稠、高血压、高血脂；④解酒、防醉；⑤保肝、预防癌症、抗过敏
大豆染料木苷（含染料木素）	①天然雌激素作用、防治妇女更年期综合征、推迟妇女更年期、延缓女性衰老；②抗肿瘤、防治乳腺癌、防治男性前列腺癌；③降血压、防治心肌缺血与心肌梗死，防治心脑血管病；④改善女性副性征、美容美体、提高母乳分泌量与品质、促进胎儿生长发育；⑤防治少女月经初潮不适；⑥抗自由基，提高血清超氧化物歧化酶（SOD）活性，提高免疫功能，预防老年色素斑形成；⑦抗糖尿病患者性功能障碍；⑧预防女性老年身高萎缩，预防老年痴呆，提高老年女性钙吸收率，预防骨质疏松
大豆核酸	①构成"基因"、营养"基因"，保证人体生理平衡，保持人体机能处于最佳状态；②抗"核酸营养不良症"，如精神不振、未老先衰、抗病力低下、亚健康状态等；③对于"应激状态"（包括手术后、烧伤、免疫功能受损等）患者，补充外源核酸，可提高免疫力、降低感染率、促进患病机体康复；④预防感冒，增强食欲，提高体力，改善皮肤弹性，延缓衰老，消退老年斑

续表

大豆功效成分	保健生理功能
大豆皂苷	①提高人体内超氧化物歧化酶（SOD）活性、降低心肌脂褐素含量、延缓衰老、延长寿命；②降血脂，预防高血压、动脉硬化、心肌梗死，抗凝血、抗心肌缺血，预防心脑血管疾病；③促进人体胆汁分泌、促进胆固醇排泄与降解，对高脂血症的心脑血管病具有明显的预防功能；④抗病毒，对疱疹、口腔溃疡、烧伤等感染病灶，具有止痛、消炎、促进愈合的效果，对艾滋病病毒具有预防效果；⑤预防糖尿病
大豆低聚糖	①调节人体肠道菌群平衡，促进人体健康长寿；②预防心脑血管疾病；③保护肝脏、预防肝病；④具有预防腹泻与便秘的双向调节功能；⑤改善睡眠，使人体容颜气色改善，提高肌肉弹性，预防老年斑形成，起到美容作用；⑥增强免疫功能，具有防癌的作用
大豆磷脂	①构成细胞膜的主要成分、促进脑细胞、肝细胞发育，加速机体新陈代谢、促进生长；②改善机体免疫功能、提高防病抗病能力；③磷脂摄入人体后，可分解成磷、胆碱、肌醇等多种营养素，为大脑提供充足的营养，增强机体生长发育；④提高高密度脂蛋白含量、加强肝脏脂肪和胆固醇代谢，保护肝脏、降低机体胆固醇含量，保护心脑血管
大豆甾醇	①抗炎退热、防溃疡，具有克服目前抗炎退热药易引发溃疡副作用的功能；②降胆固醇、防止动脉硬化、防治心脑血管病；③增强免疫功能、预防艾滋病、预防癌；④促进胰岛素分泌、预防早、中期糖尿病症；⑤具有天然雄性睾丸激素作用
大豆叶酸	①预防胎儿神经管畸形、脊柱裂、先兆子痫、发育迟缓；②预防怀孕妇女自然流产、胎盘早剥、贫血；③预防成年妇女高血压、心血管疾病、乳腺癌等
大豆膳食纤维	①润肠通便、改善便秘；②平抑血糖、改善Ⅱ型糖尿病症状；③降低胆固醇，控制血脂；④预防肥胖病、控制体重；⑤清肠，排除肠内有毒物质，预防肠癌
大豆蛋白质	①人体生长发育的必需营养素；②预防人体赖氨酸摄入量不足、氨基酸摄入不平衡症；③降血脂、降胆固醇；④提高人体胰岛素敏感度；⑤预防肥胖，降低胰岛素抵抗能力；⑥与人体胆汁酸结合，促进有毒物质排出体外

如表 10-2 所示，在初步掌握大豆保健功能成分生物学特性的基础上，研发新型保健食品与药品，大豆保健功能成分的突出特点是长期服用不会产生任何毒副作用。例如，化学合成的雌性激素用于治疗妇女雌激素分泌不足时，常引发女性癌症和阴道出血等副作用，而大豆异黄酮［有效异构成分为染料木苷（Genistin）与染料木素（Genistein）］已被美国、日本等应用，实践证明大豆中的天然植物类雌激素染料木苷与染料木素是预防癌症最有效的天然植物性提取物，而且无任何毒副作用。又如大豆甾醇具有抗炎退热的功效，但却没有普通退烧药易引起溃疡的副作用，反而能预防溃疡的发生等。

伴随人类社会发展，本章提供的大豆保健功能成分的生物学特性是大幅度提高大豆产业综合效益、开发新产品的重要理论依据。伴随科技的进步，大豆功能因子种类及其保健作用将不断有新的发现，证明大豆在维系人体健康方面是不可取代的栽培植物。

三、大豆在保护国土耕地资源方面的重要作用

大豆是经过几千年自然选择与人工选择，在物竞天择的竞争中留存的、唯一一种能从大气中摄取氮素营养，并改良土壤结构的重要农作物。

据调查我国耕地退化面积已占耕地总面积的 40% 以上。据报道，我国农田的化肥、农药施用量是世界平均水平的 1.7 倍，耕地质量直接影响国家粮食安全，如何保护国土耕地质量，目前可行措施较多，大致可归纳为以下几项。

（1）实行科学轮茬耕作制，利用大豆生物固氮作用，增加土壤氮肥含量，改良土壤团粒结构。

（2）发展养殖业，将畜禽过腹的植物、排泄的粪尿，以及作物秸秆粉碎后作为优质有机堆肥，发酵还田后，增加土壤肥力，改善土壤结构。

（3）城乡居民垃圾分类堆放，凡属无害有机垃圾，全部送入沼气池与粉碎后的秸秆混合发酵，发酵后的秸秆与有机垃圾返还农田作为有机肥施用。

（4）将居民区的水洗粪便厕所下水道改造单设，直接通至农田集粪池，发酵后，供给农田作为优质有机肥。

以上农艺措施，以采用科学轮作耕种制是最易实现、切实可行的科学耕作方法，历史上，在我国东北地区的轮茬耕作制度中，大豆是最重要的轮茬作物，一般采取

大豆→玉米→高粱或大豆→玉米→小麦、大豆→玉米→高粱→谷子等轮作方式，轮茬

作物中的玉米、高粱、谷子、马铃薯、小麦等作物种类均可更改，唯独大豆不能更换，大豆种植面积以占耕地旱田总面积的 25% 为宜。目前世界大豆种植面积已占全球耕地面积的 20%，在一些人少地多的国家，如俄罗斯的耕作制度中甚至将豆科植物种植后不予收获，直接翻耕于耕地中，以增加耕地的天然氮肥营养素含量与增加耕层土壤的团粒结构比率。我国目前大豆种植总面积据报道为 1.48 亿亩，大豆种植总面积仅占我国耕地总面积 18.25 亿亩的 8%。著者曾在 1957 年学生时期，生产实习到过我国大豆主产区黑河地区——五大连池，那时遍地都是大豆，据报道，历史上黑河地区大豆种植面积曾占粮食作物种植总面积的 80% 以上，如今在东北农田已看不到"满山遍野大豆高粱"的情景，在粮食主产区已见不到大片的豆田，农民放弃了科学的轮茬耕作制度。面对我国过度开发良田用于基建、现代建筑设计将人类尿水洗管路冲入江河污染环境、破坏天然氮循环生物链、大豆种植面积日益减少等严峻现实，加强保护发展大豆种植业已成为维持自然界氮素循环刻不容缓的重要任务。

在自然界氮素循环过程，大豆是植物界不可取代的、具有根瘤固氮生物学特性的特殊成员，每年每株大豆根瘤从空气中固定的氮素为 0.73~2.06g，是根系从土壤中吸收的氮素量的 2 倍。氮素营养在自然界的空气中存量最多，总量高达 3900 万亿/t，各种生物体虽然主要由蛋白质构成，但有机体含氮的总量仅为 110 亿~140 亿/t，是空气含氮量的三十万分之一。土壤中有机氮的总量约为 $3.0×10^{11}$t，是空气含氮量的万分之一。可见如何有效利用含氮量最为丰富的空气中的氮是保证生物循环的重要环节。

自然界大多数人工栽培植物均不具有直接利用空气中"氮"的功能，唯独大豆却具有生物固氮的特殊功能。大豆及其他豆科植物的种子播入土壤，发芽生根后，根瘤菌从根毛入侵到根中，形成具有固氮功能的根瘤，在固氮酶的参与下，根瘤菌能将大气中的、含量丰富的气态氮转化为大豆可吸收利用的氨态氮，每个根瘤相当于一座微型氮肥厂，源源不断地将大气中的氮素供给大豆植株利用。

$$N_2+3H_2 \xrightarrow{\text{根瘤菌、固氮酶催化}} 2NH_3$$

每株大豆一生中固氮 0.73~2.06g，种植一亩大豆，耕田可由大豆根瘤固氮从空气中获得天然氮素营养 3.0~10.5kg，平均种植 1 亩大豆，可由大豆根瘤固氮 8kg 左右。根瘤通过固氮作用从空气中获得的氮素 90% 以上用于植株生长发育与种子形成，根瘤中"氮"留存量<10%，全球每年施用化学合成氮肥中的氮素含量约为 0.8 亿 t，自然界每年通过生物固氮获得氮素高达 4 亿 t，是化肥施用量的 5 倍。

农田施用化肥是以污染环境、破坏土壤结构为代价所取得的增产效应，目前农田施用的各种化肥，如：硫铵 [$(NH_4)_2SO_4$]、硝铵（NH_4NO_3）、碳酸氢铵（NH_4HCO_3）、氨水（$NH_3 \cdot H_2O$）、尿素 [$CO(NH_2)_2$]、磷酸二氢铵（$NH_4H_2PO_4$）、磷酸二铵 [$(NH_4)_2PO_4$] 等，栽培作物只将化肥中的 NH_3 态氮吸收，而将酸根留在土壤不断蓄积，使土壤日益酸化。例如：

$(NH_4)_2SO_4 \longrightarrow 2NH_3$（作物摄取后参与生物有机合成）$+H_2SO_4$（留存于土壤）

施用化肥不良后果，主要包括以下两方面。

（1）栽培作物将氨态氮吸收后，留在土壤中的酸根，不断富集，使土壤酸化，耕层土壤团粒结构破坏。

（2）人工施用的化学合成氮肥流失率大于50%，造成资源严重浪费，环境污染。

为克服化学合成氮肥的上述缺陷，实现既能增加粮食产量，又不损坏土壤耕层肥力的目的，发展大豆种植业，建立完善的生物固氮体系已成为解决人类面临的"人口、食粮、能源、环境"等四大危机的重要农艺措施。大豆根瘤固氮不仅为大豆体内循环代谢提供优质氮肥，还具有培肥地力、改良耕地土壤结构、肥地养地的功能。为给子孙后代留下一片肥沃的、耕层结构良好的国土资源，大豆种植业是任何国家、任何历史时期绝不可忽视的重要产业。

另外，我国人均年排泄粪尿量为0.79t，相当于含氮量为4.35kg，含P_2O_5为1.25kg，含K_2O为1.66kg，我国农田最低保底量为18亿亩，按每亩农田每年需补充氮肥量为4kg计，全国耕地每年共需补充氮肥约为72亿kg。我国14亿人口每年排泄的人粪尿总量约为11.06亿t，相当于60.9亿kg氮肥。我国如能将居民区水洗粪便厕所排便管路单设，排入农田粪尿发酵池，我国14亿人口排泄的人类尿60.9亿kg，

$$\left[\frac{11.06亿t \times 4.35kg/（人·a）}{0.79t/（人·a）} = 60.9亿kg\right]$$氮肥，用于农田施肥，再加上饲养业畜禽产生

的厩肥、堆肥，我国人、畜排泄的粪尿有机肥将可满足我国耕地18亿亩保底线对72亿kg氮肥的总需求，如加施化肥，将是为进一步提高农作物产量、锦上添花的农艺措施。

党的二十大报告明确指出："大自然是人类赖以生存发展的基本条件。尊重自然、顺应自然、保护自然，是全面建设社会主义现代化国家的内在要求。"各级政府与广大农业工作者加强土壤污染防控，严防耕地质量退化，持续改善耕地土壤环境结构质量，保护好18亿亩耕地质量安全，已成为我国建设人与自然和谐共生的重要内容。

第二节

大豆与大豆制品的法规及其对大豆产业的影响

本节所述内容仅限于大豆与大豆制品在不同历史时期与不同国家的法规定位，至于

大豆与大豆制品的概念归属，作者不欲过多的探讨，因为涉及药品、保健品、保健食品、特医食品、营养食品、有机食品、功能食品、特膳食品、生态食品……层出不穷的新概念，超过本书的研究范围，没有试验依据的内容，不敢妄加评议。近年来中国大豆产业关于大豆食品与药品的政策繁复多变，致使大豆与大豆制品未能得到科学的、合理合法的法规定位，不无一定的关联。

根据在工作实践中遇到的一些实际问题及国外的有益做法，提供给有关部门参考。

一、我国从国外大豆产业发展历程汲取的有益借鉴

二十世纪后半期是国外大豆产业蓬勃发展时期，国外大豆产业发展可能有诸多因素，但大豆与大豆制品的保健功效得到全民与政府的公认，应是最主要的原因。

早在1999年10月美国食品与药物管理局（FDA）通过健康食品标示法规，明确规定：每份重8oz（1oz＝3.11035×10⁻²kg）的食品中含大豆蛋白6.25g、脂肪≤3g、胆固醇≤20mg、钠盐<480mg，允许在食品标签上注明该大豆制品具有预防心血管疾病的功效。2011年美国心脏病协会将大豆蛋白每日摄入量建议提高至50g，以降低心脏病发生的危险。

二十世纪中期以来，美国恶性肿瘤罹患率急骤增长，至二十世纪末美国妇女仅乳腺癌一项患病率高达11%，美国每年因癌症造成的经济损失高达1100多亿美元。美国国家癌症研究院曾邀请专家研讨大豆抗癌效果，结论为大豆异黄酮是最佳的抗癌物质，学者认为预防癌症最重要的措施并不是先进的治疗方法，而是要彻底改变饮食习惯，调整食品结构，提倡美国人每天吃大豆与大豆制品。

美国营养学家艾尔·敏德尔曾预言，二十一世纪女性用大豆异黄酮就像二十世纪服用维生素一样普遍，这一预言已在欧美许多国家成为现实。

世界著名的长寿之乡日本冲绳县的人均寿命与健康老人比率均居世界之首，那里的居民人均日摄入大豆异黄酮为32mg；经常摄食动物肉食的西方发达国家男性前列腺癌罹患率高达10%左右，平均减少寿命约9年，日本东京大学建议成年男子每日摄入大豆异黄酮40~50mg，可有效预防前列腺癌。

为了预防癌症或补充妇女雌激素不足，世界发达国家关于大豆异黄酮均有标准推荐摄入量。例如，美国马里兰大学医学院推荐量为20~50mg/（人·d），意大利墨西拿大学推荐量为30~100mg/（人·d），澳大利亚维也纳自然资源与生命科技大学推荐量为40~50mg/（人·d），北美大豆食品协会推荐量为50mg/（人·d）。

伴随现代科学技术的发展，各国陆续发现大豆异黄酮包括12~15种异构体，大豆异黄酮的异构体中，真正具有类雌激素功能的成分为染料木苷与染料木素（详见第

八章）。

各国虽然对于大豆异黄酮摄入总量有推荐标准，而且推荐标准基本相近，但并未说明异黄酮中所含组分是何种异构体，作者研究发现如为发挥植物性雌激素作用，成年妇女（按 60kg 平均体重计）每人每日应摄入的大豆异黄酮中含染料木苷（Genistin）与染料木素（Genistein）之和应不少于 20~30mg。

美国人在大豆中"淘金"之风，拉动了美国大豆产业的发展，至二十一世纪初，美国已由不产大豆的国家一跃成为大豆高产大国与世界大豆出口大国，至 2015 年美国年产大豆超过 1 亿 t。

表 10-3　美国与中国大豆产量对比

国别	20 世纪 30 年代前	2011 年	2013 年	2015 年	2021 年
中国/万 t	约 1200	1400	1200	1100	1640
美国/万 t	0	8280	8916	10802	12000

摘自 2011—2015 年中国粮油信息网、大豆信息网、食品产业网。

二、大豆与大豆制品在我国不同历史时期的保健地位

大豆的保健作用最早见诸《黄帝内经》，《黄帝内经》虽然成书于战国至秦汉期间，但其记载的内容却是春秋战国之前、炎黄时期的治病经验与医学理论。其中"药食同源"为其重要的组成部分，是我国人民在三、四千年以前与疾病斗争的长期经验总结。

《黄帝内经》记载："治病必求其本""人以五谷为本"，大豆是五谷中（稻、黍、稷、麦、菽）的组成物种之一，《黄帝内经》证明在炎黄时代，大豆已被国家最高领导者（炎帝、黄帝）定为防病的主要食物。

《诗经》曾有："采菽采菽，筐之莒之，君子来朝，何锡予之"的诗句，证明早在三千年前当时的百姓与帝王均认识到大豆是"药食同源"治病的根本物质之一，国家帝王将大豆作为珍贵的赏赐品，给予来朝见的"君子"。

明代李时珍《本草纲目》也曾记载大豆具有："治肾病，利水下气，制诸风热，活血，解诸毒"。

1982 年长春中医药大学徐志远教授等所著《长白山植物药志》关于大豆的保健功

效论述为："益肾、止汗，主治头晕，目昏，风痹汗多"。

1958 年"大跃进"后的经济困难时期，我国为预防肝炎、水肿，对行政科级以上干部与中级知识分子每人每月配给 0.5kg 大豆、0.5kg 白糖，当时民间曾普遍称这部分人为"糖豆干部"。

大豆加工技术的始创者汉朝淮南王刘安（公元前 172—公元前 122 年）最早发明的豆腐，创始之初，并不是为了佐餐与果腹充饥，据有文字记载的内容，其一为刘安为治疗母亲的病，在加工乳状豆制品时，豆乳与盐卤反应，形成了凝乳状大豆制品，即为早期的"豆腐脑"或豆腐，刘安之母食后，病势好转，豆腐加工方法传至民间后，世代流传，不断改进，形成了今天的豆腐与豆腐脑（豆花）。第二种记载为汉武帝刘彻为了长生久视、万寿无疆，组织炼丹方士研制长生不老之药的炼制之术，淮南王刘安卷入了追求长生之术的浪潮，发现豆乳在石膏或盐卤作用下，能凝成豆腐脑的现象。不论何种记载，最早豆腐或豆腐脑的加工目的，不是为了佐餐或充饥果腹，而是用于保健与长寿。

我国古代与近代历史均有无数事例证明大豆是防病、不可取代的、重要的"药食同源"物料。

作者在大学时代就从书中读到"大豆养育了中华民族"的名言，毕业后围绕大豆中"养育中华民族"的有效成分提取及其功效进行研究，在工作实践中既有诸多成功，也遇到若干困惑。这些困惑不仅在大豆加工研究过程举步维艰，近年来大豆加工业也因此受到了一定的限制。

例如，2014—2016 年曾以巧克力为载体，研制一种女士巧克力，每块重 6g，每块含大豆染料木苷（Genistin）与染料木素（Genistein）之和为 20～30mg，经人群服用试验，普遍反映对于改善成年妇女更年期症状具有显著效果，尤其对于更年期妇女的狂躁、失眠、盗汗等更年期综合征，更具有普遍的疗效（详见第八章）。

每块女士巧克力重 6g，含染料木苷量为 23.718mg，与普通大豆种子中的染料木苷与染料木素含量相比，仅相当于吉林农家品种敦化小粒黄约 53.37g 的种子中的含量 $\frac{23.718mg \times 100g}{43.0mg + 0.62mg} = 53.37g$，表 10-5。

为了验证上述试验结果的应用可靠性与适用普遍性，作者又随机从长春粮油市场购入市售普通食用大豆，委托另一检测权威单位吉林省优尼普瑞科技公司对普通市售大豆进行检测，结果见图 10-1。

表 10-4　不同批次女士巧克力（6g/块）中大豆染料木苷与大豆染料木素的含量

种类	1号	2号	3号	4号	5号	6号	平均值
染料木苷/（mg/100g）	270	200	200	200	170	180	203.3
染料木素/（mg/100g）	120	120	120	120	120	120	120

染料木苷相对分子质量为 432，染料木素相对分子质量为 270，由于染料木苷中含有不具类雌激素功效的葡萄糖配糖体（详见第八章），所以其相对分子质量比染料木素高 162，即染料木素相对分子质量为 270 时，与染料木苷相对分子质量 432 含量的类雌激素作用水平相当，本次女士巧克力实测结果染料木素含量为 120mg/100g，相当于每百克产品中含染料木苷 $=\dfrac{432 \times 120mg/100g}{270} = 192mg/100g$。

每块女士巧克力重 6g，如按成年妇女每人每日摄入染料木苷应 $\geqslant 20mg/$（人·d）计，为有效适宜剂量（详见第八章），女士巧克力产成品实测结果平均含染料木苷为 203.3mg/100g，含染料木素为 120mg/100g，换算成染料木苷含量则为 192mg/100g。则成年妇女每日每人服用 1 块女士巧克力（重 6g），相当于摄入染料木苷量 $=6g \times$（203.3mg/100g+192mg/100g）

$$=6000mg \times \frac{395.3mg}{100g \times 1000mg/g}$$

$$=6000mg \times 395.3mg/100000mg$$

$$=6mg \times 3.953$$

$$=23.718mg$$

从上述计算结果可见，重 6g 的女士巧克力中含染料木苷为 23.718mg，恰好在有效适宜剂量范围内（20~30mg），证明本项目原设计合理有效。

表 10-5　吉林省大豆农家品种敦化小粒黄种子与女士巧克力大豆异黄酮异构体成分含量对比

单位：mg/100g

种类	大豆异黄酮异构体成分名称						
	染料木苷（Genistin, $C_{21}H_{20}O_{10}$）	染料木素（Genistein, $C_{15}H_{10}O_5$）	大豆苷（Daidzin, $C_{21}H_{12}O_5$）	大豆素（Daidzein, $C_{15}H_{10}O_4$）	大豆黄苷（Glycitin, $C_{22}H_{22}O_{10}$）	大豆黄素（Glycitein, $C_{16}H_{12}O_5$）	异黄酮总量
敦化小粒黄	43.0	0.62	26.5	0.77	5.85	0.11	76.85
女士巧克力	192	120	39.0	31.9	1.58	1.38	385.86

以上实测数据由谱尼测试集团公司提供，吉林农家大豆品种敦化小粒黄每 100g 中含植物天然雌激素染料木苷与染料木素之和为 43.62mg（43.0mg+0.62mg）；成年妇女

每人每日摄入 1 块质量为 6g 的女士巧克力，含染料木苷与染料木素之和为 20~30mg。

每块女士巧克力平均含染料木苷量为 23.718mg 计，相当于摄入大豆籽粒质量为 = $\dfrac{100g \times 23.718mg}{43.62mg}$ = 53.37g，即成年妇女每日食用一块质量为 6g 的女士巧克力相当于食用 53.37g 的敦化小粒黄籽粒。

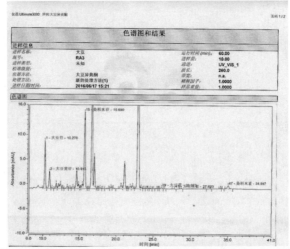

（1）长春粮油市场出售的普通市售大豆种子中大豆异黄酮异构体分类含量检测报告

（2）长春粮油市场出售的普通市售大豆种子中大豆异黄酮异构体分类含量分析结果与色谱图

图 10-1　吉林省优尼普瑞科技公司对长春粮油市场出售的普通市售
大豆种子中大豆异黄酮异构体分类含量检测报告与高效液相色谱图

从上述报告可见，长春普通市售大豆籽粒中，每千克含染料木苷与染料木素之和为 196.1mg/kg（14.5mg+181.6mg/kg＝196.1mg/kg）。作者研发的女士巧克力中平均每块含染料木苷量 23.718mg，为每人每日摄入的有效剂量[注3]，相当于每人每日食用普通市售大豆 120.9g/（人·d）$\left(\dfrac{1000g\times23.718mg/人\cdot d}{（14.5mg+181.6mg）}=120.9g\right)$。

从上述敦化小粒黄与普通市售大豆的染料木苷分析结果可见，一位成年妇女每日摄入 53.37g 敦化小粒黄大豆籽粒或 120.9g 市售普通大豆籽粒，均相当于摄入一块女士巧克力中染料木苷的含量（23.718mg），上述摄入量不会受到任何法律法规干预。

根据目前我国保健食品法规规定，大豆染料木苷与染料木素均属于大豆异黄酮异构体，大豆异黄酮又属于大豆提取物，按原卫生部《关于进一步规范保健食品原料管理的通知》规定的保健食品原料 87 种、既是食品又是药品的原料 114 种均不包括大豆异黄酮。所以根据我国目前的法规，成年妇女每人每日如摄入染料木苷 23.718mg，虽然与敦化小粒黄品种大豆 1.09 市两 $\left(\dfrac{23.718mg/人\cdot d\times100g}{43.62mg}\div50g/市两=1.09市两\right)$ 中所含染料木苷（包括染料木素）含量相近（23.718mg），或与普通市售大豆 2.4 市两 $\left(\dfrac{23.718mg/人\cdot d\times100g}{（181.6mg+14.5mg）}\div50g/市两=2.4市两\right)$ 籽粒中染料木苷（含染料木素）23.718mg/（人·d）的含量相近，但却属于违规行为。

2015 年 3 月 19 日国家卫计委明确指出："大豆异黄酮不宜作为普通食品原料"。

原国家食品药品监督管理总局 2015 年第 168 号公告规定："自 2016 年 5 月 1 日起保健食品名称中不得含有表述产品功能的相关文字，包括不得含有已经批准的如增强免疫力、辅助降血脂等特定保健功能的文字"。

按现代法规规定，大豆功能因子如进行保健功能宣传推广将是违规行为，但古今中外均已证明大豆及大豆制品用于预防人体疾病、调节人体机能，具有显著的功效。而且大豆异黄酮提取过程完全是按现代西药提取工艺完成，大豆异黄酮的保健功效也是循证现代研究手段得到证实。

大豆与大豆提取物属于"药食同源"的原料，已为古今中外无数科学实践证实。但是大豆在中国的政策法规中却并未得到与其历史地位和现实作用相适应的法规待遇。

始于民国时期的"中西医之争"已超过一个世纪，至今关于"药食同源"的历史传承并未得到充分肯定。近年来，关于药品、保健品、保健食品、功能食品、特医食品、健康食品、特膳食品、营养食品等新概念层出不穷，大豆与大豆制品（包括大豆提取物）的归属尚未得到科学、合理、合法的法规定位。从专家到民间"挺转基因大豆与反转基因大豆"① 旷日持久争论不休……上述分歧严重制约了我国大豆产业的发展。

患病人群出于对药品毒副作用的畏惧心理，仍然在不断寻求既能防病治病，又无毒副作用的食品或药品。由此为既无批准文号，又无生产厂址的假药、假食品创造了可乘之机。政府设置专门审查食品、药品的包装说明、产品说明、广告宣传内容的机构，向消费者明确宣布，凡是未经批准的说明与广告内容均属违法，产品不准上市、媒体不准宣传，凡属宣传媒体及代言人对其宣传推广的药品、保健品功效均须承担连带经济与法律责任，可使企业生产有所遵循，广大群众能分辨真伪，假药、假食品将无处遁形。

"药食同源"是中华民族三、四千年的伟大发现，人类居住的地球经过亿万年的"物竞天择、适者生存"的演化，万物已形成一幅"天衣无缝"、互存互利的关系。同一种物质，人类用来满足食欲需求，它就是食品，用于治疗疾病，它就是药品。此类例证已不胜枚举。例如，大豆作为五谷之一、属于食物；大豆低聚肽用于提高人体免疫功能、缓解大体能消耗后的疲劳程度，则为保健食品；大豆染料木苷用于治疗妇女癌症、更年期综合征，防治女性老年骨质疏松，则为药品。又如山楂日常食用为食品，用于治疗牙龈出血则为药品。动物肝脏加工成酱肝为食品，用于防治夜盲症，则为药品……所以"药"与"食"不应该人为划定难以理解、并不科学的人为界限。至于西药则应另

---

① 转基因技术是现代科学技术领域新兴的一项高新技术、与纳米技术、人工智能并称为世界三大尖端科技。21 世纪初，转基因技术在我国生物界引发激烈的争议，尤其一些非专业知名人士参与争辩，更使转基因技术增加了诸多非科技、复杂的色彩。

转基因技术是采取现代生物技术手段（如核显微注射法、基因枪法、花粉管通道法等）将人工分离或修饰获得的优秀基因导入至特定的生物体基因组中进行基因重组，再将基因重组后的生物体进行后代选育，从而获得具有稳定优秀遗传性状的新品种。

转基因技术按转基因生物受体种类划分，可分为植物转基因与动物转基因、微生物转基因 3 种。当前应用最为广泛的是植物转基因，主要用于培育高产、优质、抗除草剂、抗寒、抗病、抗虫、抗旱、抗盐碱等作物新品种的培育。例如，我国已为三个转基因大豆发放了进口安全证书。2021 年 12 月 29 日农业农村部发布《"十四五"全国种植业发展规划》明确提出有序推进转基因大豆产业化应用。

转基因技术与传统杂交育种技术的本质都是以获得优秀基因传种接代为目的育种过程，但传统育种技术只能在生物个体水平进行，通过杂交或自然突变完成，变异发生对象是全部基因组，所转移的 DNA 是大量的基因（DNA），不能准确地对某个优秀基因进行明确目标选育，所以选育与淘汰的对象数量大、范围广、操作时间长。例如，一个常规杂交水稻品种育成周期须 10 年以上，对后代遗传表现预见性较差。

转基因技术操作和转移的 DNA 具有明确目的基因片断、优秀功能清楚、后代性状可准确预期。传统的杂交选育只能在生物"种内"、实现"种内"近亲基因转移，而人工转基因技术所转移的基因则不受生物种间亲缘关系的限制，从广义理解转基因技术（DNA 重组技术）是对传统杂交育种技术的发展和补充，该技术可按人类意愿定向地改造生物遗传特性、产出人类需要的、具有明确目标的优秀基因新种。

基因转移形成新物种，是自然生物进化发展的表现。例如，当前全球粮食危机，人类须以地球有限的水、与有限的土地，生产出理想、最大化高产量的粮食，转基因大豆单产远高于普通大豆，所以转基因大豆是提高全球生产力的一项进步的农艺措施。

反转基因论的传言主要是食用转基因食物者，会被转基因化，目前国内外饲料全部是以转基因大豆粕为原料，但全世界食用畜禽肉的人类，却从未发现有任何被转基因化的不良性状发生的变异个例报道。

作别论，不在本书讨论范围之内。

当前我国食品发展的主要障碍不是如何区分药品、保健食品、食品的划分"门槛"。而是检测水平未能与食品、药品快速发展同步，真假难分，个别媒体利用合法权威身份，追求不正当效益，成为虚假广告宣传阵地，夸大宣传、违法营销，欺诈销售，放任不合法的广告宣传，导致假药、有毒食品混入市场，却未受到承担经济法律连带责任的惩处。致使若干具有中国特色的、久经考验的、没有毒副作用的、具有确切医疗保健功效的"药食同源"食物反而迟迟未能进入药品或保健食品的高门槛之内。2022 年 1月 3 日《中国食品报》刊载国家食品安全评估中心总顾问陈君石院士举例，美国一品牌口香糖，加入中药元素厚朴酚，取得预防龋齿非常好的作用，但中国却因为厚朴酚未被纳入药食同源名录而未能应用，大豆提取物不过是上述现象中的诸多例证之一。

人类在进化过程应该顺应自然规律、万世不竭地享受大自然的恩赐。尊重自然，顺应自然，保护自然是全面建设有中国特色的社会主义现代化国家的内在要求，违反自然选择规律，迟早都会受到自然的惩罚。例如：森林与草原对我国生态安全具有基础战略性价值，林草兴则生态兴，过去牧民曾大量射杀草原狼，为草食动物野鼠、野兔繁衍创造了有利的滋生条件，野鼠、野兔取食草根，而使草原日益沙化，沙尘暴长驱直入。近十年，我国持续开展大规模国土绿化工作，累计完成造林 9.6 亿亩、种草 1.65 亿亩，人工造林居世界首位，新增森林面积占全球的 25%。从 2013 年至 2020 年雾霾颗粒污染减少 40%。

在自然界，万事万物无不相依相存，大豆养育了中华民族不过是药食同源、人与自然相互依存、和谐共生的例证之一。

当前，"食"与"药"之争，仍然混淆不清，著者认为大豆功效成分与传统中药"同宗、同源"，"大豆养育了中华民族"，大豆及其制品应遵循"药食同源"的古训，在我国取得合理、合法、科学的法律定位才是当务之急。

蓬勃发展的世界大豆产业潮流滚滚向前，根本没顾及中国的上述"是非"争论，至 2021 年进口大豆以国产大豆总产量 5.8 倍的数量涌入中国市场，总进口量高达 9651万 t。2021 年农业农村部颁布的《"十四五"全国种植业发展规划》明确指出："到2025 年我国大豆总产量将达到 2300 万 t"，以大幅度增加大豆总产量，降低对国际进口大豆的依赖度。大豆种植业实现如此宏伟蓝图，如果没有大豆加工业的拉动、没有大豆"药食同源"功效的宣传推广，恐将难以实现。

"药食同源"是中华民族的伟大发现，是传统医药文化的重要内涵。"食疗"是中医药界的重大发明。21 世纪以来全世界慢性病（包括心脑血管疾病、高血压、高血脂、高血糖、癌症等）严重影响人类生命质量。据报道慢性病死亡人数已占人类死亡率的88%，中医主张的"治未病""防病于未然"的实质均为预防慢性病。"治未病"的积极措施是"食疗"而不是"药疗"。以"食疗"治未病，克服药品毒副作用对人类的危害。研发"食、药两用物质"应先从食物出发，大豆是我国资源丰富的"食药两用物质"，但我国大豆"药食两用"功效未能发扬光大应该是食品科技界与医药领域的一项重大遗憾。当前我国应以超前的眼光，用现代药理学手段证明大豆功能因子的有效性与安全性，形成关于"药食同源"在保障人类"健康、美容、长寿"的中国特色。发掘"药食同源"物种、为"健康中国"建设服务是不可忽视的战略措施。伴随保健食品的蓬勃发展，伪劣假冒食品也不断涌现，当前政府部门应加大力度，制订科学简约的审批程序、严格检测内容许可、为真正具有保健作用的食物进入保健食品行列创造许可条件，使伪劣仿冒食品无地藏身，严格将其拒之于保健食品之外，对取得许可批号的保健食品在投产后，应继续加强销售、宣传、推广、应用等环节的监管，不容许假冒伪劣食品鱼目混珠，玷污"药食同源"食品的声誉。

实践是检验真理的唯一标准，真科学是以试验为基础，经得起重复实践验证，大豆及大豆制品"药食同源"的功效已得到古今中外的公认。美国《经济展望》曾预测：未来，最成功、最具市场潜力的产品不是汽车，不是电视机，而是中国的豆腐与大豆制品。

据报道，目前国际市场对大豆异黄酮年需求量已达1500t，但实际全球总产量只有300t，中国的大豆异黄酮年总产量仅为50t。

目前我国年消费大豆总量高达9000余万t（国产大豆与进口大豆之和），占世界大豆总产量的37.5%，占全球大豆贸易额的60%左右，大豆与大豆加工制品生产规模之大、"药食同源"应用实践历史之悠久，均非世界任何一个国家所能伦比，所以当前我国大豆与大豆加工制品不应陷入上述缺乏科研试验根据与生产工程实践的争鸣之中，作为一种具有中国特色的"药食同源"物料，需要尽快争取在农业农村部、卫健委、药品监督管理局等权威部门取得科学合法的定位，发挥世界大豆故乡的优势，面向全球理直气壮地宣传中国大豆"药食同源"的特色，为全面振兴我国大豆产业作出实际贡献。

第三节

我国大豆产业的现状

大豆是维系人类生存最重要的栽培作物之一，世界上没有任何一种人工选择种植的农作物的保健作用能与大豆相比。我国《大豆》（GB 1352—2009）特别指出："大豆是我国重要的粮食作物，是关系国计民生的重要基础性、战略性的物质"。

二十世纪三十年代前后，世界大豆总产量约 1000 万 t，几乎全部产在中国，至 2021 年全世界大豆总产量已达 3.3 亿 t，短短 70 余年，全球大豆总产量增长约 30 倍，而我国大豆总产量却仍在 1600 万~1960 万 t 左右徘徊。2021 年，我国进口大豆高达 9651 万 t，是我国当年大豆总产量 1640 万 t 的 6 倍，相当于平均每个中国人分摊进口大豆 60 余千克。中国已由世界大豆产量第一的"大豆的故乡"演化为世界大豆第一进口大国。

我国大豆产业主要由大豆种植业与大豆加工业构成，二十一世纪初我国大豆种植业与加工业已出现不占优势的严重局面。

一、我国大豆加工业面临的问题

我国大豆加工业主要由大豆油脂加工业、大豆蛋白加工业、传统大豆食品加工业等构成（表 10-6）。

表 10-6　我国大豆加工行业每年原料用量

大豆油脂加工业年 加工原料大豆量	大豆蛋白加工业年 加工原料大豆量	大豆传统食品加工业及直接 食用年消耗原料大豆量
6000 万 t/a	200 万 t/a	600 万 t/a

注：统计数据未包括民间食用大豆与其它非食品工业用大豆消费量。

（一）大豆油脂加工业主体被外资控制，内资企业面临停产、半停产边缘

大豆加工最大行业是大豆油脂加工业，二十一世纪初油脂加工用大豆原料量约 6000 万 t 左右，是国产大豆年产总量的 5.5 倍。我国日加工大豆 ≥2000t 的企业 28 家，全世界日处理大豆 6000t 以上的大型浸油厂仅 11 家，其中 5 家在中国。我国大型油脂加工企业 80% 以上被跨国公司外资控制，外资企业由于规模大、成本低，而且全部建在沿海城市，利用进口廉价原料大豆，每生产 1t 豆油，利润在 240 元左右。我国内地日加工大豆规模在 200t 左右的中小油脂企业由于规模小、成本高，每加工 1t 大豆要亏损

200~600元，自2004年至今，内地油厂90%以上已停产。

（二）大豆蛋白加工业规模小，对大豆产业无拉动能力

大豆蛋白加工业曾经有过辉煌时期，二十世纪九十年代，大豆分离蛋白售价曾高达2.4万元/t左右，每吨产品利税高达1万元左右。由于大豆蛋白加工技术属于引进技术，我国不具有自主知识产权，在利润诱导下一哄而起，目前全国大豆蛋白加工企业已达70余家，年加工分离蛋白能力达到50万t以上，而全国实际用量仅为30万t左右，盲目竞争、产能过剩、企业互相压价，使分离蛋白售价已降至1.4万~1.6万元/t，每吨利润≤400元，有的分离蛋白企业每吨利润已<100元/t。由于大豆蛋白加工业加工量小、利润低，所获效益有限，2021年后大豆分离蛋白虽然销价已涨至2.2万元左右，但原料大豆与辅料、人工等成本也在提升，所以对大豆产业整体发展难以产生显著拉动作用。

（三）传统大豆加工业大部分为作坊式生产，难以形成高附加值产业

传统大豆制品加工业，主要以作坊式存在，生产豆腐、干豆腐、豆腐脑、酱油、豆酱、豆豉、豆干等企业遍布我国城乡，年加工大豆量约600万t，仅占国产大豆的37%，约为进口大豆总量的8%。作坊式生产由于生产规模小，虽然对安置就业、解决居民副食供应具有重要作用，但对于发展大豆产业、拉动大豆种植、提高种豆农民收益基本不起作用。

二、我国大豆种植业面临的危机

大豆产业的兴衰主要表现在种植业，大豆种植业的种植面积，产量高低，直接受到种植效益的影响，影响种植效益的重要因素是大豆加工业以何种价格收购大豆，目前大豆加工的油脂加工、蛋白加工、传统豆制品加工三大行业，由于自身效益低下，已无力反哺种植业。为了挽救大豆产业面临的严峻局面，面对大豆种植业、大豆加工业均不具备产生高附加值的现实，业内人士提出要求国家对大豆种植业、加工业提高补贴标准，由于进口大豆充斥我国市场，我国大豆种植业已面临严重的困境（表10-7）。

表10-7　近年来我国每年大豆进口数量

2013年大豆进口数量	2014年大豆进口数量	2015年大豆进口数量	2021年大豆进口数量
6338万t	7140万t	8169万t	9651万t

进口大豆虽然能减少外汇支出、降低大豆与大豆加工品生产成本,但却忽略了大豆生物固氮与改良土壤的积极作用。在东北三省再也看不到"漫山遍野大豆高粱"的农田景象,近代的"石化农业"已将大豆排挤出轮茬的科学排序,东北"黑油油"的土层由五十年前的 100cm 深度,至今已退化到 20~30cm,我国 40% 以上的耕地出现退化。若想改变这触目惊心的农业现实,发展大豆种植业、利用大豆根瘤菌生物固氮及根系黏液胞外多糖再造土壤团粒结构,已成为恢复可持续耕作、提高土壤肥力和活性的、迫在眉睫的农耕任务。

第四节

作者的发明专利技术对于提高种豆农民实际收益

我国为振兴大豆产业曾采取一系列补救政策,但未取得实际效果。对种大豆农户的补贴,绝不是每垧补贴几千元就能调动种植农民积极性的问题,我国耕地控制红线为18 亿亩[①],去除水田、果蔬用地,旱田如为耕地总面积的 50%,即 9.0 亿亩,如按四年轮茬制,则大豆种植面积每年应为 2.25 亿亩,相当于 1500 万垧,每垧补贴 0.8 万元,才能超过种植玉米的收益(详见本章第四节),这样每年将为国家增加支出 1200 亿元(1500 万垧×0.8 万元/垧),可见以大幅度增加补贴调动农民种豆积极性,绝非持久的农业良策。

一、我国为振兴大豆产业采取补救政策回顾

2010 年 1 月 14 日国家粮食局决定投入 10 亿元对东北 126 家大豆油脂加工企业予以补贴,每加工 1t 大豆补贴 160 元,日加工大豆 300t 的油脂企业,每日可净获补贴款为4.8 万元,为了鼓励收购国产大豆,东北地区油脂加工企业已将地产大豆收购价格提高至 3800 元/t。

补贴政策能否挽救大豆产业?据调查,大豆油脂加工企业,由于获得补贴款,黑龙

---

① 1 市亩 $=\frac{1}{15}$ 垧 $=\frac{1}{15}×10^4 m^2 \doteq 666.6 m^2$;1 垧 = 1 公顷 $=10^4 m^2=15$ 亩;1 公亩 $=10^2 m^2$;1 市亩 = 10 分;1 分 = 10 厘;1 厘 = 10 毫。我国关于土地面积单位所用"亩",均指"市亩"。

江省已停产的、凡属年加工能力在 5 万 t 以上的大豆油脂加工厂纷纷恢复开工，重新形成一场价格大战。2010 年元旦前，豆油出厂价为 7800 元/t 左右，至 1 月末降至 7500 元/t，高温脱溶豆粕从 3500 元/t 降至 3200 元/t；每吨原料大豆补贴 160 元，所得补贴款的收入远不及产品豆油与豆粕每吨售价下降 300 元的支出高，短短一个月的价格大战又导致一批大豆油脂加工企业停产，而且油脂企业收购原料大豆由 3600 元/t 提升至 3800 元/t，既增加了企业支出，对于种豆农户每吨大豆售价虽然增收 200 元，但仍不如种植玉米的净收益高。可见补贴政策尚不足以刺激大豆产业链中的大豆加工业与大豆种植业形成良性循环。

2014 年国家发改委、财政部、原农业部联合发布 2014 年大豆《目标价格补贴政策》，按政策规定，大豆目标收购价格为 4800 元/t，国家根据目标价格与市场价格的差价对试点地区大豆种植者给予补贴，即大豆市场收购价格低于 4800 元/t 时，由政府将低于 4800 元/t 的差额补发给种豆农民，使豆农收入达到 4800 元/t，市场价格高于目标价格时不予补贴。

上述大豆价格目标补贴政策仍未对大豆产业起到明显的促进作用。以 2014 年为例，进口大豆到港分销价仅为 3760 元/t，明显低于我国规定的 4800 元/t，由于价格优势，2014 年进口大豆量高达 7140 万 t，是国产大豆总产量 1160 万 t 的 6 倍。我国近年工业与民用原料大豆总量不足 7000 万 t，即进口大豆已充斥我国大豆消费市场、进口量已超过我国大豆消费总量。我国消耗大豆原料量最大的行业是浸油企业，每年用原料大豆约为 6000 万 t，但我国东北大豆产区 2014 年大豆产地售价高达 4300 元/t 以上，而大连、连云港、福州、日照等沿海城市，进口大豆到港销售价仅为 3700 元/t 左右，大豆产地的大豆售价反而比进口大豆到港分销价每吨高 600 元左右。由于原料大豆价格的大幅差异，民族浸油厂生产成本明显高于沿海外资浸油厂，浸油工业不仅未起到拉动大豆种植业发展的作用，而且自身也难于摆脱破产的局面。

大豆目标价格补贴政策未能实现促进大豆产业发展的内在因素，还在于大豆种植效益远低于种植玉米、水稻等其他作物。

以种植玉米与种植大豆的收益相比较：玉米每垧产量约为 9t/垧，大豆产量约为 2t/垧[①]，2015 年吉林省长春市玉米售价为 1950 元/t，大豆售价为 4850 元/t，每垧耕地种植玉米收益约为 1.755 万元/垧（1950 元/t×9t/垧）。而种植大豆每垧收益仅为 0.97 万元/垧

---

① 东北地区大豆种植为单季种植，生育期平均 142d，每垧地（$10^4 m^2$）保苗按 19.5 万~24 万株计，用种子量为 60~75kg，吉林省地处北纬 40°51′~47°38′，70%以上耕地处于松辽平原、适于大豆种植的黑土地带、短日照、昼夜温差大，生育期 110~160d 等农业自然地理环境，恰好可满足一年一熟的大豆品种群的生长发育需求。按二十一世纪初生产水平统计，大豆平均垧产约 2t/垧、折合每亩单产约为 130kg/亩，2021 年农业农村部提出"大豆亩产超 200kg 高产技术示范"目标。

（4850 元/t×2t/垧），每垧耕地种植大豆比种植玉米少收入 0.785 万元。虽然至 2020 年后，由于机械化农业生产水平提高，大豆单产已提高至 3t/垧，但综合生产效益仍低于种植玉米。由于效益差异，仍然难于调动农民种植大豆的积极性，致使大豆种植业未呈现大发展的局面。

二、著者的发明专利技术提高种豆农民的经济收益

大豆产业的最主要组成部分是大豆种植业，为了振兴大豆种植业必须提高种豆农民的积极性，提高豆农种豆积极性，必须保证豆农得到实际的、高于种植其他农作物的经济收益，近年我国采取的油脂行业补贴政策、大豆收购目标价格补贴政策等措施，均未取得理想效果。以 2015 年吉林省长春市大豆与玉米售价相比，种植大豆每垧地平均仍比种植玉米少收入 0.7 万元左右（详见本章第三节）。

如何提高种豆农民的经济收益？2021 年农业农村部发布的《"十四五"全国种植业发展规划》要求："提升大豆油料加工转化能力，促进一、二、三产业融合，带动全产业链发展"。这是一项以工业思维谋划农业发展出路的方向，推进生产、加工、营销一体化、延伸大豆产业价值链，有利于产品销往国内外的产业发展措施。

著者在科研与生产实践过程，体会到采取"产、加、销一体化"的体制，以"工业反哺农业"的措施，将是提高农民种豆经济收益、振兴我国大豆产业可行的、主要出路。

采用现有的栽培、耕作、育种等农艺措施，仍属于传统的农业生产思维，难以全面提高大豆产业效益。作者经过数十年的研发，在工业工程化研究过程，经实践证明，生产大豆功能因子具有极高的附加值，而且原料资源丰富，国内外市场销路广阔。如能使加工企业与种豆农民组成一体化合作社，农民按加工企业标准要求，生产优质原料大豆供给加工企业，原料大豆是加工企业的"第一车间"，加工企业由于原料大豆质量的提高，可获得新的更高利润，加工企业再以新增利润中的一部分效益反哺种豆农民，则可使种豆农民的收益大幅超过种植玉米，农民得到实惠，在高效益的刺激下，自然可改变农田遍地种玉米的现状，大豆种植业的复兴指日可待。

著者研发的大豆功能因子连续提取技术发明专利（详见第九章）所产的大豆功能因子主要包括：高纯度大豆低聚肽、大豆异黄酮、大豆皂苷、大豆低聚糖、大豆复合功能因子、副产品为大豆浓缩蛋白。

上述发明专利技术的理想、适度规模为年加工原料大豆 1 万 t。按年加工大豆 1 万 t 的加工规模、产品结构与效益预测示意图如图 10-2 所示：

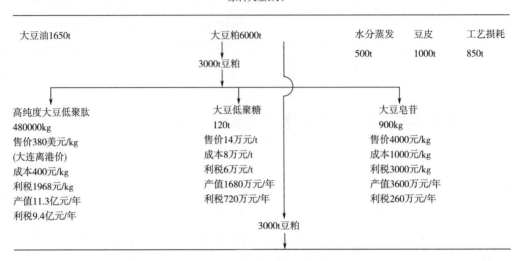

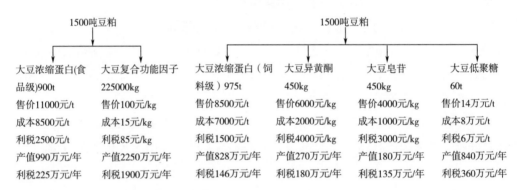

图 10-2　年加工大豆 1 万 t 生产大豆功能因子，产品结构、效益分析

说明：以豆粕为原料提取大豆分离得率约 40%，以分离蛋白为原料提取大豆肽得率约 40%，即在大豆粕为原料提取大豆肽得率约为 16%；图中第 2 层次中未包括工艺损耗、水分蒸发、豆渣等成分。

图 10-2 说明：

（1）年加工大豆 1 万 t，提取高纯度大豆低聚肽、大豆异黄酮、大豆皂苷、大豆低聚糖、大豆复合功能因子、大豆浓缩蛋白等 6 种产品，根据实际售价统计，年产值为 5.90 亿元、年利税为 4.39 亿元。

（2）在本项专利各项产品效益分析中，未包括豆油、豆渣等，原因是豆油、豆渣的收益在本项目中虽然产量较高，但所占效益比率极低，又非著者发明的专利技术所包括的内容，所以在计算效益时予以忽略未计。

（3）年加工大豆 1 万 t，相当于种植大豆 5000 垧（按垧产大豆 2t 计），年利税 4.39 亿元，相当于每吨大豆创利税 4.39 万元。

（4）如图 10-2 所示，每吨原料大豆经加工，创利税 4.39 万元，加工企业从每吨大豆新增利税中拨出 20%，即约 0.878 万元，反哺种豆农民，则豆农每垧地新增收益为 2.634 万元（大豆垧产，按 3t/垧计），远比种植玉米 1.755 万元/垧的收益提高（详见本章第四节），即大豆加工的效益的 80% 为加工企业所得，20% 效益反哺种豆农户，双方实现共赢，同时减轻了国家的负担。

（5）从图 10-2 可见，生产大豆低聚肽效益明显高于生产其他产品，但为了适应市场需求的不确定性，以及在连续生产过程各种产品又"互为异物"的工艺特性，采取连续分别提取工艺，既可提高不同产品的纯度，又可满足市场不同时期、不同人群对产品不同种类的需求。

图 10-3　大豆深加工技术、成套设备及系列产品 1998 年获得国家科技进步三等奖

根据上述分析，现将采取工业反哺农业措施后，农民获益情况，见表 10-8。

表 10-8 不同种植结构、农民获益情况对比表

生产组织机构类型	单产 /(t/垧)	单价/(以 2015 年长春 售价元/t 计)	收益 /(元/垧)	备注
玉米种植户	9	1950	17550	
大豆种植户	3	4850	14550	
产加销合作联社 大豆种植户	3	4850	29550	采取工业反哺农业措施，收购每吨大豆由加工企业反哺豆农 0.5 万元，大豆垧产为 3t/垧，即每垧耕地，豆农可得反哺款为 1.5 万元。产加销合作社大豆种户每垧地收益 = 14550 元/垧 + 15000 元/垧 = 29550 元/垧，效益远高于种植玉米

　　大豆加工业对种豆农户每吨大豆反哺 0.5 万元，是否会影响大豆加工业的收益。从图 10-2 可见，6 类大豆加工制品中，以高纯度大豆低聚肽附加值最高（图 10-2），大豆肽属于相对分子质量小于 5000 的、小分子蛋白，在著者的发明专利（ZL011223 号）中，原料大豆中蛋白质含量与大豆肽得率呈正相关关联，普通原料大豆蛋白质含量约为 35%，高蛋白大豆品种的蛋白质含量高达 42%。大豆加工企业与种豆农场或农户组成"产、加、销一体化"合作机构后，加工企业可要求豆农种植高蛋白大豆品种，豆农为加工企业提供的原料改变后，由于原料大豆蛋白质含量提高，而导致大豆肽得率提高，加工企业与种豆农户，双方共同受益，现列表分析如下。

表 10-9 不同品种原料大豆，每吨产出大豆肽的产值分析

不同品种原料大豆	蛋白质含量	每吨原料大豆产大豆肽量 /kg	每吨原料大豆产大豆肽的产值/美元	备注
普通大豆品种（蛋白含量 35%）	35%	100	3.8 万美元	以大豆为原料生产豆粕得率约为 60%，以豆粕为原料生产分离蛋白得率约为 40%，以分离蛋白为原料生产大豆肽得率为 42%，由于原料大豆品种改变后，高蛋白品种大豆（蛋白含量 42%）每吨可比普通大豆（蛋白含量 35%）品种多收 0.76 万美元
高蛋白大豆品种（蛋白含量 42%）	42%	120	4.56 万美元	

表 10-9 所示为根据大豆肽得率与原料大豆蛋白质含量成正相关的原理分析得出，售价按作者研发的发明专利实施投产后，受让企业长春吉科生物技术有限公司生产的大豆肽对外出口时，大连海关离港实际价格为 380.8557 美元/kg 计，具体计算如下所示。

原料为蛋白含量 35% 的普通大豆，每吨原料大豆产大豆肽的产量为 100kg。

原料为蛋白含量 42% 的高蛋白大豆，每吨原料大豆产大豆肽的产量为 $\dfrac{100\text{kg}\times42\%}{35\%}=120\text{kg}$。

从表 10-9 分析可见，仅从原料大豆品种改变后，在原效益不变的前提下，加工企业因采用高蛋白大豆品种比原来普通大豆原料，每吨可新增收益 0.76 万美元［（380.8557 美元/kg×120kg-380.8557 美元/kg×100kg）×6.2 元人民币/美元=4.712 万元人民币］。

大豆产业的兴衰已影响到国土资源质量与民生的安全，为了振兴我国大豆产业，依赖改进农艺措施大幅度提高大豆种植效益，已成为难以实现的现实。著者认为只有研制具有自主知识产权、高附加值的发明专利加工技术，再将加工业新增的高效益中的一部分"让利反哺"大豆种植业农户，才是振兴大豆产业、可行的出路。种豆农户在不增加耕地，不增加农业投入的前提下，只是与加工企业联合组成"产、加、销"联合体，改种高蛋白大豆品种，而使收益由 9700 元/垧提高至 3.604 元/垧（每垧产大豆 3t，每吨获反哺款 0.5 万元/t，3t 共反哺 1.5 万元，1.5 万元/垧+0.97 万元/垧=2.47 万元/垧），比种植玉米多收入 1.849 万元/垧（2.47 万元/垧-1.755 万元/垧=0.715 万元/垧）。在高效益刺激下，"产、加、销生产联合体"的种豆农户自然乐于种植大豆，豆农不仅通过种豆获得高效益，而且使耕地实现培肥养地、"保护黑土地"的效果，豆农、加工企业、国家三方受益。可见只有依靠自主创新的高附加值加工创新发明专利技术，才能使大豆种植业与大豆加工业真正实现双赢、大豆产业链中的加工业与种植业才能形成良性循环、发展我国大豆产业、振兴中国"世界大豆故乡"优势地位的梦想才能成为现实。

采用作者发明专利大豆功能因子连续提取技术生产的高纯度大豆低聚肽、大豆异黄酮、大豆皂苷、大豆低聚糖、大豆复合功能因子、大豆浓缩蛋白等，作为中间原料，未来能开发出多少产品，尚难以预料（图 10-4）。

大豆加工属于食品加工技术领域，为什么作者在本书介绍的原理与技术发明部分属于二十世纪的科研成果。主要原因是作者通过毕生的科研、开发、推广等实践过程证明：一项食品加工技术领域的成果，技术成熟需经过以下阶段：①实验室小试需 2~3 年；②为保护知识产权，小试完成后必须申报专利，一项发明专利授权，审查期平均约为 5 年；③专利授权后要经历 3 年左右的中试；④经过"中试"后的成果还要 3~5 年

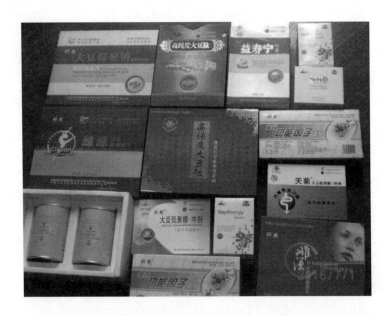

图 10-4 以长春大学为专利权人、作者为发明人生产的大豆功能因子产品

的工业工程化实验。为了克服我国科研成果产业转化率较低的现状，一项成熟的、高附加值的科技成果，切不可急于求成，速成的科技成果是造成转化率低、投产后技术风险高的重要成因之一。只有经过理性的、科学的实践过程，才能创造出适应创新、创业需求的、高附加值的成熟成果。当然为了更好、更快地完成研发任务，也可合理、科学地缩短上述研发周期。例如，在专利申请受理后，专利内容已得到保护，在专利审查阶段，可同时进行中间试验与工业工程化实验。但上述研发程序环节与内容切不可忽视和省略。产业化研发工作者一定要经得起艰苦历程的时间考验。

本书详尽地介绍了大豆深加工的各项发明专利技术的内容，目的是使读者能"依法"选用书中内容，所谓"依法"至少应包括两方面内容：①依照《中华人民共和国专利法》选用本书的专利技术，作为读者创新、创业手段，作者可依法提供从设计到生产线建设的工艺环节、设备安装、人员培训等全部专利技术服务。②采用本书专利技术生产的高纯度大豆低聚肽、高染料木苷大豆异黄酮、大豆皂苷、大豆低聚糖等功能因子，仍属于终端食品（包括保健食品、特医食品、运动食品等）与药品的中间原料，所谓功能因子的功能系指保健功能，离开保健，本书的发明专利技术将失去生产意义，但保健功能在我国必须经有关政府部门依法批准承认其保健功能内容后，才能作为终端商品出售，所以一切终端产品开发与经销者在未获政府批准文号前切不可随心所欲、盲目追求利润、违法扩大宣传。在我国知识产权日益受到尊重，改革的新执法机制已确保知识产权案件判决公正的大环境条件下，本书的出版，对于不尊重创新、不畏惧法律尊严的知识产权盗用者，将是一份公开的警示。

二十一世纪以来，大豆功能因子以无毒副作用与独具的保健功能特色越来越受到世界各国的重视，中国是大豆的故乡，在悠久的历史长河中，大豆养育了中华民族。创新是改革开放的生命，为了充分发挥创新在国民经济建设中的积极作用，必须尊重知识产权，保护知识产权，利用我国丰富的大豆资源与自有知识产权，面向全球市场、依法开发、生产、营销大豆保健不同功能的新产品，对于我国大豆产业全面振兴、发展必将起到积极地推动作用（图 10-5）。

图 10-5　大豆深加工技术、配套设备及系列产品被批准为《国家级科技成果重点推广计划》项目

参考文献

［1］王小语 . 目标价格补贴背景下的我国我省大豆产业发展［N］. 中国食品报，2014-12-11.

［2］李松 . 东北大豆面临生存困局［N］. 中国食品报，2015-7-31（1）.

［3］冯华 .2020 年，国产大豆王者归来［N］. 中国食品报，2016-5-5（1）.

［4］李荣和，姜浩奎 . 自主创新振兴中国大豆加工业［J］. 中国工程科学，2006，8（10）.